TRAKTOREN

Die berühmtesten Zugmaschinen in Text und Bild

Hersteller · Modelle · Technik

TRAKTOREN

Die berühmtesten Zugmaschinen in Text und Bild

Hersteller · Modelle · Technik

OTUS

Vorwort

Ohne die Landwirtschaft wäre die menschliche Ernährung undenkbar. Diese war zunächst überwiegend auf Selbstversorgung ausgerichtet. Mit dem stetigen Wachstum der Bevölkerung musste sie spätestens seit Beginn des 19. Jahrhunderts zunehmend volkswirtschaftliche Aufgaben übernehmen. Der Zwang, immer mehr Menschen ernähren zu müssen, machte es dringend erforderlich, die Bodenerträge zu steigern. Diese spielte damals für das Überleben eines Staates und seiner Bevölkerung eine viel bedeutendere Rolle als heute im Zeitalter globaler Märkte. Da die menschliche und tierische Arbeitskraft an ihren Grenzen angelangt waren, konnte nur der Einsatz von Maschinen zum Erfolg führen.
Zunächst wurde die Dampfkraft zum Antrieb von Dreschmaschinen und anderer landwirtschaftlicher Geräte eingesetzt. Diese aber war derart aufwendig und teuer, dass sie nur in ausgesprochenen Großbetrieben verwendet werden konnte. Erst die Erfindung des Verbrennungsmotors eröffnete auch für die Landwirtschaft neue, ungeahnte Nutzungsmöglichkeiten. Die beiden wichtigsten Pioniere, Carl Benz und Gottlieb Daimler, ergriffen die Initiative und stellten die von ihnen nahezu zeitgleich entwickelten Verbrennungsmotoren auf die Räder. Während Carl Benz am 29. Januar 1886 ein Patent für sein erstes, im Jahr zuvor gebautes dreirädriges Benzinautomobil anmeldete, installierte Gottlieb Daimler seinen Benzinmotor im Oktober des gleichen Jahres in einer Kutsche. Er gilt somit als der Erfinder des vierrädrigen Kraftwagens.
Nun war es nur noch ein kleiner Schritt, bis mithilfe des Verbrennungsmotors die ersten selbstfahrenden Bodenbearbeitungsgeräte entstehen konnten. Der Vorreiter in dieser Technologie war anfangs Amerika. 1889 wurde erstmals ein Benzinmotor auf dem Rahmenfahrgestell einer Dampfmaschine des Herstellers Rumely installiert. Es war ein fahrbares Gefährt zum Antrieb einer Dreschmaschine. 1892 folgte der Traktor des Amerikaners John Froelich aus Iowa. Auf das von einem Dorfschmied erstellte Fahrgestell setzte er einen 20 PS starken Einzylinder-Benzinmotor mit dem gewaltigen Hubraum von 35,5 Litern. Im gleichen Jahr baute auch die Firma Case ihren ersten von einem Verbrennungsmotor angetriebenen Experimentaltraktor.
In der Folgezeit entstanden geradezu lawinenartig überall in den Industrieländern Unternehmen, die sich auf den Bau landwirtschaftlicher Geräte und Traktoren spezialisierten. Sie alle legten die Grundlagen für die später weltweit stattfindende Landwirtschaftsmotorisierung. Diese kann auf eindrucksvolle Erfolge zurückblicken. Um die Mitte des 19. Jahrhunderts waren noch über 50 Prozent der Arbeitskräfte eines Landes in der Landwirtschaft beschäftigt. Seither ist die Produktivität so angestiegen, dass ein Bevölkerungsanteil von zwei bis drei Prozent genügend Nahrungsmittel für sich selbst und die restlichen, nicht in der Landwirtschaft tätigen 97 Prozent produziert. Eine weitere Zunahme ist wahrscheinlich.
In diesem Werk wird die geschichtliche Entwicklung des Traktors mit Schwerpunkt in Deutschland von seinen ersten Anfängen bis zu den heutigen hochtechnisierten Fahrzeugen eindrucksvoll und kompetent aufgezeigt. In den Hauptkapiteln dieses Buches werden die wichtigsten kleinen, mittelgroßen und großen Traktormodelle ausführlich und kenntnisreich vorgestellt. Aber auch der Historie der traditionsreichen Hersteller und Pioniere der Branche wie Hanomag, Lanz, Eicher, Deutz, Kramer und Güldner wird viel Raum gewidmet. Ein Werk, an dem sowohl der Neueinsteiger als auch der Fortgeschrittene Freude finden werden.

Udo Paulitz

PFERD UND OCHSE ALS HELFER DES MENSCHEN

Über Jahrhunderte waren Pferd und Ochse für die Feldarbeit unentbehrlich.

Über Jahrtausende hinweg blieben die Bauern auf ihre eigene und die Kraft ihrer Zugtiere angewiesen. Anfangs wurden die Feldfrüchte von Hand angepflanzt, gepflegt und geerntet. Dann kamen die ersten hölzernen und später eisernen Werkzeuge. Solange die Geräte und Maschinen klein und relativ leicht waren, reichte die Kraft von Pferd oder Ochse aus. Aber bereits seit dem ausgehenden Mittelalter mussten Anstrengungen unternommen werden, um dem insbesondere bei der Bodenbearbeitung spürbar werdenden Zugkraftmangel entgegenzuwirken. Denn selbst bei der Gestellung von Vorspann – bei Zugtieren galten Dreier- und Viererzüge als die noch vertretbare Obergrenze – war man manchmal an der Belastungsgrenze angelangt. Der Grund, nämlich nicht auf einem einmal erreichten Stand zu verharren, liegt in der Natur des Menschen, das Bestehende immer wieder zu verbessern. Die Verbesserung der Arbeitsbedingungen und damit Ertragssteigerungen in der Landwirtschaft waren aber aus einem noch wichtigeren Grund nicht zu umgehen. Denn sie allein hatte die Aufgabe, die zunächst langsam, dann aber immer schneller größer werdende Bevölkerung zu ernähren.

Manche fantasievollen Ingenieure oder sagen wir besser Fantasten suchten nach Abhilfen. Sie hatten zwar erkannt, dass der Muskelkraft, ganz gleich ob von Mensch oder Tier, Grenzen gesetzt waren. Damals aber waren die technischen Voraussetzungen nicht vorhanden, weder Dampfkraft noch Verbrennungsmotor erfunden. So blieb nur der Versuch übrig, eine erhöhte Menge an Muskelkraft in die Waagschale zu werfen. Der Regensburger Peter Opel gehörte zu jenen Theoretikern. Er entwarf gegen Ende des 16. Jahrhunderts ein riesiges Pflugmonstrum, für dessen Betrieb er nicht weniger als 92 Zugpferde vorgesehen hatte. Zu einer Probe aufs Exempel ist es, aus welchen Gründen auch immer, nie gekommen. Selbst wenn man

einer Realisierung nähergekommen wäre, die gewaltigen Probleme, diese Herde im Zaum zu halten, wären auch von den vorgesehenen 26 Helfern kaum bewältigt worden. Es stand also außer Frage, dass die tierische Zugkraft auf dem Acker eines Tages durch einen mechanischen Antrieb ersetzt werden müsste.
Der Mensch hat sich seit Jahrtausenden die Naturkräfte in ihrer Urform nutzbar gemacht. Neben der Anwendung von Muskelkraft durch Mensch und Tier in Tret- und Laufrädern sowie an Kurbel, Winde und Göpel wurden die Energien von Wasser und Wind für den Antrieb von Wasserrädern und Windmühlen eingesetzt. Bereits der Grieche Archimedes erkannte die Arbeitskraft des expandierenden Dampfes.
Auf das 1. Jahrhundert n.Chr. gehen die Versuche eines griechischen Mathe-matikers und Erfinders zurück, eine primitive Form der Dampfmaschine zu entwickeln. Diese bestand aus einer hohlen, mit Wasser gefüllten Kugel. Das Wasser wurde erhitzt und der dabei erzeugte Dampf durch eine Düse geleitet und in Schub umgesetzt. Seit dieser Zeit versuchten viele Erfinder, darunter auch der bekannte Leonardo da Vinci, die Entwicklung zu einer Kraftmaschine voranzutreiben. Der Erfolg ließ lange auf sich warten. Kolben und Zylinder in Verbindung mit Dampf setzte zum erstenmal der französische Physiker Denis Papin in die Tat um. Er konstruierte im Jahre 1960 eine atmosphärische Dampfmaschine, bei der Wasserdampf den Kolben im Zylinder bewegte. Nach vielen Versuchen war die Maschine immerhin so betriebssicher, dass damit ein Boot angetrieben werden konnte.

Nicholas Cugnot und sein Dampfwagen

Im Jahr 1769 hatte der französische Artillerieleutnant Nicolas Cugnot die zündende Idee, eine dampfbetriebene Zugmaschine zu entwickeln, mit der schwere Geschütze gezogen werden könnten. Nach mehreren Versuchen entstand ein dreirädriger Dampfwagen, vor dessen Vorderrad sich ein gewaltiger Wasserkessel befand. Über diesem Rad waren Feuerung und Zylinder angeordnet. Dieser Dampfwagen fuhr tatsächlich. Als aber der Maschinist von der Geradeausfahrt verzweifelt in eine Kurve zu lenken versuchte, versagten seine Kräfte. Denn die auf dem Vorderrad lastenden zu großen Gewichte machten das Fahrzeug zumindest für einen einzelnen Menschen unlenkbar. Dem ohrenbetäubenden Krachen folgte eine Staubwolke und dann eine unheimliche Stille. Die Maschine hatte eine Mauer durchbrochen und stand friedlich zischend inmitten der Trümmer. Damit war gleichzeitig auch das Ende des allerersten Dampfwagens und somit des Urahns des Schleppers gekommen. Cugnot war der Schrecken so sehr in die Glieder gefahren, dass er seine Erfindung nie wieder angerührt haben soll.
Nach ihm versuchten es andere. Besonders in England experimentierten einige Ingenieure mit dampfgetriebenen Fahrzeugen, bei denen der Dampf unter Überdruck stand. James Watt war es um 1784 gelungen, die von ihm entwickelte doppelt wirkende Kolbendampfmaschine so weit zu verbessern, dass sie nun als Kraftmaschine zu Aufgaben herangezogen werden konnte, die zuvor den Einsatz von Mensch oder Tier erforderten. Es entstanden weitere Maschinen, die teilweise auch in der Landwirtschaft verwendet wurden – so eine 1793 in Amerika entwickelte Baumwollentkernungsmaschine. Im Jahr 1804 baute Richard Trevithick seine erste funktionsfähige Lokomotive, die mit der schwindelerregenden Geschwindigkeit von sechs Stundenkilometern über schnell verlegte Gleise raste. Zehn Jahre später trat George Stephenson auf den Plan und verhalf der Dampflokomotive zum endgültigen Durchbruch.

Die ersten Dampfmaschinen in der Landwirtschaft

In diesem Zusammenhang soll uns aber weniger die weitere Entwicklung von Dampfschienenfahrzeugen – so faszinierend diese auch verlief – interessieren, sondern wie es um ihre Zukunft in der Landwirtschaft weiter bestellt war. Zuvor aber ist es notwendig, einen Blick auf die technischen Fortschritte in der Landwirtschaft zu werfen. Bereits 1701 hatte Jethro Tull eine Drillmaschine entwickelt, mit der Samen in Reihen ausgebracht werden konnte. Es folgten Walzen, Eggen und ein Hackenpflug, der gleichfalls von Pferden gezogen wurde. Andrew Meikle, ein schottischer Müller, entwickelte im Jahr 1786 seine erste, als drehbare Trommel konstruierte Dreschmaschine, die Hülsen und Korn voneinander trennte. Die vielfach auf die Wintermonate verlagerte Arbeit des Flegeldrusches, um die Spreu vom Weizen zu trennen, war überaus mühselig und anstrengend. Dabei mussten die in den Scheunen gelagerten Garben stundenlang mit Dreschflegeln bearbeitet werden – und das alles per Hand! Diese neue, in der Regel von vier im Kreis laufenden Pferden angetriebene Maschine konnte dies viel leichter besorgen. Dabei drehten die Pferde eine mit der Trommel verbundene Welle. Allein aber die Futterkosten für die Tiere trieben die

Technische Daten: Cugnots Dampfzugmaschine

Baujahr:	1769
Geschwindigkeit:	4,8 km/h
Betriebsdauer:	zwölf bis 15 Minuten
Antrieb:	2 stehende, einfach wirkende Dampfzylinder
Gesamtgewicht:	ca. 5 Tonnen
Nutzlast:	ca. 3 bis 4 Tonnen

Der erste Dampfwagen von Cugnot, der während der ersten Vorführfahrten 1770 in der Kasernenmauer in Paris endete.

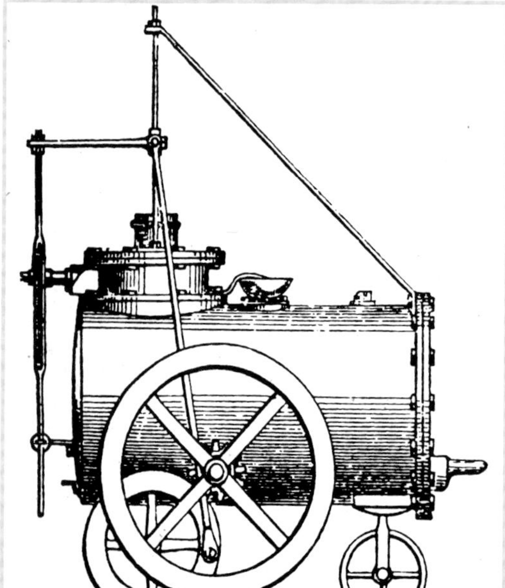

an sich schon hohen Beschaffungskosten für das Gerät selbst derart in die Höhe, dass es für einen Durchschnittsbauern unerschwinglich blieb. Nur eine mechanische Energiequelle war in der Lage, diese Kosten in Grenzen zu halten.

Einsatz von Lokomobilen

Das gesamte 19. Jahrhundert war ein Zeitalter neuer Erfindungen in allen technischen Bereichen, bei denen zunächst England eine unangefochtene Vorreiterrolle übernahm. Diese Fortschritte sollten auch die Landwirtschaft nachhaltig verändern.
Bereits 1811 wurden erstmals in England bewegliche Lokomobile eingesetzt. Die Bezeichnung Lokomobil entstand aus der Zusammenfügung der beiden lateinischen Begriffe mobilis = beweglich und locus = Ort. Diese Maschinen wurden zum Antrieb von Getreidemühlen, Dreschmaschinen, Strohpressen und anderen landwirtschaftlichen Arbeitsgeräten eingesetzt. Die auf vier Rädern laufenden Dampfmaschinen besaßen keinen eigenen Antrieb, sondern mussten von Pferden auf die

Ein erster, aus dem Jahr 1802 stammender, von Richard Trevithick angefertigter Entwurf für eine fahrbare Dampfmaschine auf Rädern. Bis zu ihrem praktischen Einsatz sollten noch einige Jahre vergehen.

Güter gezogen werden, um dort die landwirtschaftlichen Maschinen anzutreiben. Damit war der Beweis erbracht, dass von Pferdekraft angetriebene Maschinen auch von einer Dampfmaschine bewegt werden konnten. Diese Verfahrensweise war bereits seit einiger Zeit im Bergbau- und Minenwesen praktiziert worden, wo der Pferdegöpel, der die Materialien im Schacht herauf- und hinabtransportierte, vom Dampfgöpel ersetzt wurde.

In England war es vor allem der bekannte Eisenbahnpionier Richard Trevithick (1771–1833) aus Cornwall, der sich konsequent mit der Dampfkraft beschäftigte und sie auf Bauernhöfen einzuführen versuchte. Vor allem sollten die Bauern von der „sehr sauren und geisttötenden Arbeit" des Flegeldrusches entlastet werden. Auf ihn ging auch die zylindrische Bauform des Dampfkessels zurück, die einem höheren Druck als die vorherigen Kofferkessel gewachsen war. Daneben war die zylindrische Kesselform für die innen liegende Feuerung wesentlich besser geeignet. 1802 konstruierte er mit seinem Vetter Vivian eine fahrbare Dampfmaschine, die zum Vorbild für alle späteren, in der Landwirtschaft verwendeten Lokomobile wurde. Als er im Jahr 1812 für einen Adligen in Cornwall ein dampfbetriebenes Lokomobil – es war ein stehender Dampfkessel, der auf einem Fahrgestell aufgebaut war – zum Antrieb von Dreschmaschinen in Betrieb nahm, brachte er klugerweise drei unabhängige Beobachter mit, die diese Versuche dokumentieren sollten. Ihr bewundernswert präziser Bericht klang sehr ermu-

So sahen die Lokomobile des 19. Jahrhunderts aus. Sie waren Dampfmaschinen auf Rädern, die zum Antrieb stationärer Maschinen dienten. Hier die älteste, im Jahr 1862 von der Maschinenfabrik R. Wolf in Magdeburg-Buckau gebaute landwirtschaftliche Dampfmaschine Deutschlands, die länger als ein halbes Jahrhundert im Einsatz stand.

Zum Getreidedrusch im 19. Jahrhundert war neben Dampflokomobil und Dreschkasten eine vielköpfige Bedienungsmannschaft erforderlich. Sie erledigten die Arbeit, für die der Bauer zuvor den ganzen Winter benötigte, in wenigen Tagen.

tigend: „Vom Zeitpunkt an, als die Mühle zu arbeiten begann, wurden innerhalb von vierdreiviertel Stunden 1500 Garben Gerste sauber gedroschen und ein Scheffel Kohle wurde dafür verbraucht. Wir glaubten, im Kessel sei noch genug Dampf, um weitere 50 bis 100 Garben Gerste zu dreschen und das Wasser im Kessel war noch lange nicht verbraucht. Wir hatten die Genugtuung zu beobachten, dass ein gewöhnlicher Arbeiter die Dreschmühle kontrollierte und sie in wenigen Augenblicken schneller oder langsamer arbeiten oder sogar ihre Arbeit ganz einstellen ließ. Wir bestätigen die Stetigkeit und Geschwindigkeit, mit der die Maschine arbeitet. Daher wird in jeder Hinsicht die Kraft des Dampfes der des Pferdes vorzuziehen sein."

Damit hatte das Dampflokomobil seine Verwendbarkeit in der Landwirtschaft unter Beweis gestellt. Als nächster Schritt folgte deren Einsatz auf großen, überseeischen Plantagen, so zum Antrieb von Zuckermühlen in Westindien, welcher ebenfalls zufriedenstellend verlief. Im Jahr 1814 gelang es dem Engländer William Lester erstmals, eine von ihm zum Patent angemeldete selbstfahrende Dampfmaschine zu bauen. Diese konnte Dreschmaschinen nicht nur antreiben, sondern sozusagen als Vorläufer der späteren Lohndrescher auch von einem Einsatzort zum anderen ziehen. Damit schien die Voraussetzung für die Mechanisierung der Landwirtschaft, zumindest aber der Großbetriebe, gegeben. Leider zeigte die englische Landwirtschaft in den folgenden beiden Jahrzehnten wenig Aufnahmebereitschaft für die neuen Technologien. Die Gründe lagen auf der Hand: Eine Dampfmaschine war nahezu unerschwinglich teuer, sehr aufwendig und nicht immer zuverlässig, was man von Pferd und Ochse nicht behaupten konnte. Andererseits lagen die Löhne für Landarbeiter so niedrig, dass es für den Farmer immer noch weitaus billiger war, die Arbeitsspitzen während der Erntezeit durch einen vermehrten Einsatz menschlicher Arbeitskraft aufzufangen. Weitere Entwicklungsimpulse fehlten zunächst, die kaum begonnene Mechanisierung stagnierte.

Frischer Wind aus Amerika

Von den seit jeher experimentier- und innovationsfreudigen Amerikanern wurden schon bald eigenständige Beiträge in Sachen Landwirtschaftsmechanisierung geleistet. Wesentlich

Ein in Frankreich gebautes Lokomobil aus dem Jahr 1851. Das typische Erscheinungsbild dieser Maschinen sollte über Jahrzehnte Bestand haben.

begünstigt wurde diese Entwicklung durch die dort vorherrschenden weiten Flächen, die zu einer maschinellen Bearbeitung geradezu einluden. Im Jahr 1790 war es der Amerikaner Eli Whitney, der eine drei Jahre später patentierte dampfbetriebene Baumwollentkernungsmaschine für die großen Pflanzungen in den Südstaaten entwickelte.

Dieses Gerät war in der Lage, die Samen aus den Samenkapseln der Baumwollpflanze herauszuschälen und zu säubern. Das war eine wesentliche Arbeitserleichterung auf den weitläufigen Baumwollfeldern und bekannte Fabrikanten wie Boulton und Watt begannen schon bald, eigene Dampfmaschinen zu bauen. Benjamin Latrobe, ein Pflanzer aus Louisiana, bot eine 12 PS starke Maschine zum Betreiben von Zuckermühlen zu einem Preis von 1200 Dollar an. Der Markt für Dampfmaschinen in der Landwirtschaft war groß und aufnahmefähig.

So ergab eine im Jahre 1838 in Louisiana durchgeführte Erhebung, dass sich allein in diesem Bundesstaat bereits 274 stationäre dampfbetriebene Lokomobile im Einsatz befanden. Allerdings – und das muss an dieser Stelle nochmals eindringlich betont werden – waren auch diese Maschinen ausschließlich reichen, finanzkräftigen Farmern vorbehalten.

Für Kleinbetriebe waren diese Geräte nach wie vor unerschwinglich. Erst mithilfe einer von Richard Trevithick entwickelten kleinen, transportablen Hochdruckdampfmaschine, die zum Preis von 65 englischen Pfund zu haben war und von

Diese stehende Dampfmaschine aus dem Jahr 1841 wurde von Pferden gezogen und als Antrieb für Dreschmaschinen eingesetzt.

Einsatzort zu Einsatzort bewegt werden konnte, war eine brauchbare Alternative gefunden.

Amerikas Vorreiterrolle in der Landwirtschaftsmechanisierung

In Amerika, seit jeher als das Land mit den scheinbar unbegrenzten Möglichkeiten bekannt, vollzog sich in der ersten Hälfte des 19. Jahrhunderts der große Aufbruch nach Westen. Diese räumliche Expansion wurde durch den Ausbau des Verkehrsnetzes und des Schienenweges – wiederum mithilfe der Dampfkraft – sehr begünstigt. In den Vereinigten Staaten und Kanada waren die weiten Prärieflächen, früher die angestammten Jagd- und Lebensräume der nomadisierenden Indianerstämme, für den Getreideanbau zu erschließen. Da menschliche und tierische Arbeitskräfte bei Weitem nicht in dem erforderlichen Umfang vorhanden waren, wurde der Ruf nicht nur nach mobilen Dampfmaschinen unüberhörbar. Findige Fabrikanten sahen hier – von englischen Fabrikaten beeinflusst – ihre Chance und boten zu jener Zeit diese Maschinen in unterschiedlichen Größen an. Es waren pferde- oder ochsengezogene, auf ein Fahrgestell mit kleinen Holzrädern gesetzte Kraftwerke mit waagerecht liegenden Dampfkesseln in der Größenordnung von zunächst bis zu 20 PS. Vor Ort angekommen, wurde die Dampfmaschine über einen langen stabilen Lederriemen mit der Dreschmaschine verbunden. Dann lieferte sie ununterbrochen mehr Energie, als man sich bis dahin vorzustellen vermochte, jedenfalls solange die Feuerung des Kessels mit Kohle beschickt und Wasser nachgefüllt werden konnte und damit genügend Dampfdruck vorhanden war.

Zusätzlichen Schwung erhielt die Feldarbeit durch neu entwi ckelte Landmaschinen, die die Arbeit der Farmer spürbar erleichtern sollten. In dieser Epoche brachte Amerika einige sehr bedeutsame Erfinder und Neuerer auf diesem Sektor hervor, deren grundlegende Pionierarbeiten in diesem Bereich selbst bis in unsere Tage Gültigkeit haben.

Der in Rockbridge County im US-Bundesstaat Virginia ansässige Cyrus Hall McCormick (1809–1884) beispielsweise hatte sich schon früh für die Mechanisierung der Landwirtschaft engagiert. 1831 stellte er eine Mähmaschine vor, mit der er eine Idee seines Vaters realisierte. Dieses alsbald in Massen hergestellte Gerät sollte die Getreideernte nachhaltig revolutionieren, denn es schaffte mehr als die dreifache Arbeitsleistung selbst des besten Landarbeiters mit der Sense. Ein weiterer Wegbereiter der Landtechnik war der in Rutland im Bundes-

Thomas Avelings selbstfahrendes Dampflokomobil von 1862. Zur Lenkung war vorn ein fünftes Rad angebracht, das mittels eines Gestänges gesteuert wurde.

staat Vermont geborene John Deere (1804–1886). Als erfolgreicher Schmied schloss er sich zu Beginn der 1830er-Jahre der Pionierbewegung nach dem Westen an und konstruierte angesichts des klebrigen und schweren Präriebodens einen selbstreinigenden Stahlpflug. Mit diesem neuen Gerät brauchten die Farmer beim Pflügen nicht ständig anzuhalten, um den Pflug von der daran „klebenden" Erde zu säubern. Der Dritte im Bunde war Jerome Increase Case (1819–1891), den es ebenfalls westwärts zog und der im Jahr 1842 in Racine im Staat Wisconsin einen kleinen Fabrikationsbetrieb gründete. Dort begann er recht erfolgreich eine von ihm entwickelte Dampfmaschine zu produzieren, die das Korn nicht nur dreschen, sondern auch reinigen konnte. Über eine Vorführung wird berichtet, dass mit dieser Maschine an einem Nachmittag genau 177 Scheffel (dieser Begriff war als Getreidemaß bis zum Jahre 1872 üblich) Getreide auf diese Art gedroschen werden konnten.

Im Jahr 1820 hatten die Vereinigten Staaten – die Sklaven im Süden des Landes nicht eingerechnet – 5,5 Millionen Einwohner. Diese waren vornehmlich in den östlichen Bundesstaaten konzentriert. Die Bevölkerungsdichte nahm ständig ab, je weiter man nach Westen kam, sodass den dort lebenden Farmern fast ausschließlich die eigenen Familienmitglieder als Arbeitskräfte zur Verfügung standen. Hieraus wird deutlich, dass die unmittelbar darauf beginnende Ausweitung der Vereinigten Staaten nach Westen ohne die hier vorgestellten landwirtschaftlichen Erfindungen kaum möglich gewesen wäre.

Technische Daten: Ransomes-Zugmaschine

Baujahr:	1918
Hersteller:	Ransomes, Sims & Jefferies, Ipswich, No. 27524, Dampfzugmaschine
Name:	„Jesse"
Gewicht:	ca. 10 Tonnen
Nutzlast:	ca. 3 bis 4 Tonnen

Englische Pionierleistungen

Die in der ersten Hälfte des 19. Jahrhunderts diesseits und jenseits des Atlantiks in der Landwirtschaft eingesetzten Dampfmaschinen waren unbestritten eine große Hilfe für Farmer und Bauern. Sie leisteten einen entscheidenden Beitrag zur rationelleren, schnelleren und für die Arbeitkräfte leichteren Bewältigung insbesondere der zeitaufwendigen Erntearbeiten. Ein großer Nachteil aber haftete diesen frühen Maschinen an, denn nach wie vor mussten sie von Zugtieren von einem Einsatzort zum anderen gezogen werden.

Der Einsatz solcher Maschinen war zu jener Zeit noch ein abenteuerliches Ereignis, hatten doch die damaligen Bauern nur wenige Kontakte zur Außenwelt. Da sich kaum ein Bauer betriebseigene Geräte leisten konnte, entstand der Berufsstand des Dampfdreschers, eines Maschinenbesitzers, der auf eigene Rechnung mit Mannschaft und Geräten zur Erntezeit von Hof zu Hof zog. Im Übrigen war die Arbeit mit den Dampflokomobilen nicht ungefährlich. Fehlende Sorgfalt seitens des Herstellers, aber auch Bedienungsfehler und unzulängliche Wartung der oft über mehrere Tage unter Dampf stehenden Maschinen zählten zu den hauptsächlichen Ursachen solcher Unglücke. So mancher Maschinist ist dabei Opfer einer Kesselexplosion geworden. Etwa um 1860 entstanden Vereine zur Verhütung von Dampfkesselexplosionen, aus denen im Laufe der Jahrzehnte die heute bekannten technischen Überwachungsvereine hervorgingen.

Von dem 1824 im englischen Cambridgeshire geborenen Thomas Aveling ist nachfolgender, sehr treffender Ausspruch überliefert: „Es ist eine Beleidigung der mechanischen Wissenschaft, ein halbes Dutzend Pferde eine Dampfmaschine ziehen zu sehen. Der Anblick von sechs Segelschiffen, die einen Dampfer ziehen, wäre wohl kaum lächerlicher." Damit hatte er zweifellos den Nagel auf den Kopf getroffen, denn dieses anachronistische Verfahren war in Zeiten, als Dampflokomotiven mit immer höheren Geschwindigkeiten über die Schienen fuhren, geradezu absurd. Allerdings hatte bereits 1841 die Firma Ransome in Ipswich eine mit einem Dreschkasten kombinierte selbstfahrende Dampfmaschine, die Ransomes Farmer Engine, entwickelt. Ihre Maschinenleistung von etwa 5 PS wurde mittels Kette von der Kurbelwelle zu einem der Hinterräder geführt. Dennoch war sie noch nicht ganz von der Kraft des Pferdes unabhängig, denn das Problem der Steuerung hatte man noch nicht lösen können. Schon bald aber kam man auf die Idee, vorn am Dampfwagen eine Deichsel zu befestigen und ein Pferd, sozusagen als vierbeinigen Steuermann, anzuspannen. Diese Maschine konnte sich nicht durchsetzen, denn die schon vorher eher konservativ eingestellten Bauern sahen die Notwendigkeit eines selbstfahrenden Lokomobils, zumal in Kombination mit einer Dreschmaschine, damals noch nicht ein.

AVELING UND GARRETT ENTWICKELN DAS LOKOMOBIL ZU SEINER ENDGÜLTIGEN FORM

Von der Firma Aveling & Porter, Rochester, gebautes Dampflokomobil mit abnehmbarem Dach. Dieses schön restaurierte Fahrzeug wiegt 5,8 t und erreicht eine Höchstgeschwindigkeit von 8 km/h.

Um die Mitte des 19. Jahrhunderts hatten sich die meisten englischen Hersteller von Dampflokomobilen auf ein bestimmtes Aussehen festgelegt. Auf vier Eisenrädern, die Vorderräder dabei kleiner als die Hinterräder, befand sich die waagerecht angeordnete Dampfmaschine mit hinterer Feuerbüchse, horizontalem Kessel mit mehreren Rohren sowie Rauchkammer mit Schornstein. In die Rauchkammer hatte man den von einem Mantel umgebenen Zylinder eingebaut, was zu einer günstigeren Temperaturausnutzung führte. Die Kurbelwelle, die ein großes Schwungrad zur Gewährleistung einer gleichmäßigen Bewegung besaß, wurde vor den Schornstein gesetzt. Dies ermöglichte einen kürzeren Kettenantrieb.

Thomas Aveling, einem auf allen Gebieten der Landtechnik versierten Mechaniker, war es vorbehalten, in den frühen 60er-Jahren des 19. Jahrhunderts ein von ihm zu Studienzwecken erworbenes Dampflokomobil nach seinen Vorstellungen umzubauen. Kurbelwelle und Hinterachse verband er mit einer Antriebskette, sodass – wie bei Ransome – aus der stationären eine selbstfahrende Maschine wurde. Da aber auch er das Lenkungsproblem der für Gespannzug ausgelegten Maschine nicht zu lösen vermochte, musste er ebenfalls auf ein vorderes, zur Lenkung benutztes Pferd zurückgreifen. Immerhin aber war es ihm gelungen, auf alle übrigen Zugtiere, bis auf eines zur Steuerung des Gefährts, zu verzichten.

Er ließ sich die Idee patentieren und suchte die Verbindung zu dem damals führenden Lokomobilhersteller Clayton & Shuttleworth, um sein Fahrzeug weiterzuentwickeln. Da diese Firma bereits Versuche mit mobilen Dampfmaschinen unternommen hatte, boten diese Fahrzeuge in dieser Hinsicht günstige Voraussetzungen. Dem nächsten Entwicklungsschritt fiel – wie sollte es anders sein – das letzte verbliebene Pferd zum Opfer. Man löste das Problem dadurch, dass vor die Maschine ein fünftes Rad angebracht wurde, von dem eine lange, unhandliche Deichsel direkt zum Fahrer führte, der damit lenken konnte. Auf ebenen Straßen und Wegen mochte das noch gehen; bei den damals fast noch überall verbreiteten schlechten und holprigen Wegverhältnissen allerdings konnte das schwere Gefährt leicht außer Kontrolle geraten. Dabei lief der Fahrer ständig Gefahr, aus dem Fahrzeug vor die Räder geschleudert zu werden. Die frühen Maschinen waren ungefedert. Eine Federung wurde als unnötig für Dampfmaschinen erachtet, die die meiste Zeit ruhig auf dem Feld standen und dort ihre Arbeit verrichteten. Und selbst wenn sie sich bewegten, dann nur über kurze Entfernungen in einem gemäßigten Schritttempo. Später gab es auch weiterentwickelte Modelle mit gefederter Vorderachse; sogar ein Modell mit gefederter Antriebsachse, welche die Bewegungen mittels eines ausgeklügelten Systems mit einer Nebenwelle ausglich, ist nachgewiesen.

Aveling war nicht der einzige Pionier, der einen Kettenantrieb benutzte. Richard Garrett and Sons aus Leiston, Suffolk, hatten die gleiche Idee. Die Familie war bereits in der dritten Generation in diesem Geschäft tätig, und Richard Garrett, der das kleine Unternehmen im Jahr 1826 übernahm, stellte die Produktion ab 1847 völlig auf transportable Dampfmaschinen um. Die großen Fortschritte der amerikanischen Industrie, besonders im Bereich der Landtechnik, hatten es ihm angetan. Dies nicht nur bei den Maschinen selbst, sondern auch hinsichtlich der angewandten Produktionsverfahren. Denn hier wurden bereits die ersten Ansätze einer Massenproduktion mit austauschbaren Teilen, wenn auch noch in den Anfängen befindlich, sichtbar. Von einem Besuch in den Vereinigten Staaten angeregt, beschloss er, seine zukünftige Maschinenproduktion nach der Fließbandfertigung auszurichten. Im Übrigen war es Garrett, der 1879 die erste Verbunddampfmaschine konstruierte. Diese nutzte den immer noch unter Hochdruck stehenden Abdampf, in dem dieser in einen zweiten Zylinder mit größerem Durchmesser geleitet wurde, in dem der niedrig gespannte Dampf ausgenutzt werden konnte. Andere Fabrikanten wie Aveling und John Fowler aus Leeds folgten bald diesem Beispiel. Bereits 1856 war der erste zahnradgetriebene Antrieb entworfen worden. Die Dampfmaschine wurde immer vollkommener mit im Rahmen integriertem Wassertank und Kohlenbehälter.

Daneben gab es aber auch, besonders in Deutschland und Frankreich, Maschinen mit senkrechten Dampfkesseln. Während bei den englischen Maschinen der Kessel sozusagen eine

Offen ausgeführtes, selbstfahrendes Dampflokomobil von Aveling & Porter mit oberhalb des Kessels angeordnetem Zylinder.

tragende Funktion als Bestandteil des Rahmens ausübte, befanden sich viele Fahrzeuge auf dem Festland auf einem getrennten Fahrgestell. Dort gab es auch dreirädrige Dampflokomobile.

Amerika – Dampfgiganten auf riesigen Feldern

Ebenso unbegrenzt und groß wie das Land waren auch die Weizenfelder in den Vereinigten Staaten von Amerika. Dort diente die Dampfmaschine als Antrieb für Dreschmaschinen. Konstruktiv waren die Dampflokomobile nicht einheitlich gestaltet wie zum Beispiel in Großbritannien. Es gab Maschinen mit waagerechten und senkrechten Kesseln, oben oder unten liegenden Kesseln bzw. mit über oder unter diesen angeordneten Zylindern. Häufig waren allerdings Zylinder und Kolben unter dem Dampfkessel zu finden. Darüber hinaus gab es drei- oder vierrädrige Maschinen.

Um das Bedienungspersonal vor den aus nördlicher Richtung kommenden, oftmals sehr heftigen Winden zu schützen, besaßen viele der Dampflokomobile geschlossene Fahrerhäuser oder zumindest eine Überdachung. Manche Maschinen hatten mit ihren teilweise recht hoch angeordneten Kesseln fast das Aussehen einer Lokomotive.

Bei steigender Nachfrage wagten sich immer mehr Hersteller an den Bau derartiger Maschinen heran. So baute Jerome Increase Case im Jahr 1869 seine erste von insgesamt mehr als 36.000 bis zur Produktionseinstellung dieser Sparte im Jahr 1924 in Racine, Wisconsin, hergestellten Dampfmaschinen. Darunter befanden sich wahre Giganten, die Leistungen von bis zu 150 PS hervorbrachten. Neben vielen anderen Dampfmaschinenbauern seien hier vor allem jene Produzenten genannt, die später noch von sich reden machen sollten. Dazu zählten die Firmen Gaar-Scott, die Brüder Pitt aus Maine, die Daniel Best Agricultural Works in San Leandro, California, die Benjamin Holt Manufacturing Company in Stockton, California, die Illinois Thresher Company aus Sycomore, Illinois, die Advance Thesher Company aus Battle Creek, Michigan, die sich mit der Rumely Company aus La Porte, Indiana, zur berühmten Advance-Rumely Thresher Company zusammenschließen sollte, sowie die Avery Company aus Preoria, Illinois. Manche machten ein Vermögen mit der Dampfkraft. Von der Größe her stellten sie alle europäischen Dampf- oder Dreschmaschinen weit in den Schatten, denn sie mussten Felderträge von Anbauflächen verarbeiten, deren riesige Ausdehnung sich ein Bauer in Deutschland oder England beim besten Willen nicht

Dampflokomobil im Einsatz auf einer Veteranenveranstaltung. Das Schwungrad dient gleichzeitig als Riemenscheibe.

Lanz-Dreschgarnitur, bestehend aus einem Lokomobil und einer Dreschmaschine.

vorstellen konnte. Die Weizenfelder in den Prärieregionen, den ehemaligen Jagdgründen der Indianer, auf denen vorher die Büffel grasten, erstreckten sich über viele Kilometer und so weit das Auge reichte, ohne dass eine Hecke sie begrenzte. Diese riesigen Flächen mussten anfangs noch von Pferden, meist im Sechszug, im Bedarfsfall aber auch mit mehr Arbeitstieren, mühsam umgepflügt werden. Später verrichteten Dampfpflüge diese Arbeiten. 1879 wurde ein neuer Dreschrekord aufgestellt: an einem Arbeitstag von Sonnenauf- bis Sonnenuntergang verarbeitete eine Dampf-Dreschkombination exakt 216 m^3 Weizen.

Der Lohnunternehmer als Helfer des Bauern

Die Dampflokomobile waren große und teure Maschinen, die sich, ob nun in Europa oder jenseits des Atlantiks, nur kapitalkräftige Großbauern mit ebenso großen Höfen leisten und unterhalten konnten. Die meisten kleinen Farmen waren Familienbetriebe, die sich damit begnügen mussten, Dampf- und Dreschmaschinen nur für die Erntearbeiten einsetzen zu können. Wie in Europa gab es regelrechte Dreschunternehmer, welche mit der gesamten und entsprechend kostspieligen Infrastruktur, also mit allen erforderlichen Maschinen und Geräten auf eigene Rechnung arbeiteten: das waren einmal das Dampflokomobil selbst, die Dreschtrommel, ein Binder, um das Stroh zu Ballen zu bündeln, ein Hebewerk, um die Ballen hochzuhieven und manchmal auch eine Häckselbank, mit der das Stroh zu Futter zerkleinert werden konnte. Später wurde meist ein Wohnwagen mit Schlafpritschen zur Übernachtung der Arbeiter angehängt, denn nicht an jedem Einsatzort gab es Gasthöfe mit Fremdenzimmern.

Mit dem langsam fahrenden Lokomobil waren die Fahrten von Hof zu Hof oftmals langwierig. Dabei überschritten diese kaum die Geschwindigkeit eines Fußgängers. Auch war es infolge der anfangs noch unbekannten Differenziale meist sehr zeitraubend, die große Maschine um Kurven zu steuern.

Dampfdreschen auf dem Bauernhof

Nachdem der Lohnunternehmer mit seiner gesamten Dreschausrüstung und dem selbstfahrenden Dampflokomobil nach oftmals beschwerlicher und langwieriger Fahrt über die damals üblichen meist schlechten Wege und Straßen den nächsten Hof als neue Einsatzstelle erreicht hatte, ging es sogleich an die Vorbereitungen für die am folgenden Tag zu beginnenden Drescharbeiten. Dabei galt es, die gesamte Maschinerie so zweckmäßig und den Arbeitsabläufen entsprechend günstig aufzustellen, dass diese während der meist einige Tage in Anspruch nehmenden Arbeiten nicht mehr verändert zu werden brauchte. Nicht immer war es einfach, durch die niedrigen und schmalen Einfahrten überhaupt auf den Hof zu

Preise und Dimensionen. Ausrüstungen wie Seite 15 erwähnt.

Bezeichnung der Maschine	Garantirte effektive Pferdekräfte bei					Cylinder			Heizfläche	Schwungrad		Gewicht	Preis
	Tourenzahl	Füllung im kleinen Cylinder von				Durchmesser		Hub		Durchm.	Breite	circa	
		1/10	2/10	3/10	4/10	kleiner	großer						
				normal		m/m	m/m	m/m	□mtr.	m/m	m/m	Kilo	Mark
U 30 bis 35 pferdig	125 oder	20	32	43	51	220	360	410	35,5	2 zu 1850	270	11250	
	110	18	28	37	45								
V 40 bis 45 pferdig	110 oder	24	40	55	64	260	440	430	45	2 zu 1850	300	16500	
	90	20	33	44	52								

Patent-Funkenlöscher anstatt Funkenfänger Mark 225.— mehr.
Dach und mechanischer Kaminaufrichter anstatt wasserdichter Decke Mark 250.— und Mark 300.— mehr.

In den 1890er-Jahren baute Lanz – anfangs nach englischem Vorbild – leistungsfähige Verbundlokomobile mit Hoch- und Niederdruckzylinder. Diese Maschinen erzeugten zwischen 30 und 45 PS.

gelangen. Denn deren Höhe und Breite waren - die riesigen Dampfmaschinen gab es bei ihrer Errichtung noch nicht - ursprünglich nur auf die Größe von Pferd und Ackerwagen abgestimmt. In weiser Voraussicht hatten daher die Dampfmaschinenkonstrukteure die langen Schornsteine ihrer Lokomobile mit einer Klappvorrichtung versehen. Diese war selbstverständlich auch beim Unterfahren von Brücken, Stadttoren und anderen Hindernissen auf dem Weg zum neuen Einsatzort notwendig. Hatte man endlich den Aufstellungsplatz auf dem Hof erreicht, musste zuerst die Dreschtrommel vor den zu dreschenden Getreidestapeln aufgestellt werden. Nun galt es, die schwere Dampfmaschine mithilfe von Winden, Flaschenzügen und Keilen in meist sehr mühseliger Arbeit in die richtige waagerechte Position zur Trommel zu bringen und ihren festen Stand zu sichern. Wichtig für diese Arbeiten waren ein gutes Augenmaß, viel Geduld und ein ausgeprägtes Fingerspitzengefühl. Erst wenn der Riemen zwischen Rolle und Trommel genau passte und das Schwungrad an der Maschine unter richtiger Spannung stand, konnte mit der eigentlichen Drescharbeit begonnen werden. Vor dem langsamen Anlaufen der Maschinerie musste noch das Getriebe mit Schmieröl versorgt und das Hebewerk in Position gebracht werden. Nun wurde das Deckstroh, das den Stapel trocken gehalten hatte, entfernt und der erste Stapel von einer dazu abgeteilten Bedienungskraft in die Schneidemaschine geworfen. In dieser wurde die Garnumwicklung abgeschnitten und das Getreide zur Einfüllvorrichtung weitergeleitet, dort vorsichtig ausgebreitet und in den Trichter befördert. So ging es Stapel um Stapel.
Diese Arbeit funktionierte anfangs recht gut, doch je länger sie dauerte und je weiter der Tag voranschritt, desto dichter, stickiger und unangenehmer legten sich die Staubwolken von Streu und Staub auf Atemwege und Schleimhäute der Arbeiter. Lokomobil und Dreschmaschine machten zudem einen ohrenbetäubenden Lärm. Besonders unerträglich waren die Arbeiten bei großer Hitze. Hinzu kam, dass zum Ende eines jeweiligen Getreidestapels die Arbeit für den Werfer zunehmend anstrengender wurde. Konnte er die gebundenen Garben anfangs

Neben den großen Herstellern Wolf und Lanz beteiligten sich in Deutschland viele kleinere Betriebe am Bau von Dampflokomobilen. Hier ein 1901 gebautes Exemplar der Firma Johann Petermann & Co., Warendorf, das mit 7 atü Kesseldruck operierte.

Historische Dreschvorführung: ein mit Holz befeuertes Lanz-Lokomobil treibt eine Stahl-Lanz-Dreschmaschine an.

noch mit Leichtigkeit von der Spitze des Haufens nach unten in die Maschine werfen, mussten sie, je kleiner der Stapel wurde, mühselig von unten nach oben befördert werden.
Die Arbeit begann in der Regel schon um vier Uhr in der Früh, nicht selten auch schon eher. So ging es fast ohne Unterbrechung den ganzen Tag bis spät in den Abend und häufig sogar bis fast Mitternacht. Kurze Pausen gab es nur zu Essenszeiten und dann, wenn Lokomobil und Maschinen geschmiert werden mussten. Das Abendessen wurde – unabhängig von der Tageszeit – erst dann eingenommen, wenn die Tagesarbeit beendet war. Die Verköstigung der hungrigen und durstigen Dreschmannschaft oblag dem Bauern, der zu diesem Zweck häufig ein geschlachtetes Schwein zur Verfügung stellte. Reichliche und kräftige Mahlzeiten waren eine wichtige Voraussetzung dafür, im folgenden Jahr wieder einen günstigen Dreschtermin eingeräumt zu bekommen. Danach übte die nächste Kneipe – falls vorhanden – eine geradezu magnetische Anziehungskraft auf die erschöpften Arbeiter aus. Andernfalls versorgte die Bauersfrau die Mannschaft mit meist billigem Fusel, der das fette Essen leichter ertragen ließ. Lange aber konnte man sich diesen Genüssen nach Feierabend nicht hingeben, denn am nächsten Morgen ging es in aller Frühe wieder raus aus den Federn.

Morgens bzw. oft noch bei völliger Dunkelheit musste die meistenteils über Nacht mit einem Ruhefeuer abgestellte Dampfmaschine erneut auf den erforderlichen Betriebsdruck gebracht werden, bevor die Drescharbeiten fortgeführt werden konnten. Die Arbeiten an der Maschine erledigte der verantwortliche Maschinist selbst oder ließ sie durch eine geeignete Hilfskraft unter seiner Aufsicht ausführen. Während des langen Arbeitstages musste der Kesseldruck der Dampfmaschine ständig im Auge behalten und der Rost mit Heizmaterial beschickt werden, wofür nicht nur Kohlen und Holz, sondern beispielsweise auch Strohabfälle verwendet wurden. Maschinen, die Stroh verfeuerten, mussten mit Kobelschornsteinen zur Vermeidung von Funkenflug ausgerüstet sein. Bei den während der Arbeit schnell verdampfenden Wasservorräten der Maschine mussten Wasserträger ständig den erforderlichen Nachschub aus Bächen, Flüssen, Seen oder Teichen manchmal auch über weitere Entfernungen heranschaffen. Hatten die Drescher endlich Feierabend, war der Arbeitstag für den Maschinisten aber noch nicht zu Ende. Rost, Feuerbüchse und Kessel mussten von Asche, Schlacke und sonstigen Verbrennungsrückständen gereinigt, die Maschine kontrolliert und abgeschmiert, kleinere Reparaturen vorgenommen werden. Alle Arbeiten an den unter Druck stehenden Lokomobilen

waren mit großer Sorgfalt auszuführen, denn die Tätigkeit an diesen nach heutigen Begriffen vorsintflutlichen Maschinen war nicht gerade ungefährlich. So mancher Maschinist oder Helfer ist das Opfer von Kesselexplosionen geworden. Fehlende Sorgfalt bei der Fertigung seitens der Hersteller, schlechte Materialqualitäten, aber auch unzulängliche Aufsicht und Wartung der oft über mehrere Tage unter Dampf stehenden Maschinen waren die hauptsächlichen Ursachen solcher Unglücke.
Ab 1860 wurden zuerst in Großbritannien Vereine zur Verhütung von Dampfkesselexplosionen gegründet, aus denen im Laufe der Jahrzehnte in praktisch allen Ländern nach und nach die heute bekannten technischen Überwachungsvereinigungen hervorgingen.

Rudolf Wolf und Heinrich Lanz als Wegbereiter

In der zweiten Hälfte des 19. Jahrhunderts konnten die britischen Hersteller von Dampflokomobilen eine eindrucksvolle technische Überlegenheit ihrer Produkte ins Feld führen. Infolge der anfangs noch unterentwickelten Eisen verarbeitenden Industrie in Deutschland bezog man die Maschinen aus England, bis die notwendigen eigenen Fertigungsmöglichkeiten zur Verfügung standen. Dass die deutschen Maschinen technisch schon bald eine Spitzenposition einnehmen und zu den anspruchsvollsten und besten der Welt zählen sollten, war im Wesentlichen das Verdienst der beiden Unternehmer Rudolf Wolf aus Magdeburg und Heinrich Lanz aus Mannheim.
Rudolf Wolf (1831–1910) war im Maschinenbauhandwerk groß geworden. In Berlin und Stuttgart hatte er dieses Metier, zuletzt als Oberingenieur, von der Pike auf in der Praxis studiert, ehe er sich 1862 in Buckau bei Magdeburg selbstständig machte. Dort beabsichtigte er, eine Fabrikationsstätte für Lokomobile zu errichten. Da man sich zunächst das notwendige technische Know-how aneignen musste, gab es anfangs einige Startschwierigkeiten, weil die Kunden seine Produkte stets mit den importierten englischen Erzeugnissen verglichen. Schon bald aber war Wolf in der Lage, einige technische Besonderheiten zu bieten, mit denen die Konkurrenz nicht aufwarten konnte. Sie galten als besonders zuverlässig und bei ihnen war die Gefahr einer Kesselexplosion wesentlich geringer als bei anderen Fabrikaten. Leistung und Wirkungsgrad der ständig verbesserten Maschinen wussten ebenfalls zu überzeugen. Wolf entwickelte eine automatische Schiebersteuerung, welche die Dampfexpansion bzw. -kontraktion besonders energiesparend regulierte. Im Jahr 1895 wurde das patentierte Verfahren der Dampfüberhitzung eingeführt. Mit der gleichen Brennstoffmenge konnte der Dampf jetzt auf 350 °C gegenüber zuvor 200 °C beim Nassdampfverfahren erhitzt werden, was eine erneute Leistungssteigerung der Maschinen zur Folge hatte.
Mit Wolf konkurrierte vor allem die in Mannheim ansässige landwirtschaftliche Maschinenfabrik Heinrich Lanz (1838–1905). Lanz, der sein Unternehmen im Jahr 1859 gegründet hatte, fungierte anfänglich als Importeur und Händler aus England bezogener transportabler Dampfdreschgarnituren. Im Jahr 1860 gelang es, das erste derartige Gerät der Marke Clayton & Shuttleworth zu verkaufen. Diese Maschinen waren in sieben Größen erhältlich und kosteten zwischen 2630 und 3815 Mark. Während er 1867 den Bau eigener landwirtschaftlicher Maschinen aufnahm, spezialisierte er sich im Import mehr und mehr auf komplizierte Dampfdreschsätze, die von Mannheim aus verkauft und auch gewartet und repariert werden mussten. Mit der Zeit wuchsen Lanz und seine Mitarbeiter zu ausgewiesenen Spezialisten auf diesem Gebiet heran. 1879 entschloss sich der Firmeninhaber schließlich zum Bau des ersten eigenen, als Dampfdreschmaschine ausgebildeten Lokomobils. Dieses 2,5 PS starke Gerät war eine sogenannte Schlagleistendreschmaschine mit vier Atmosphären Dampfdruck und besaß einen stehenden Kessel mit quer angeordneten Siederohren. Von Anfang an legte Heinrich Lanz einen besonderen Wert auf die Verwendung hochwertigen Materials und qualitativ einwandfreier Bauausführung. Sein Leitspruch besagte, dass es keine bessere Reklame für ein Produkt gäbe als lange Haltbarkeit und geringe Reparaturanfälligkeit. So wurden Schieber, Stangen und Kurbelwellen bereits aus Stahl hergestellt. Für die Feuerbüchse verwendete man Spezialbleche, welche die Lebensdauer erhöhten. Die Kolben bestanden aus hochwertigem Gussstahl.

Exporte und Rekorde

Ehe er sich versah, war Lanz vom Importeur zum Exporteur geworden. So erstreckte sich das Absatzgebiet für die technisch ständig verbesserten Maschinen schon bald über ganz Österreich-Ungarn, die Balkanländer, Holland, Belgien, die Schweiz, Russland, Italien und Frankreich. Darüber hinaus konnten schon in den ersten Jahren der Fertigung Verkäufe außerhalb von Europa und nach Übersee wie nach Algerien, Syrien, Mexiko, Südamerika und sogar nach China getätigt werden. Bereits 1885 konnte das sich in einem beständigen Expansions-

Dampflokomobil von Lanz Mannheim mit klappbarem Schornstein.

35-PS-Dampflokomobil mit 10 atü, im Jahr 1919 unter der Fabriknummer 19371 von der R. Wolf AG, Magdeburg-Buckau gefertigt. Diese Maschine stand bis 1968 in einem niederländischen Asphaltwerk im Einsatz, bevor sie außer Dienst gestellt und später restauriert wurde.

prozess befindliche Unternehmen die 1000. Dampfdreschgarnitur ausliefern. Nicht nur Größe und Leistung der Maschinen wuchsen ständig, sondern auch deren Sicherheitsvorrichtungen und der passive Unfallschutz wurden laufend optimiert und verbessert. Denn die Unfallgefahr bei der Arbeit an der Dampfmaschine war nach wie vor sehr groß. Auf der 1885 in Frankfurt am Main stattfindenden DLG-Ausstellung waren erstmals die Riementriebe mit einer hölzernen Verkleidung umhüllt. Um den Antrieb nicht der Sicht zu entziehen, ersetzte man später allerdings die Holzplatten durch ein zweckmäßigeres Drahtgeflecht. Ab 1889 rüstete Lanz seine Maschinen mit einer patentierten Vorrichtung aus, die es erlaubte, mit einem Handgriff die Dreschtrommel zu bremsen, das Lokomobil abzustellen und den Riemen, der die Kraft von der Antriebs- auf die Arbeitsmaschine übertrug, abzuwerfen. Das war offenbar der Hauptgrund dafür, dass die Firma Heinrich Lanz auf der im gleichen Jahr stattfindenden Deutschen Allgemeinen Ausstellung für Unfallverhütung in Berlin die „Königlich Preußische Staatsmedaille für gewerbliche Leistungen auf dem Gebiete der Unfallverhütung" verliehen wurde. 1895 ließ sich Lanz eine neuartige Dampfdreschmaschine mit dreifacher Windreinigung und verstellbarem Sortierzylinder patentieren. Die Maschine verfügte über einen ebenfalls patentierten Strohnachschüttler mit fünfteiligem Strohschüttler, einen Patent-Getreide-Reinigungsapparat, eine Patent-Dreschtrommel sowie eine Doppeleinlege- und Trommelschutzabdeckung mit Dreschkorb. Kurz vor der Jahrhundertwende hatte sich der Lokomobilbau mit einer Produktion von monatlich 120 Maschinen bereits zum zweitgrößten der Welt entwickelt. Daneben war man auch beim Bau von ortsfesten Stationärlokomobilen sehr aktiv. Auf der Weltausstellung in Paris des Jahres 1900 war die Firma Heinrich Lanz unter anderem mit dem damals größten und stärksten Lokomobil der Welt vertreten. Es war gleichzeitig das 10.000. im Werk Mannheim gebaute Lokomobil. Es besaß einen Kesseldruck von 10 atü und eine Dauerleistung von 260 PS, die kurzzeitig auf eine Höchstleistung von 460 PS gesteigert werden konnte. Meinte man damals Optimum und Leistungsgrenze des Lokomobils verwirklicht zu haben, gelang es bis zur im April 1910 beginnenden Weltausstellung in Brüssel eine noch wesentlich stärkere, zweizylindrige Heißdampfmaschine mit 1000 PS und Lentz-Ventilsteuerung fertigzustellen. Sie konnte aber durchaus mit 1150 PS als höchste Dauerleistung bei 215 U/min aufwarten. Es war das größte Lokomobil der Welt, das gebührend bewundert wurde. Mit deren Aufbau und Installation war eine 20 Mann starke Mannschaft 22 Tage und Nächte beschäftigt. Sie zeichnete während der gesamten Dauer der Ausstellung – im Wechsel mit einer ähnlichen 800-PS-Maschine von Buckau – für die Stromversorgung auf dem Gelände verantwortlich. Die Maschinen trieben einen gewaltigen, von der Firma AEG hergestellten Dynamo an, dessen Anker allein schon 7,2 t auf die Waage brachte. Nach Beendigung der Weltausstellung diente das Gerät lange Jahre in der betriebseigenen Versorgungszentrale in Mannheim.

Lanz hatte bis dahin mehr als 25.000 Lokomobile hergestellt, während es die Wolf AG in Magdeburg-Buckau auf immerhin 14.000 Maschinen brachte. Beide Unternehmen hatten damit der Dampfkraft zu ihrer größten Leistungsfähigkeit verholfen. Den Niedergang der Dampfmaschinentechnologie vermochten aber auch sie nicht aufzuhalten. Angesichts stark rückläufiger Absatzzahlen vereinbarten beide Konkurrenten im Jahr 1924 einen Fabrikations-Trennungsvertrag. Demnach übernahm Wolf den gesamten Lokomobilbau und die Fertigung stationärer Rohölmotoren. Lanz hingegen forcierte das Dreschmaschinengeschäft und führte mit dem Rohölschlepper „Bulldog" eine völlig neue, zukunftsträchtige Antriebsmaschine ins Feld.

Diese 4 PS leistende Dampfdreschgarnitur wurde im Lanz-Katalog des Jahres 1881 angeboten.

James Ushers Patent-Dampfpflug im Modell. Das Vorbild wusste im praktischen Einsatz allerdings nicht vollends zu überzeugen.

So sehr die dampfbetriebenen Lokomobile als zuverlässige stationäre Antriebsquelle den Bauern insbesondere beim zeitraubenden und arbeitsintensiven Dreschen entlasteten, gab es noch viele weitere schwere körperliche Arbeiten auf einem Bauernhof zu verrichten, die Mitte des 19. Jahrhunderts dringend einer maschinellen Lösung harrten. Vor allem die schwere Feldarbeit – und hierbei wiederum besonders das Pflügen – verlangte Mensch und Tier stets größte Mühen und Anstrengungen ab. Das Arbeitsverfahren, ein langwieriger und mühevoller Prozess, bei dem Pferd oder Ochse vor den Pflug gespannt wurde, hatte im Grunde seit Jahrhunderten kaum Veränderungen erfahren. Auf weichen und lockeren Böden mochte das einscharige Tiefpflügen zwar noch einigermaßen zügig vonstatten gehen. Mussten aber harte und steinige Untergründe bearbeitet werden, dann war die gespanngezogene Pflugschar schnell an ihrer Leistungsgrenze angelangt. Selbst bei mehrspänniger Arbeit konnte kaum mehr als ein halber Hektar pro Tag bearbeitet werden. Noch schlimmer sah es bei der Urbarmachung von Ackerböden aus, welche nach Rodung mit Wurzeln, Steinen und Baumresten durchzogen waren und für Gespanne fast ein unüberwindbares Hindernis darstellten. Daher wurde der Ruf nach maschineller Entlastung immer lauter, denn gerade die Güte der am Anfang aller Bodenbearbeitungsmaßnahmen stehenden Pflugarbeit bildete stets die Grundlage, die letztendlich über Menge und Qualität des Ernteertrags mit entschied.

An hauptsächlich in England durchgeführten, groß angelegten und langwierigen Versuchen, selbstfahrende Lokomobile für diese Arbeit heranzuziehen, hat es nicht gefehlt. Leider brachten alle Bemühungen zunächst keine brauchbaren Ergebnisse. Denn es war schon ein entscheidender Unterschied, ob ein Lokomobil zum Ziehen von Wagen, als Antrieb für eine Dreschmaschine oder aber als Ackermaschine zur Feldarbeit eingesetzt werden sollte. Die an Letztere gestellten technischen Anforderungen waren ungleich höher. Eine Dampfmaschine zur Verwendung auf dem Acker war wesentlich komplizierter, denn sie musste neben einer höheren Leistung auch auf weichen, grundlosen Böden gut lenkbar und wendig genug sein sowie eine qualifizierte Bodenbearbeitung ermöglichen. Das war für die meisten größeren Hersteller dieser Branche ein wenig zu viel des Guten, weshalb sie sich bei der Bewältigung dieser technischen Herausforderung im Interesse einer wirtschaftlichen Massenfabrikation und hoher Verkaufszahlen oftmals vornehm zurückhielten. Eines der größten Probleme stellte das Befahren der Äcker mit diesen tonnenschweren Maschinen dar, mit denen der Pflug durch den Acker gezogen werden sollte. Das hohe Eigengewicht führte zu hohen Achsdrücken und damit zu starken Bodenverdichtungen, was die Dampfmaschine für das Pflügen nicht sonderlich geeignet machte. Die von den Landwirten vorgegebenen konstruktiven Forderungen an eine dampfgetriebene Pflugmaschine schlossen einander weitgehend aus. Eine ausreichend starke Maschine konnte nach allem, was man vom Dampfmaschinenbau wusste, nur sehr schwer und kaum steuerbar sein. Dazu war der Wirkungsgrad eines eisenbereiften Dampfschleppers sehr ungünstig, denn er verbrauchte einen Großteil der erzeugten Leistung dafür, um sich selber vorwärtsbewegen zu können. Für das eigentliche Pflügen und die gleichzeitig notwendige erneute Auflockerung des zuvor von der Maschine festgefahrenen Bodens blieb nur eine verhältnismäßig geringe Restleistung übrig.

Eine Dampfmaschine verschwindet

Gerade aber die massiven Vorbehalte und die scheinbare Unmöglichkeit der Verwirklichung eines derartigen Vorhabens veranlassten manche Erfinder und Tüftler, sich an die Realisierung dieser schwierigen Aufgabe heranzuwagen. Wichtig war dabei, eine Maschine zu entwerfen, die den Pflug bewegte, ohne selbst den Boden zu sehr durch ihr eigenes Gewicht zu belasten. Bereits 1832 erhielten zwei Engländer, der Textilfabrikant und Parlamentsabgeordnete John Heathcoat und der Ingenieur Josiah Parkes, ein Patent für einen Dampfpflug zuerkannt. Dieser bestand aus einem Wagen mit niedriger Plattform, von dem aus eine aufmontierte Zweizylinder-Dampfmaschine das Fahrzeug selbst sowie zwei Kabelseilwinden antrieb. Die Maschine selbst war ein gewaltiges, zudem sehr eigenwillig gestaltetes Monstrum, das sich auf vier Sätzen Raupenketten fortbewegte, deren Antriebsräder einen Durchmesser von 2,40 m besaßen. An die quer zur Fahrtrichtung arbeitenden Seilwinden konnte nun ein Pflug angehängt und zwischen der Maschine und den am Feldrand aufgestellten Ankerwinden hin- und hergezogen werden. Nach jeder Furche fuhr der Maschinenwagen ein wenig vor. Erst nachdem die Ankerwinden von Hand versetzt und ausgerichtet worden waren, konnte das Pflügen weitergehen. Diese 1833 fertiggestellte, etwa 30 t schwere Maschine wurde in den folgenden Jahren mehrfach probehalber im Raum Lancashire eingesetzt. Das Ende dieses richtungweisenden Ungetüms war wenig spektakulär und gab manche Rätsel auf. Im Jahr 1837 beteiligten sich die Erfinder an einem von der Highland Agricultural Society ausgeschriebenen, in der Nähe der Ortschaft Dumfries

Für das Pflügen und andere herkömmliche Ackerarbeiten waren die eisenbereiften Dampfmaschinen viel zu schwer und ungelenk.

stattfindenden Pflugwettbewerb. Bei dieser Präsentation, auf die man große Hoffnungen gesetzt hatte, wurde dem nach Ansicht der Kommission nicht in allen Punkten überzeugenden Pfluggerät eine Prämie von zunächst lächerlichen 100 Pfund zuerkannt – ein überaus enttäuschender „Ausgleich" für die mehr als 100-mal so hohen Entwicklungskosten, welche die Erfinder bis dahin in das Projekt investiert hatten. Fatalerweise aber handelte es sich bei dem Veranstaltungsgelände um weichen Moorboden, an dessen Rand die schwere Maschine abends unvorsichtigerweise abgestellt wurde. Denn am nächsten Morgen sollte die Vorführung weitergehen, um die letzten Zweifler zu überzeugen. Aber was war das? Das im Morgengrauen zur Arbeit erscheinende Bedienungspersonal traute seinen Augen kaum, denn der unübersehbar große Dampfapparat war wie vom Erdboden verschwunden. Man vermutete anfangs Diebstahl, aber keine sichtbare Fahrspur deutete an, dass das Gerät bewegt worden war. Hinter vorgehaltener Hand munkelten viele, dass Moorgeister für das mysteriöse Verschwinden verantwortlich seien. Schließlich musste man

Anfangs versuchte man, den dampfbetriebenen Pflug mittels starker Kabel oder Seile über den Acker zu führen.

sich mit der Tatsache abfinden, dass das schwere Gerät offenbar in den Tiefen des Moores versunken war. Umgehend begonnene Bergungsversuche blieben erfolglos, und obwohl die Suche nach dem verschwundenen Koloss noch lange fortgesetzt wurde, konnte nirgendwo ein Anzeichen entdeckt werden, das auf das Vorhandensein des Dampfpfluges schließen ließ. Zweifelsohne wird er sich noch heute dort in möglicherweise unergründlichen Tiefen befinden. Vielleicht hat ja irgendwann ein Schatzsucher das Glück und kann das gute Stück auffinden und bergen?

Dampfspatenpflüge

Sehr günstig standen die Vorzeichen anfangs nicht für die Weiterverbreitung der gerade erst geborenen Dampfpflugidee. Trotz allem gaben die Erfinder nicht auf und versuchten eine Dampfmaschine zu entwerfen, die – trotz des infolge ihres tonnenschweren Gewichts hohen Bodendrucks – mit dem angehängten Arbeitsgerät unmittelbar auf dem Acker fahren sollte. Aber auch diese Entwicklung führte in die Sackgasse. Andere Befürworter wollten sich mit dem Pflügen allein nicht zufriedengeben. So sollte nach ihren Vorstellungen die Erde nach dem Muster des Umgrabens bei der Gartenarbeit in einem Arbeitsgang gewendet, vermengt und zugleich auch gekrümelt werden. Da anstelle des maschinellen Pflügens eine Art des Grabens oder Umspatens treten sollte, wurden diese Maschinen auch als Dampfgrabemaschinen oder Dampfspatenpflüge bezeichnet.

James Usher, ein Bierbrauer aus Edinburgh, nahm sich dieser Idee an und konstruierte 1849 eine transportable, etwa 10 PS starke Dampfmaschine. Zahnräder setzten sowohl die Hinterachse als auch die heckseitig angeordneten Spaten in Bewegung. Ihr Funktionsmechanismus war so abgestimmt, dass die auf- und niedergehenden Spaten mithelfen sollten, die 6,5 t schwere Maschine auf dem Acker fortzubewegen. Obwohl der Schotte mehrere Maschinen verkaufen konnte, blieben diesem Gerät größere Erfolge versagt.

Ein ähnlicher Misserfolg ist von dem Kanadier Robert Romaine zu vermelden. Er konstruierte 1853 zunächst einen pferdegezogenen Kultivator mit rotierendem Arbeitsgerät, der von einer Dampfmaschine angetrieben wurde. Die Maschine musste zwar von Pferden zum Feld gezogen werden, sie bewegte sich aber mittels Dampfkraft auf dem Acker vorwärts. Ihr Antrieb erfolgte durch das Arbeitsgerät, einer mit Eisenstacheln versehenen, auf dem Boden befindlichen und mit der Dampfmaschine über eine Welle verbundenen Walze. Zwei Jahre später war eine verbesserte, 15 t schwere Dampfgrabemaschine fertiggestellt, bei der sowohl Fahrzeug als auch Walze mechanisch angetrieben wurden und damit die Zugtiere entbehrlich machte. Die rotierenden Kultivatorblätter konnten gegen Schneideblätter ausgetauscht werden und somit die Maschine in einen Mäher verwandeln. Nach verschiedenen, im Jahr 1860 in der Nähe von Paris vorgenommenen, wenngleich erfolgreichen Vorführungen hat man von dieser schweren und ungelenken Ackermaschine nichts mehr gehört.

Die von vielen Erfindern eine Zeit lang favorisierten Dampfspatenpflüge waren allgemein zu schwer und technisch wenig ausgereift, was einer Verbreitung entgegenstand.

Fowlers Zweimaschinensystem

Die Methode, einen an einem langen Kabel befestigten Pflug mithilfe einer dampfbetriebenen Winde über den Acker zu ziehen, war nicht neu. Wer genau dieses sogenannte Dampfseilpflugverfahren erfunden hat, ist nicht zweifelsfrei dokumentiert. So entwickelte der Farmer William Smith im Jahr 1853 eine praktikable Möglichkeit des Dampfpflügens. Er verband ein am Feldrand aufgestelltes gewöhnliches Lokomobil mit einer Winde, die aus zwei vertikalen Seiltrommeln bestand. Von hier aus wurde nun ein Hanfseil auf- und abgespult, welches um den zu bearbeitenden Acker herumlief. Horizontale, im Boden verankerte Scheiben dienten der Seilführung. Zwischen den beiden Seilführungen wurde das Ackergerät hin- und hergezogen, indem bald die eine, bald die andere Windentrommel das Seil aufspulte. Dieses auch als „round about system“ bezeichnete Verfahren war zu seiner Zeit zwar recht eindrucksvoll, den Durchbruch erzielte es aber erst, als sich um 1860 die Brüder Howard aus Bedford seiner annahmen. Sie verbesserten die Winde, ersetzten das Hanfseil durch eine Stahltrosse und konstruierten spezielle Dampfseillokomobile, darunter einige höchst unkonventionelle auf drei Rädern. Dadurch entstand ein brauchbares, zudem preiswertes Dampfpflugsystem, das sich in Großbritannien fortan großer Beliebtheit erfreute.

Erst mithilfe des von John Fowler entwickelten Kipppfluges ließ sich das Zweimaschinensystem realisieren.

System und Hersteller wurden aber von dem seit den 1850er-Jahren unbestrittenen Marktführer, der Firma John Fowler aus Leeds, noch in den Schatten gestellt. Dieser Name steht als Synonym für Dampfpflüge, und das nicht nur in Großbritannien. Der 1826 geborene Sohn einer Quäkerfamilie aus Melksham/Wiltshire sollte nach dem Wunsch seines Vaters einmal Getreidehändler werden. Doch das aufstrebende Maschinenwesen interessierte ihn ungleich stärker, und so zog es ihn in einen technischen Beruf. Fowler arbeitete bei einem Lokomotivhersteller, bevor er im Jahr 1849 Irland bereiste, wo er mit Hunger, Not und Elend infolge katastrophaler Missernten konfrontiert wurde. Den gerade 23-jährigen John Fowler beeindruckte dies tief und er überlegte, wie den Iren zu helfen sei. Grundlage dafür war seiner Meinung nach eine andere Form der Bodenbearbeitung, die aber nicht eher realisiert werden konnte, bevor man nicht weite Landstriche entwässert hatte. Er konstruierte einen dampfbetriebenen Bodenentwässerungspflug, mit dem ein künstlicher, dem Wasserablauf dienender Graben gezogen werden konnte. Nach erfolgreichen Versuchen machte er sich selbstständig und begann über einen Kabelpflug nachzudenken. Zunächst experimentierte er mit dem aus Lokomobil, Pflug und Winde bestehenden Einmaschinensystem, erkannte aber bald dessen Nachteil, denn der von der Winde gezogene Pflug musste zum Ausgangspunkt zurückgezogen werden und leistete dabei keine Arbeit. Außerdem war das System recht zeitaufwendig und umständlich, denn man musste die Seilführung nach jeder Furche versetzen. Fowler ließ sich einen Balancierpflug patentieren, mit dem hin- und hergepflügt werden konnte, ohne dass er gewendet werden musste. Man stellte einfach zwei Sätze Pflugscharen nach der Art eines Kipppfluges gegenüber, von denen sich jeweils nur der in Fahrtrichtung arbeitende im Boden befand. Der andere Satz ragte schräg aufgerichtet in die Luft. Eine weitere Verbesserung bildete das Einmaschinensystem mit Ankerwagen, der am gegenüberliegenden Feldrand aufgestellt wurde. Ankerwagen wie auch Lokomobil mussten nach Beendigung jeder Furche vorwärtsbewegt werden, wobei die Bewegung des Ankerwagens entweder von Pferden oder mit Kurbeln gegen einen Erdanker von Hand erfolgte. Wenn man nun anstelle des Ankerwagens eine zweite Maschine, das heißt auf jeder Seite des Feldes eine und jede mit einer unter dem Kessel befindlichen Gewindetrommel ausgerüstet, einsetzte, ließ sich damit ein Balancierpflug über das Feld hin- und herziehen, ohne dass die Versetzung von Ankerwagen und Seilführung erforderlich war. 1856 installierte Fowler erstmals das Zweimaschinensystem, wobei die beiden Maschinen abwechselnd arbeiteten und die Pflugscharen hin- und herzogen. Dabei fuhr die nicht unter Spannung stehende Maschine um die doppelte Furchenbreite vor, ohne dass dadurch das Pflügen selbst beeinträchtigt wurde. Auf diese Weise konnte das ganze Feld ohne Unterbrechung umgebrochen werden. Das Ergebnis des „Fowlerschen Systems“ war eine hohe Arbeitsleistung bei nur kurzer Rüstzeit.

Dieses zeitgenössische Bild zeigt das Fowler-Zweimaschinen-Seilzugverfahren mit Kipppflug bei der Kultivierung von Ödland.

Ein von Fowler in Leeds hergestellter selbstfahrender Dampfpflug aus dem Jahr 1909.

Lohnunternehmer im Dienste des Bauern

Das von John Fowler entwickelte Dampfpflugsystem war so fortschrittlich, dass es von vielen anderen englischen Fabrikaten wie Burrell, Aveling, Porter und McLaren kopiert und adaptiert wurde. Letztendlich aber waren es doch die von Fowler aus Leeds gebauten großen schwarzen Maschinen, an die man sich auch dann noch erinnerte, als es schon lange neue Pflugtechnologien gab.

Diese Pfluggarnituren waren sehr teuer und konnten daher nur von Großbetrieben erworben werden. Kleinere Höfe oder Farmen waren wie früher beim Dreschgeschäft mit Dampfmaschinen auf Fremdunternehmen angewiesen, welche diese Arbeit im Lohnauftrag verrichten konnten. Diese Dienstleister waren spezialisierte Lohnunternehmen, welche die kostspieligen Ausrüstungsgegenstände mit teilweise mehreren Maschinenpaaren stellten und auf eigene Rechnung arbeiteten. So besaß ein großes englisches Unternehmen dieser Branche im Jahr 1908 24 Paar Maschinen mit den notwendigen Ausrüstungen zum Pflügen und Kultivieren. Der Kapitaleinsatz war mehr als beachtlich, wenn man bedenkt, dass ein Dampfpflug nebst kompletter Ausrüstung in Deutschland um die Jahrhundertwende zwischen 40.000 und 60.000 Goldmark kostete. Das entsprach dem damaligen Wert eines mittleren Bauernhofes! Dazu musste ein umfangreiches Ersatzteillager unterhalten werden, damit defekte Maschinen schnell repariert werden konnten. Ein ausgefallener Dampfpflug, für den bereits weitere Arbeitskontrakte bestanden, konnte sehr teuer werden.

Dieses bewährte Pflugsystem konnte sich recht lange halten. Noch viele Jahre nach dem Ersten Weltkrieg konnte man die gewaltigen, durch ihre plumpen Stahlräder einen ohrenbetäubenden Lärm verursachenden Maschinen über die Landstraßen zu ihren neuen Einsatzstellen rollen sehen.

Eine Pfluggarnitur bestand aus zwei selbstfahrenden Dampfmaschinen, den beiden Kipppflügen und jeweils einem Wohn-, Werkstatt- und Wasserwagen. Das notwendige Bedienungspersonal setzte sich in der Regel aus mindestens sechs Personen zusammen: zwei Fahrern, einem Pflüger, einem Vorarbeiter und zwei Hilfskräften für untergeordnete Arbeiten. Beide Maschinen wirkten auf den ersten Blick völlig identisch. Jede besaß eine unter dem Kessel befindliche Kabeltrommel, auf der sich zwischen 400 und 550 m des schweren Kabels befanden. Allein schon, um das Gewicht der tonnenschweren Kabeltrommeln tragen zu können, aber auch aufgrund der starken Beanspruchung beim Pflügen selbst mussten die Maschinen äußerst stabil gebaut sein.

Ein wichtiger Unterschied der beiden Maschinen bestand darin, dass die eine rechtsgängig, die andere linksgängig konstruiert

Der von John Fowler im Jahr 1856 entwickelte Kipp- oder Balancierpflug war das Arbeitsgerät für den aus zwei Seilpfluglokomobilen bestehenden Dampfpflugsatz.

war. Denn bei der einen wurde das Kabel auf der linken Seite ein- und ausgezogen, bei der gegenüberliegenden auf der anderen Seite. Dies konnte man an dem mächtigen, an einer Seite der Maschine hervorstehenden Kabelarm erkennen, der in ein Rollensystem einmündete. Die unterhalb des Dampfkessels befindliche Trommel wurde durch ein einfaches Zahnradgetriebe von der Kurbelwelle aus angetrieben und mithilfe eines Hebels per Klauenkupplung zugeschaltet. Die Geschwindigkeit der Trommel wurde durch ein Reibungsband konstant gehalten.

Diese selbstfahrenden Pflugmaschinen waren viel größer als die üblicherweise beim Straßenbau eingesetzten Dampfwalzen. Auffallend war ihr großer Dampfkessel mit hoher Dampfleistung, um Unterbrechungen während des Arbeitstages wegen Dampfmangels so gering wie möglich zu halten. Sie arbeiteten nach dem Verbundsystem mit dampfumhüllten Zylinderblöcken. Ein notwendiges Bauteil war die Dampfpfeife. Es konnte mitunter vorkommen, dass die zwei auf den gegenüberliegenden Seiten eines Feldes aufgestellten Maschinen außer Sichtweite standen. Dies kam vor allem in hügeligem Gelände vor. Daher war die Verständigung der beiden Fahrer nur durch die Pfeife möglich. Oft konnten sie auch nur den beim Pfeifen entstehenden weißen Abdampf zum Himmel aufsteigen sehen. Nach Aufstellung der Maschinen wurde der Pflug mit etwas höherer Schrittgeschwindigkeit über das Feld gezogen. Der schwere Kipppflug musste von einem oder sogar zwei Mann gesteuert werden. Hierbei bearbeitete die eine Pflughälfte den Boden, während die andere nach oben ragte. Hatte der Pflug das Ende einer Furche erreicht, bewegten sich beide Dampfmaschinen eine Furchenlänge nach vorn. Dann wurde dieser gekippt, damit die Pflugscharen immer in der jeweils gleichen Richtung arbeiteten, und in Position für die nächste Furche gebracht. Dies ging so lange, bis entweder der Acker fertig umgepflügt war oder die Arbeit durch die einbrechende Dunkelheit vorläufig unterbrochen wurde. Bei großem Termindruck musste die Arbeit auch bei Dunkelheit fortgesetzt werden.

Prämien für Maschinisten

Trotz ihrer Robustheit benötigten die Dampfmaschinen qualifiziertes Bedienungspersonal, das auch Wartungs- und Reparaturarbeiten eigenständig durchführen konnte. Manche Unternehmer boten den Besatzungen finanzielle Anreize und verteilten kleine Prämien an die Arbeiter für jeden Tag, an dem sich die Maschinen störungsfrei im Betrieb befanden. Während der Reparaturzeiten gab es selbstverständlich keinen Bonus. In

Fowler-Dampfpflug mit der charakteristischen, unter dem Kessel angebrachten Seiltrommel.

anderen Fällen wurden Extrazahlungen entsprechend der gepflügten Ackerfläche ausgezahlt.
Für das Bedienungspersonal bestand ein großer Nachteil darin, dass ihre Beschäftigung, wie jede andere Arbeit in der Landwirtschaft auch, saisonal begrenzt war. Für den Lohnunternehmer war es wichtig, gutes Personal zu halten. Daher boten verantwortungsbewusste Unternehmer ihren Arbeitern unter Zahlung einer bescheidenen Grundvergütung eine Dauerstellung an. In der Hochsaison kamen Gelder für Überstunden und Prämien hinzu. Überstunden waren allerdings schwer anzusammeln, da ein normaler Arbeitstag schon mindestens zehn Stunden dauerte. Der Arbeitstag konnte bis zu 16 Stunden lang sein. Er begann meistens um vier Uhr morgens und reichte manchmal bis um Mitternacht, auch an Wochenenden. Der Sonntagvormittag wurde für die Kesselreinigung und für kleinere Reparaturen genutzt. Dann ging es weiter. Trotzdem kamen die meisten Arbeiter auf ihre Kosten, denn das zusätzliche Geld für lange Arbeitstage glich die Minimallöhne in anderen Zeiten aus, in denen für die Arbeiter die Möglichkeit bestand, andere bezahlte Tätigkeiten aufzunehmen. Den Arbeitern war damit eine gewisse Sicherheit ihres Arbeitsplatzes gegeben.

Max Eyth – der deutsche Dampfpflugpionier

Bis in die 1860er-Jahre blieb das Dampfpflügen eine weitgehend innerbritische Angelegenheit. Der Einsatz eines Dampfpflugsystems in Deutschland erfolgte beispielsweise erst im Jahr 1863 auf einer preußischen Domäne in Blumenberg bei Wanzleben.
Der Name des Schwaben Max Eyth ist als Wegbereiter und Verbesserer mit der Dampfpflugidee in Deutschland untrennbar verbunden. Geboren als Sohn eines Oberlehrers im Jahr 1836 in Kirchheim unter Teck in Württemberg, sollte er entsprechend der Familientradition ursprünglich ebenfalls Lehrer oder Pfarrer werden. Max aber wollte Ingenieur werden. 1862 hatte er das Glück, eine Anstellung bei der renommierten Dampfpflug-Fabrik von John Fowler in Leeds zu bekommen. Bei Fowler, dem gerade der entscheidende Durchbruch bei der Seilzugtechnik mit dem Zweimaschinensystem gelungen war, konnte Eyth umfassende Erfahrungen sammeln. Seine intensive Beschäftigung mit den neuen Lokomobilen trug ihre ersten Früchte, als er eine Wickelvorrichtung für das Drahtseil konstruierte, die es ermöglichte, die Windetrommel horizontal unter dem Kessel anzuordnen. Mit dieser als „Clipdrum" bezeichneten und patentierten Seiltrommel hatte endlich das lästige Verheddern des Drahtseils ein Ende. John Fowler, der auf den strebsamen und tüchtigen Schwaben aufmerksam geworden war, betraute ihn schon bald mit anderen verantwortungsvollen Aufgaben. Nachdem er die eigenständige Betreuung des Fowler-Messestandes auf der Londoner Weltausstellung erfolgreich durchgeführt hatte, ging er als Werksvertreter nach Ägypten. Nur seinem unermüdlichen Einsatz war es zu verdanken, dass Fowler bis 1864 insgesamt 216 Garnituren an den Onkel des ägyptischen Vizekönigs und größten Grundbesitzer am Nil verkaufen konnte. Diese Maschinen dienten vor allem der

Eine 130 PS starke Heißdampf-Pfluglokomotive: Für den Fahrbetrieb waren zwei Personen als Bedienungspersonal erforderlich, für den Pflugbetrieb genügte ein Mann.

Vereinzelt wurden Pfluglokomotiven auch mit Schutzdach angeboten.

Intensivierung des Baumwollanbaus, denn durch den amerikanischen Bürgerkrieg und durch den weitgehenden Ausfall der Anbaugebiete in den Südstaaten war Baumwolle am Weltmarkt knapp geworden.
Rasch konnten sich die Dampfpflüge aus England über den Weltmarkt verbreiten. Eyth hatte sich zu Fowlers erfolgreichstem Verkäufer emporgearbeitet und begann seine Aktivitäten auch auf den europäischen Markt zu lenken. 1872 errichtete Fowler einen Zweigbetrieb in Magdeburg, um den immer größer werdenden Markt in Mittel- und Südosteuropa besser bedienen zu können. Diesem Werk wurden Niederlassungen in Berlin, Wien, Prag, Warschau, Kiew, Budapest, Bukarest und Konstantinopel angegliedert. In Deutschland fanden die Dampfpflüge vor allem beim aufblühenden Anbau von Zuckerrüben Verwendung. Da die großen Flächen besonders tief gepflügt werden mussten – mit den Kipppflügen bewältigte man bis zu 80 cm Tiefe –, waren es also ideale Einsatzgebiete für den Dampfpflug. Max Eyth, der 1882 das Fowler'sche Unternehmen verließ, war in erster Linie die nachhaltige Verbreitung der Dampfpflugidee in Deutschland zu verdanken. Seinen Nachfolgern gelang es, sowohl das Magdeburger Werk als auch die Niederlassungen weiter auszubauen. Im Jahr 1909, dem besten Geschäftsjahr, wurden fast 70 Prozent des Gesamtumsatzes der John Fowler & Co Ltd. in Magdeburg erwirtschaftet. Max Eyth war es auch, der die Gründung der „Deutschen Landwirtschafts-Gesellschaft" (DLG) vorbereitete, die 1885 ins Leben gerufen wurde und dessen führender Kopf er lange Jahre blieb.

Deutsche Hersteller gehen in Führung

Gegen Ende des 19. Jahrhunderts hatte die Dampfpfluggindustrie auf dem europäischen Kontinent, allen voran diejenige Deutschlands, mächtig aufgeholt und teilweise die führende Stelle eingenommen, die England vorher innehatte. Die deutschen Hersteller stiegen erst relativ spät in das Geschäft ein, konnten aber binnen kurzer Zeit technische Spitzenerzeugnisse auf den Markt bringen. Es kam nicht von ungefähr, dass es vor allem Betriebe in Mittel- und Ostdeutschland waren, die den Dampfpflug in Deutschland weiter nach vorn brachten. Denn gerade in diesen Regionen befanden sich die großen Güter und Domänen und damit die Haupteinsatzgebiete der Pflüge. Zu diesen Produzenten gehörte auch die Firma Andreas Heucke aus Gatersleben bei Magdeburg, der man die größten Erfahrungen im Bau von Dampfpflügen nachsagte. An diesem Standort wurden seit 1885 ausschließlich landwirtschaftliche Großmaschinen hergestellt. Sie waren leistungsfähige Spitzenerzeugnisse, deren Kessel für einen Druck von 16 atü ausgelegt waren und nach dem Heißdampfverfahren mit einer Dampfüberhitzung von 310 bis 330 °C arbeiteten. Trotzdem hielten sich Kohle- und Wasserverbrauch in Grenzen. Mit den im Tender mitgeführten Vorräten besaßen Heucke-Dampfpflüge einen Aktionsradius von bis zu 40 km. Nicht nur in Deutschland, sondern auch in Ost- und Südosteuropa sowie in vielen afrikanischen Ländern konnte man diese Maschinen antreffen. Erst 1950 endete der Dampfpflugbau.

Bis heute ist ein im Jahr 1928 gebautes Dampfpfluggespann erhalten geblieben. Es kostete seinerzeit 115.000 Reichsmark, was dem Gegenwert von 9200 Ztr. Weizen entsprach. Die technischen Daten der Geräte sind beeindruckend: Jede der beiden selbstfahrenden Lokomobile ist 3,60 m hoch, 2,50 m breit und mehr als 8 m lang. Ihr Gewicht beträgt mit der Wasserfüllung von 3000 l jeweils 23 t. Die Leistung betrug ursprünglich 280 PS bei 18 bar Betriebsdruck. Aus Sicherheitsgründen wurde dieser später auf 14 bar herabgesetzt, was immer noch einer Leistung von 220 PS entspricht. Die Seillänge beträgt 300 m (früher 550 m) bei 20 mm Seilstärke. Der zweimal fünfscharige Kipp- oder Balancierpflug, der zwischen den Dampfmaschinen hin- und hergezogen wird, ist 12 m lang und wiegt 5 t. Stündlich verbraucht das Gespann 140 kg Kohle und rund 800 l Wasser. Bis 1965 arbeitete das Gespann für die Bayerische Dampfpfluggenossenschaft Regensburg auf den weiten Ackerflächen zwischen Regensburg und Plattling.

Ein weiterer renommierter deutscher Dampfpflughersteller waren die Kemna-Werke in Breslau. Im Jahr 1899 verließ der erste Patent-Heißdampfpflug die Werkshallen und bereits 1910 war man – neben Fowler in Magdeburg – zum größten Dampfpflughersteller des Kontinents aufgestiegen. Zwar orientierten sich die Kemna-Maschinen in technischer Hinsicht grundsätzlich an den britischen Konstruktionen; sie verfügten aber über wesentliche Verbesserungen, die bei den Mitbewerbern nicht vorhanden waren. In erster Linie betraf dies den Einbau des vor allem im Lokomotivbau verwendeten Schmidt-Rauchröhren-Überhitzers, mit dem Kesseltemperatur und Leistung weiter gesteigert werden konnten, ohne dabei die Haltbarkeit der Anlage zu beeinträchtigen. Gegenüber einer vergleichbaren Nassdampfmaschine brachte der Einbau eine Wasserersparnis von bis zu 26 Prozent sowie einen zwischen zwölf bis 18 Prozent geringeren Kohleverbrauch. Mit einem 1924 vorgestellten, auf mittelbäuerliche Betriebe abgestimmten Kleindampfpflug unternahm man den Versuch, neue Käuferschichten zu aktivieren. Diese Konstruktion kam zu spät, denn Traktoren und Motorpflüge erwiesen sich als überlegene Konkurrenz gegenüber dem Dampfantrieb.

Technische Spitzenleistungen deutscher Hersteller

Den deutschen Dampfpflugherstellern gemeinsam war es, dass sie erst relativ spät in das Geschäft einstiegen, dann aber binnen Kurzem technische Spitzenerzeugnisse auf den Markt bringen und eine führende Rolle einnehmen sollten. Die Firma Kemna in Breslau produzierte noch bis zum Jahr 1940 Dampfpflüge, allerdings zählte diese Produktlinie zum Schluss schon lange nicht mehr zum Hauptgeschäftszweig des Unternehmens. Zu

Ein Rheinmetall-Heißdampfpflug bei der Arbeit.

Ventzki-Dampfpflugmaschine mit ausziehbarem Röhrenkessel. Diese Bauweise erleichterte die Kesselreinigung ganz erheblich.

groß war die Konkurrenz der Traktoren inzwischen geworden. In annähernd drei Jahrzehnten fertigte und verkaufte Kemna etwa 1200 Dampfpflüge, deren Leistungen zwischen 50 und 200 PS lagen.

Kemna war keinesfalls das einzige deutsche Unternehmen, das sich aktiv im Bau von Dampfpflügen betätigte. Im Jahr 1898 stieg auch die bereits im Landmaschinenbau tätige Firma August Ventzki aus Graudenz in Westpreußen in den Dampfpflugbau ein. Mit den gefertigten Bodenbearbeitungsgeräten, insbesondere den bekannten, durch Patente geschützten, durch vier Pferde gezogenen Ventzki-Zweischarpflügen nahm man auf dem gesamten ostdeutschen Landmaschinenmarkt eine beherrschende Stellung ein. Nach der Umwandlung in eine Aktiengesellschaft stand größeren Maschinenbauprojekten, insbesondere dem Bau von Dampfpfluglokomobilen, nichts mehr im Wege. Im Herbst 1898 verließ der erste Dampfpflugsatz die Graudenzer Werksanlagen. Bis zum Beginn des Ersten Weltkrieges rollten Jahr für Jahr etwa 15 Satz Dampfpflüge durch das Fabriktor an die Kunden. Hinzu kamen die Anti-Balance-Kipppflüge mit bis zu sechs Scharen, Wasserwagen, Wohnwagen und weiterem Zubehör für die Feldarbeit. In Spitzenzeiten zählte das Werk mehr als 700 Beschäftigte.

Bei der Konstruktion wurden neue Wege beschritten. Neben der technisch anspruchsvollen Verbundtechnik mit neben- oder hintereinander liegenden Hoch- und Niederdruckzylindern wurde als eines der vorrangigsten Ziele eine gewichtsparende Bauweise angestrebt. Diese aber sollte keineswegs auf Kosten von Qualität und Leistung gehen. Tatsächlich gelang es durch den Einsatz höherwertiger und dadurch material- und gewichtsparender Stähle, das Maschinengewicht um 6 t auf 13,5 t zu senken. Dies hatte den Vorteil, dass die leichtgängigen Ventzki-Kipppflüge noch gezogen werden konnten, während die Konkurrenzpflüge dafür viel zu schwer und unhandlich waren. Das setzte allerdings voraus, dass der Kunde, bevor er die Maschinen nutzen konnte, im Besitz eines Pfluges aus eigener Herstellung sein musste.

Die Ventzki-Pflugmaschinen besaßen einige typische Eigenschaften, die sie von manchen Mitbewerbern unterschieden. Da war einmal der ausziehbare Röhrenkessel, der eine leichtere und gründlichere Reinigung des Heizrohrsystems ermöglichte. Darüber hinaus waren ein Doppel-Sicherheitsventil zur Verbesserung der Betriebssicherheit, automatische Schmierapparate zur kontinuierlichen, personalsparenden Schmierung der sich bewegenden Teile sowie eine Speisewasserpumpe, die unabhängig vom Injektor die Wasserversorgung des Kessels übernehmen konnte, vorhanden. Als Folge des Versailler Diktatfriedens kam die Stadt Graudenz im Jahr 1920 zu Polen. Der Firmeninhaber August Ventzki entschloss sich zum Verkauf seiner Firma und beendete die dortige Fabrikation. Darüber hinaus verkaufte er die Lizenzen für den Dampfpflugbau an die Firma Borsig, sodass die Lizenzfertigung der Maschinen für einige Jahre in Berlin weitergeführt wurde. Der Technologietransfer führte sogar dazu, dass Borsig sein bisheriges, insgesamt veraltetes Dampfpflugkonzept überarbeitete und das Ventzki-System adaptierte. Insgesamt dürfte Ventzki mehr als 500 Dampfpfluglokomobile gebaut haben.

Weitere deutsche Hersteller

Welch großen Umfang die Branche in Deutschland angenommen hatte, wird besonders dadurch deutlich, dass neben den bereits genannten Herstellern auch die Maschinenfabrik Rudolf

Oben: Die Tandem-Heißdampf-Pfluglokomotive des Typs ZT mit einer Leistung von 120 bis 150 PS.
Unten: Der Typ BM mit 80 bis 100 PS konnte auch als Straßenwalze verwendet werden.

Wolf AG in Magdeburg, Franz Komnick und Söhne in Elbing/Westpreußen, die Firma Dehne in Halberstadt, die Berliner Borsig-Werke, Rheinmetall in Düsseldorf und die Firma Heilbronner Maschinen zu den Produzenten von Dampfpflugapparaten zählten.

Rheinmetall baute beispielsweise Heißdampfpflüge nach dem Zweimaschinensystem und rüstete die Maschinen mit neuen patentierten Rauchröhrenüberhitzern aus. Während die kleineren Dampfmaschinen als Einzylindermaschinen arbeiteten, kam bei den größeren Geräten das Verbundsystem mit doppelter Dampfdehnung zur Anwendung. Die bewährten Lokomotivkessel besaßen eine kastenförmige Feuerbuchse mit einer zur Dampferzeugung wichtigen, sehr reichlich bemessenen Rostfläche. Dabei konnte nicht nur Steinkohle, sondern auch minderwertigeres Brennmaterial wie Braunkohle, Torf, Holzabfälle und Stroh, aber auch flüssiger Brennstoff problemlos verfeuert werden.

Die Pfluglokomotiven eigneten sich nicht nur zum Pflügen selbst, sondern auch als Antriebsmaschinen für Dreschmaschinen, Wasserpumpen, Holzbearbeitungsmaschinen usw. und machten somit noch vorhandene Lokomobile entbehrlich. Kleinere Maschinen stellten ihre vielseitigen Verwendungsmöglichkeiten als Lastenzugmaschine oder Dampfstraßenwalze unter Beweis. Die unterschiedlich ausgeführten Pflüge verschiedener Größen waren mit und ohne Anti-Balance-Vorrichtung lieferbar und für Arbeitstiefen von 10 bis 80 cm eingerichtet. Mithilfe der zusätzlich erhältlichen Bodenbearbeitungsgeräte wie Vorschäler, Untergrundlockerer, Eggen und Walzen war es möglich, nach Abschluss der verschiedenen Arbeitsgänge einen aufgelockerten, gut gekrümelten Ackerboden zu erhalten.

Die deutsche Industrie konkurrierte weitgehend mit Fowler um die wenigen Käufer, denn besonders groß war der Markt für diese gewaltigen und entsprechend teuren Maschinen nicht. Diesen Markt teilten sich zehn deutsche und neun britische Hersteller. Gemäß einer Statistik waren im Jahr 1924 insgesamt 680 Dampfpflugsätze in Preußen vorhanden, darunter 654 mit zwei und 26 mit einer Seilzuglokomotive. Die durchschnittliche Maschinenleistung lag damals bei 91 PS. Im gesamten Deutschen Reich dürften es kaum mehr als 1000 gewesen sein, mit eindeutigem Schwerpunkt in den ostdeutschen Gutsbezirken.

Trotz zunehmenden Einsatzes von Rad- und Kettenschleppern in der Landwirtschaft konnten sich die Dampfpflüge relativ lange in der Moor-, Heide- und Ödlandkultivierung halten. Die letzten Exemplare überlebten bis etwa Mitte der 1960er-Jahre.

Eine von der Firma Ruthemeyer, Soest, gefertigte Straßendampfwalze. Die Arbeitsweise dieser noch bis in die 1960er-Jahre im Straßenbau verbreiteten Maschinen entsprach im Wesentlichen der der Pfluglokomotiven in der Landwirtschaft.

DAMPFGIGANTEN IN AMERIKA

Ein großer amerikanischer Dampftraktor mit einem 14-scharigen Pflug bei der Ackerlandgewinnung aus Prärieboden.

Wie man schon des Öfteren in der Geschichte der Landwirtschaft beobachten konnte, wurden die gewiss nicht kleinen europäischen Dampfpflugmaschinen durch manchen Lokomobilgiganten aus der Neuen Welt noch in den Schatten gestellt. In Amerika war ja alles größer, höher und weiter als im kleinen Europa. So auch die aus den Prärien entstandenen, bis hinter den Horizont reichenden Felder, die so weitläufig waren, dass das menschliche Auge sie nicht überblicken konnte. Wer nur die europäischen Felder und ihre Dimensionen kennt, kann sich die ausgedehnten Flächen in Nordamerika nur schwer vorstellen. Selbst die größten Getreidefelder Westeuropas würden in der ungeheuren Weite der amerikanischen Prärien – den früheren Jagdgründen der Indianer – untergehen. Pferd und Ochse waren für diese Art der Pflugarbeit, selbst bei mehrfachem Vorspann, hoffnungslos überfordert.

In einem solchen Land, das im 19. Jahrhundert zudem noch dünn besiedelt war, galten auch für die Maschinen andere Grundvoraussetzungen. Denn je größer eine Maschine war, desto mehr Arbeit konnte sie verrichten und desto besser eignete sie sich für die riesigen Flächen. Mit diesen „mechanischen Pferden" hatten die amerikanischen Farmer endlich eine starke Maschine zur Hand, mit der die Urbarmachung und die Kultivierung der riesigen Flächen in Angriff genommen werden konnten. Ab etwa 1875 wurden in Amerika die ursprünglich

Diese Dampfseilpflugmaschine wurde von der Breslauer Firma Kemna im Jahr 1902 gebaut.

zum Lastentransport entwickelten Straßenlokomobile auch für das Umbrechen der festen Prärieböden erfolgreich eingesetzt und weiterentwickelt. Pflugfurchen mit einer Länge von weit mehr als 10 km waren ebenso wie Arbeitsbreiten von über 10 m keine Seltenheit. Obwohl das Pflügen das hauptsächliche Betätigungsfeld der schweren amerikanischen Dampfmaschinen war, konnten an diese aber auch andere Bodenbearbeitungsgeräte wie Eggen, Grubber sowie rotierende Hacken angehängt werden. Nun konnte man mehr Getreide anbauen und in alle Welt exportieren, als man jemals zu träumen gewagt hatte. Damit legte die Dampfmaschine die Grundlage dafür, dass Nordamerika zur Kornkammer für die Welt werden sollte. Die amerikanische Dampfmaschinenindustrie expandierte und neue Hersteller schossen wie Pilze aus dem Boden. Die großen, am Landmaschinenmarkt bereits eingeführten Unternehmen wie Case, Advance-Rumely, Avery, Holt, Best, Gaar-Scott und manche andere verdienten mit der Dampfkraft ein Vermögen. Vor allem die Jerome Increase Case Company in Rochester im US-Bundesstaat Wisconsin wurde als Hersteller besonders großer Maschinen bekannt. Im Gegensatz zu den europäischen Gepflogenheiten favorisierte man das Einmaschinensystem und arbeitete im direkten Zug. Es entstanden wahre Monstren, die der Größe europäischer Dampflokomotiven in nichts nachstanden und mit teilweise 14-scharigen Pflügen über die früher von weidenden Büffelherden bevölkerten Felder stampften. Hier war der Vergleich nur mit europäischen Dampfrössern angebracht, denn die amerikanischen Dampflokomotiven waren – wie sollte es auch anders sein – noch um einiges größer als die europäischen Maschinen.
Auf der 1908 in Winnipeg, Kanada, stattfindenden Industrieausstellung präsentierte man eine besonders große Maschine mit 110 PS Leistung, die 13 Hektar Land in acht Stunden umpflügen konnte. Später entstanden noch größere Giganten mit weit über 20 t Gewicht, einem Kohleverbrauch von 80 Ztr. pro Betriebstag und mehr als 1200 l Wasser pro Betriebsstunde.

Nikolaus Otto entwickelt den Verbrennungsmotor

Insgesamt gesehen war die Verwendung von Dampfmaschinen für die Feldarbeit sehr aufwendig und teuer, sodass sie neben den auf eigene Rechnung arbeitenden Lohnunternehmern nur von Großbetrieben beschafft und eingesetzt werden konnten. Die meisten Familienbetriebe mussten – ob in Amerika oder in Europa – auf die Dampfkraft verzichten. So eindrucksvoll die Entwicklung der Dampfmaschine über die Jahrzehnte hinweg auch war, ihr Wirkungsgrad blieb begrenzt. Der mit dem Einsatz von Dampfpfluglokomobilen auf dem Lande verbundene Fortschritt war zwar unübersehbar, er blieb allein schon aus Kostengründen fast ausschließlich auf Großbetriebe beschränkt. Damals wurde errechnet, dass die Voraussetzungen für den ökonomischen Einsatz derartiger Maschinen eine jährlich zu pflügende Ackerfläche von mindestens 400 ha sei. Außerdem musste als unabdingbare Voraussetzung für einen wirtschaftlichen Einsatz die zu bearbeitende Ackerfläche möglichst zusammenhängend, groß und weitgehend eben sein. Pferde und Ochsen machte daher die Dampfkraft keineswegs

Nikolaus August Otto war der Erfinder des ersten Viertaktmotors.

überflüssig, denn diese mussten weiterhin überall dort zur Feldarbeit eingesetzt werden, wo der Einsatz der Dampfmaschine nicht lohnte oder von der Topografie her unmöglich war. Die Zahl der Zugtiere nahm in der zweiten Hälfte des 19. Jahrhunderts sogar noch zu, denn für den kleinen Landwirt, ob er sich nun Bauer oder Farmer nannte, waren die Dampfmaschinen unerschwinglich, viel zu groß und daher nie eine wirkliche Option. Die Suche nach einer Kraftmaschine für die Landwirtschaft ging also weiter. Da kam es gerade recht, dass sich einige Techniker an das vor mehr als 100 Jahren aufgegebene Prinzip der Schießpulvermaschine erinnerten.
Die Grundlage der weiteren Entwicklung war die Entdeckung des Leuchtgases, eines bei der Destillation von Kohle entstehenden Brenngases. Bereits zu Beginn des 19. Jahrhunderts experimentierten mehrere Erfinder mit Gasmaschinen, ohne dass sie voneinander wussten und somit ohne Erfahrungen austauschen zu können. Zu ihnen gehörte auch der in Köln ansässige Kaufmann Nikolaus August Otto (1832–1891), der um etwa 1850 mit dem in Frankreich entwickelten Lenoir-Motor – einem Gasmotor, dessen Arbeitsweise einer doppelt wirkenden Dampfmaschine ähnelte – in Berührung kam. Das Streben nach einer Optimierung dieser Maschine ließ ihn seitdem nicht mehr los.
Im Jahr 1875 gelang es ihm, den weltersten nach dem Viertaktverfahren arbeitenden funktionsfähigen Verbrennungsmotor zu entwickeln, den er patentieren ließ. Er war ein liegender Einzylindermotor, der ein Gasgemisch verbrannte und dabei bei 180 U/min 3 PS entwickeln konnte. Er erwies sich als sehr solide, sodass seine Serienfertigung in der Gasmotorenfabrik Deutz AG aufgenommen werden konnte. Erst 1884 gelang ihm die Verwendung auch flüssiger Brennstoffe für das explosive Gemisch seines nach ihm benannten Otto-Motors. Nahezu zeitgleich baute Gottlieb Daimler Viertakt-Benzinmotoren, die er später in seinen Kraftwagen verwendete. 1890 wurde von den Engländern Hornsby und Akroyd der Zweitakt-Glühkopfmotor entwickelt, der den Vorteil besaß, dass er mit billigen Schwerölen betrieben werden konnte. Zum Abschluss dieser Betrachtung darf Rudolf Diesel nicht vergessen werden, der 1897 den nach ihm benannten, heute in allen Traktoren verwendeten Dieselmotor entwickelte. Damit war ein von der Gasversorgung unabhängiger Motor entstanden, der daneben noch weitere entscheidende Vorzüge wie geringen Verbrauch und ständige Betriebsbereitschaft besaß. Da das Gewicht der

Noch recht abenteuerlich sah der 1892 von John Froelich gebaute Traktor aus – hier ein Nachbau.

Motoren als Fahrzeugantrieb anfangs noch viel zu hoch war, bewährten sich diese Flüssigkeitsmotoren überwiegend im stationären Einsatz. Bis zum ersten mobilen Einsatz eines Verbrennungsmotors in der deutschen Landwirtschaft mussten noch Jahre vergehen.

Erdöl verändert die Landwirtschaft

1859 wurde in Pennsylvania Erdöl entdeckt. Aus dem nun überreichlich vorhandenen Öl ließen sich neben den damaligen Hauptprodukten Petroleum und Leuchtöl auch Benzin und Kerosin gewinnen. Benzin zählte zu den Leichtdestillaten, die bei der Verarbeitung als Nebenprodukte anfielen. Während Petroleum und Leuchtöl als Lichtquelle benötigt wurden, gab es für die billigen Leichtdestillate anfangs kaum sinnvolle Verwendungsmöglichkeiten. Umso stärker förderte die junge US-Ölindustrie die Entwicklung von Verbrennungsmotoren auf Benzinbasis, seien sie nun stationär oder auch mobil.

Zu den wichtigsten und dabei zukunftsträchtigsten Einsatzfeldern für Benzinmotoren zählte damals schon die Landwirtschaft. Aufgrund dieser günstigen Voraussetzungen ist es nicht verwunderlich, dass die hauptsächlichen Impulse zur Entwicklung selbstfahrender und von Verbrennungsmotoren angetriebenen Bodenbearbeitungsgeräten von Amerika ausgingen. Anfangs allerdings verhinderten die Patentrechte die unbefugte Übernahme der von Nikolaus Otto entwickelten Antriebstechnik. Einen der ersten Traktoren baute John Froelich aus Iowa im Jahr 1892. Das Fahrzeug hatte einen stehend angeordneten 20-PS-Einzylindermotor mit 35,5 Litern Hubraum, welcher auf ein Eigenbaufahrgestell gesetzt worden war. Der Schlepper hatte bereits Batteriezündung und konnte vorwärts und rückwärts fahren. Er gilt als die erste landwirtschaftliche Maschine mit Verbrennungsmotor, die mit Erfolg über einen längeren Zeitraum vor einer Dreschmaschine eingesetzt werden konnte.

Der Durchbruch des Verbrennungsmotors

Zunächst war keinem dieser Schlepper ein nennenswerter wirtschaftlicher Erfolg beschieden. Sie waren hauptsächlich für den Einsatz als stationäre Antriebsmaschinen gedacht; ihre mechanische Kraftübertragung glich der einer Dampfmaschine. Auch äußerlich und hinsichtlich des Gewichts ähnelten sie den großen Dampfmaschinen. So waren die Fahrgestelle ziemlich identisch mit zwei großen hinteren Antriebsrädern und zwei wesentlich kleineren vorderen Lenkrädern. Selbst in der effektiven PS-Leistung lagen Dampfmaschinen und Benzinschlepper dicht beieinander. Und dennoch, eines wesentlichen Unterschiedes waren sich nahezu alle Beteiligten bewusst: Während die Dampfmaschine so ziemlich am Ende ihrer technischen Entwicklungsmöglichkeiten angelangt war, stand der Benzinschlepper erst am Anfang.

Im letzten Jahrzehnt des 19. Jahrhunderts entschlossen sich weitere Unternehmen, in das Traktorengeschäft einzusteigen, darunter auch die Otto Gas Engine Works in Philadelphia, die amerikanische Tochter der Gasmotorenfabrik Deutz.

Als die Traktorenhersteller zu Beginn des 20. Jahrhunderts dazu übergingen, Traktoren für die Pflugarbeit zu konstruieren, führte dies zu einem raschen Aufschwung des Traktormarktes in Amerika und Kanada. Für diesen Einsatzzweck waren stärkere Getriebe, höhere Motorleistung und zusätzliches Gewicht zur besseren Traktion erforderlich. Dies führte zu einer neuen, in Größe und Gewicht besonders eindrucksvollen, aber auch teuren Generation von Benzintraktoren. Erst ab etwa 1910 wandte man sich kleineren Baugrößen zu.

Das Jahr 1902 gilt als ein Meilenstein in der Entwicklungsgeschichte des Ackerschleppers. In diesem Jahr bauten die beiden Ingenieure Charles W. Hart und Charles H. Parr ihren ersten Schlepper. Nach ersten Erfolgen wandten sie sich – obwohl branchenfremd – der ausschließlichen Schlepperfertigung zu. Fortan gilt das Jahr 1902 als das Geburtsjahr der Schlepperindustrie überhaupt. Seit 1905 wurden die weiter verbesserten Modelle in der ersten Schlepperfabrik in Serie gebaut. Der Hart-Parr 60 mit seinem Zweizylinder- 30/60-PS-Motor erreichte eine Höchstgeschwindigkeit von 3,7 km/h und wurde zum meistverkauften Benzinschlepper seiner Zeit. Von den 1907 in den USA und Kanada insgesamt in Betrieb befindlichen 600 Benzinschleppern sollen rund ein Drittel Hart-Parrs gewesen sein. Die Firma Hart-Parr war es auch, welche im Jahr 1906 erstmals das Wort „tractor" in Reklameanzeigen verwendete. Dem Hart-Parr-Verkaufsmanager W.H. Williams erschien das bis dahin gebräuchliche „gasoline traction engine" für Werbetexte als zu lang, schwerfällig und wenig einprägsam. Auf der Suche nach einem schlagkräftigen Begriff kam er auf das Wort „tractor", welches bis heute in unterschiedlicher Schreibweise die weltweit gebräuchlichste Bezeichnung für den Ackerschlepper geblieben ist.

Am Ende des ersten Jahrzehnts des 20. Jahrhunderts hatte sich die nordamerikanische Schlepperindustrie formiert und Ausmaße angenommen, die noch wenige Jahre zuvor kaum

Die 1902 gegründete International Harvester Corporation gehörte zu den ersten Herstellern, die Benzintraktoren bauten. Zwischen 1907 und 1911 wurden über 600 Exemplare des Typs Mogul A gebaut.

Oben: Dieser aufwendig restaurierte und mit Kerosin betriebene Mogul A war nur wenig kleiner als die damals noch üblichen Dampftraktoren. Unten: 1892 baute auch Case einen wenig erfolgreichen Traktorprototyp.

jemand für möglich gehalten hatte. Mit Ausnahme von Case waren alle führenden Dampflokomobilhersteller dazu übergegangen, zusätzlich Benzinschlepper zu produzieren. Von der mittlerweile rückläufigen Dampfschlepperherstellung allein konnte kein Unternehmen mehr existieren. Das Geschäft mit Benzintraktoren florierte wie Jahrzehnte zuvor mit Dampfmaschinen und allein 1905 drängten 15 neue Unternehmen auf den Schleppermarkt. Im Jahr 1912 wurden in Nordamerika 12.000 Maschinen gebaut. Im Jahr 1920 registrierte man weit über 160 Hersteller! Dass auch die im Dampflokomobilbau behaftete Firma Case schließlich ab 1913 den Einstieg in das Traktorengeschäft begann, war als deutliches Eingeständnis der Unterlegenheit des Dampfschleppers gegenüber den Traktoren mit Verbrennungsantrieb zu werten.

Die ersten Konkurrenten der Dampfschlepper

Den Europäern fiel es im Allgemeinen schwerer, die Vorteile des Verbrennungsmotors für den landwirtschaftlichen Einsatz anzunehmen als den Amerikanern. Er fand viel schneller seinen Weg als ortsgebundene Kraftquelle für Maschinen in Industrie und Gewerbe oder auch im Automobilbau als in der Landwirtschaft. Die in allen Ländern überwiegend konservativ eingestellten Bauern reagierten erfahrungsgemäß auf Neuerungen mit großer Zurückhaltung. Man war mit der scheinbar konkurrenzlosen Dampfkraft zufrieden und sprach dem Verbrennungsantrieb eine Zukunft in der Landwirtschaft weitgehend ab. Hinzu kam, dass in Europa ergiebige Erdölvorkommen wie in den Vereinigten Staaten nicht vorhanden waren, sodass Benzin und andere auf Erdöl basierende Treibstoffe in der Regel eingeführt und teuer bezahlt werden mussten. Kohle und Wasser hingegen gab es überreichlich. Daneben sahen es viele Verfechter der Dampfkraft nicht ein, warum diese eben erst eingeführte Technologie denn schon wieder aufgegeben werden sollte, nachdem sie lange gebraucht hatte, um sich durchzusetzen. Zu dieser Technik hatte die Landbevölkerung mittlerweile Vertrauen gefasst, zum Verbrennungsmotor hingegen fehlte sie völlig.

Die ersten tastenden Bemühungen, Schlepper mit Verbrennungsmotoren zu entwickeln, gingen von England aus. Der erste englische Traktor, dem ein wirtschaftlicher Erfolg nachgesagt wird, war eine von der Firma Richard Hornsby & Sons aus Grantham/Lincolnshire konstruierte Safety Oil Traction Engine von Hornsby-Akroyd. Dieser mit rund 8 t recht schwergewichtige Traktor, im Übrigen einem Dampftraktor zum Verwechseln ähnlich, kam 1896 auf den Markt.

Der Ivel Tractor

Ein weiterer englischer Konstrukteur war der aus Bigglesworth/Bedfordshire stammende Ingenieur Dan Albone. Von Haus aus erfolgreicher Radrennfahrer und Fahrradfabrikant war er nicht den Einflüssen des Dampfantriebs erlegen. Er erkannte beizeiten, dass ein Fahrzeug nicht so schwer sein durfte, dass ein beträchtlicher Teil seiner erzeugten Leistung für die eigene Fortbewegung verbraucht wurde. Im Jahr 1902 baute er einen Schlepper, dessen Konstruktion sich an gänzlich anderen Vorstellungen orientierte als die schweren Benzinschlepper in Dampfmaschinengröße. Weitsichtig, wie er war, hatte er schon damals die Zielgruppe der auf kleinen Flächen wirtschaftenden englischen Farmer im Auge. Für sie war ein kleines, unkompliziertes und vielseitig verwendbares Fahrzeug, das zudem preisgünstig und erschwinglich sein musste, genau das Richtige.

Den daraus resultierenden Traktor benannte er nach dem Flüsschen Ivel, dem Standort von Albones Werk. Der Ivel Agricultural Motor, der mehr Eigenschaften eines modernen Ackerschleppers in sich vereinte als alle früheren US-Traktoren, war ein kleines Dreiradfahrzeug, das aus einem leichten, etwa ein Dreieck bildenden Rahmen bestand. An dessen Spitze befand sich das wenig belastete und daher leicht lenkbare Vorderrad. Auf dem Rahmen befestigt war ein verhältnismäßig schnell laufender Zweizylinder-Boxermotor für Benzinantrieb. Er leistete später bis zu 20 PS. Auf der linken Seite neben dem Fahrer befand sich über der Hinterachse der große Wasserbehälter der Verdampfungskühlung, um dadurch das zusätzli-

Die Serienfertigung des Ivel Agricultural Motor wurde bereits 1903 begonnen. Dieses Foto zeigt Dan Albone im gleichen Jahr am Steuer seines Ivel bei einer Pflugvorführung. Das Pflügen musste damals noch von zwei Mann erledigt werden.

che Gewicht für eine bessere Übertragung der Antriebskraft zu nutzen. Er konnte immerhin 3 t ziehen. Diese Maschine war der Vorläufer des späteren Universaltraktors, konnte eine Vielzahl landwirtschaftlicher Aufgaben übernehmen und erwies sich als Erfolg. Die Traktoren sollen in über 20 Länder, darunter ab 1913 auch nach Deutschland, exportiert worden sein. Immerhin wurden vom Ivel-Traktor etwa 1900 Einheiten gebaut, die meisten allerdings erst nach Albones frühem Tod im Jahr 1906 im Alter von nur 46 Jahren. Ohne seine Führung und Ideen – das Unternehmen wäre zweifellos zu einem bedeutenden Faktor im Traktorenbau geworden – entwickelte sich die Firma rückläufig und stellte 1916 die Produktion ein.

Deutsche Entwicklungen

An Versuchen, die Kraft des Verbrennungsmotors auch für die deutsche Landwirtschaft nutzbar zu machen, hat es nicht gefehlt. Um die Jahrhundertwende wurden von mehreren Konstrukteuren Versuche unternommen, Motorfahrzeuge für Zugzwecke zu entwickeln. Hierzu gehörten der 1896 von Adolf Altmann entwickelte, von einem Petroleummotor angetriebene „Tracteur“ und die vier Jahre später von Theodor Lehmbeck konstruierten Zugmaschinen für Acker und Straße. Beide Fahrzeuge waren durchaus richtungweisend, aber ein Serienbau kam nicht zustande. Ab 1905 begann auch die Gasmotorenfabrik Deutz in Köln, eine spezielle landwirtschaftliche Zugmaschine zu entwerfen. Es handelte sich um ein 26-PS-Fahrzeug mit 5,4 t Gewicht, von dem allerdings angeblich nicht mehr als 14 Exemplare gebaut wurden. Gleich zwei Konstruktionen konnten im Jahr 1907 vorgestellt werden. Auf der DLG-Ausstellung in Düsseldorf versetzte die von einem Vierzylinder-Vergasermotor mit 25 PS angetriebene „Deutzer Pfluglokomotive“ das zahlreiche Publikum in Staunen. Dieses

Der 1896 vorgestellte Traktor von Hornsby-Akroyd arbeitete nach dem Glühkopfverfahren.

Die Deutzer-Pfluglokomotive bei einer Vorführung auf dem Acker. Das Fahrzeug besaß noch Kettenantrieb.

mit 3 t recht schwere Gefährt konnte Pflug und Egge über das Feld ziehen, aber auch mit einer Riemenscheibe stationäre Maschinen auf Höfen antreiben. Das Fahrzeug erwies sich aber als zu schwer und untermotorisiert.

Das zweite Fahrzeug war eine 40-PS-Pfluglokomotive. Dieses eisenbereifte Fahrzeug war sozusagen ein selbstfahrender Kipppflug mit mehrscharigen Pflugscharen vorne und hinten. Die Aushebung erfolgte durch Seilzug, sodass diese Maschine in beiden Richtungen pflügen konnte, ohne dass gewendet werden musste. Im praktischen Einsatz aber zeigte sich, dass die Kraft des Motors nur ungenügend auf den Boden übertragen werden konnte. Neben dem hohen Anschaffungspreis und immensen Kraftstoffverbrauch gab das den Ausschlag, auch dieses Projekt nicht weiterzuverfolgen. Eine andere Entwicklung in Form des Motortragpfluges aber sollte in Deutschland bald Furore machen.

Robert Stock, der Pionier des Motorpfluges

Ein Schritt auf dem Weg zum Ackerschlepper und damit eine weitere Wurzel des Schlepper-Stammbaums war der Tragpflug. Die Motorpflugidee war eine besonders in Deutschland zeitweise sehr verbreitete und erfolgreiche Alternative, wenngleich sie am Ende auch nicht die Lösung des Problems, sondern ein zeitraubender Umweg war, der in die Sackgasse führte. Überwiegend von deutschen Konstrukteuren entwickelt, fand er hierzulande eine vergleichsweise große Verbreitung. Den Prototyp des Motortragpfluges, wie er auch genannt wurde, stellte im Jahr 1908 der Berliner Fabrikant Robert Stock vor. Der Motorpflug kann, Dampflokomobile einmal ausgeklammert, als der eigentliche Beginn mechanischer Feldbestellung in Deutschland gelten.

Das Hauptmerkmal dieses Geräts war der starre Tragrahmen mit zwei großen Triebrädern und dem vor diesen liegenden Motor. Die Vorderachse nahm fast das ganze Gewicht des Tragpfluges auf, was eine gute Traktion ergab. Der Motor war so

Die Firma Robert Stock leistete bei der Entwicklung des Motortragpfluges Pionierarbeit. Hier eine Verkaufsanzeige aus dem Jahr 1913.

angebracht, dass er das Gewicht des hinter den Rädern angeordneten, fest montierten Pflugrahmens nahezu ausglich.
Daher hatte das hintere Stützrad nur eine geringe Last zu tragen und war dementsprechend leicht zu lenken. Die Vorteile dieser dreirädrigen Konstruktion lagen in der optimalen Gewichtsverteilung, der leichten Lenkbarkeit und guten Haftung der hohen Antriebsräder und der daraus resultierenden großen Zugkraft. Der erste Motorpflug von Stock verfügte über einen 8 PS starken Benzinmotor. Spätere Tragpflüge waren wesentlich stärker und hatten bis zu 2 m hohe Räder. Gegenüber dem Dampfantrieb boten Tragpflüge mit Benzinmotor entscheidende Vorteile. Sie waren leichter, sofort betriebsbereit, einfacher zu handhaben, preiswerter in der Herstellung und weder auf Wasser- und Kohlevorräte noch auf behördliche Kesselüberprüfungen angewiesen. Traktoren im eigentlichen Sinne aber waren sie keine, denn sie ließen sich, bauartbedingt, kaum als Zugmaschinen einsetzen.
Ab 1911 lief bei der eigens zu diesem Zweck gegründeten R. Stock-Motorpflug GmbH die Serienfertigung des mittlerweile 48 PS starken Tragpfluges mit großem Erfolg an. Die Mehrzahl der späteren Stock-Großmotorpflüge bekam einen langsam laufenden 50-/60-PS-Motor. Bis zum Beginn des Ersten Weltkrieges wurden nahezu 1000 Stock-Motortragpflüge gebaut und in alle Welt verkauft. Auch nach 1918 bot das Unternehmen weiterverbesserte Modelle an. Als klar erkennbar wurde, dass Tragpflüge gegenüber den vielseitigeren Vierradschleppern nicht mehr konkurrenzfähig waren, lief die Produktion in der zweiten Hälfte der 1920er-Jahre aus.

Die WD-Tragpflüge von Hanomag

Nach dem großen Erfolg der Stock-Tragpflüge gingen in den folgenden Jahren auch andere Hersteller daran, in dieses Geschäft einzusteigen. Neben heute kaum noch geläufigen Firmen wie Pöhl, Komnik, Akra, Flader, DLI und Vogler gehörte dazu auch der Dampfmaschinen- und Lokomotivfabrikant Hanomag in Hannover. Die Hanomag befand sich zu jener Zeit gerade auf der Suche nach neuen Betätigungsfeldern. Daher

Mit 9,1 t Gewicht und 57 PS Motorleistung war der Akra-Tragpflug das schwerste Modell, das angeboten wurde.

Oben: Besonders zuverlässig und technisch ausgereift waren die WD-Tragpflüge von Hanomag. Hier das 80-PS-Großpflugmodell beim Pflügen. Unten: Wesentlich kleiner und handlicher war der WD-Kleinpflug von Hanomag.

kamen die Pläne des Maschinenbauingenieurs Ernst Wendeler und des Gutsbesitzers Boguslav Dohrn mit ihrem verbesserten Motortragpflug gerade recht, um bei der Hanomag realisiert zu werden. Für die Hanomag bedeutete dies den Einstieg in die Landtechnik.
Boguslav Dohrn hatte zunächst einen Stock-Tragpflug erworben, um diesen auf seinen Ländereien in der Uckermark gründlich erproben zu können. Er tat sich mit Ernst Wendeler zusammen, der unter anderem bei Linke-Hofmann in Breslau bereits praktische Erfahrungen gesammelt hatte. Beide gingen daran, die Maschine zu verbessern und die Ergebnisse patentieren zu lassen. In der Hanomag fanden sie einen kompetenten, leistungsstarken Partner mit ausreichenden Fertigungskapazitäten, den WD-Motortragpflug, System Wendeler und Dohrn, bauen zu lassen. Für dessen Vertrieb wurde die Deutsche Kraftpflug-Gesellschaft mbH in Berlin gegründet. Zu deren geschäftsführendem Direktor wurde Ernst Wendeler berufen.
Wie das Modell von Stock, so bestand auch der WD-Tragpflug aus einem Rahmengestell mit zwei übermannshohen, mit Klappgreifern ausgerüsteten Antriebsrädern (Durchmesser 2,20 m) und einem am Ende des Auslegers angebrachten lenk-

Seit dem 6. August 2010 war es wieder so weit. Der einzige noch existierende Großpflug läuft nicht nur nach fast fünfjähriger Restauration wieder. Dank der Unterstützung des Treckerveteranenclubs Nordhorn und des Engagements von Johann Hood sowie des hervorragenden technischen Know-hows der Spezialisten der Firma Krone wurden die Pflugvorführungen zu absoluten Höhepunkten des „Historischen Feldtags" in Nordhorn.

baren kleinen Hinter- und Stützrad. Im Gegensatz zum Stock-Pflug, bei dem die Pflugscharen fest am Fahrgestell montiert waren, besaß der WD-Pflug einen separaten, beweglichen Pflugrahmen, an dem die Scharen befestigt waren. Durch die zweckmäßige Aufhängung des Rahmens war es möglich, ihn in jeder Stellung parallel zum Boden auszurichten, was ein sauberes und gleichmäßiges Pflügen ermöglichte. Mithilfe eines unter dem Lenkrad angeordneten Handrades konnte der Fahrer während der Arbeit die Pflugtiefe stufenlos einstellen und diese an einer Skala ablesen. Ebenso konnte der Pflugrahmen vom Fahrersitz aus gehoben oder abgesenkt werden, was für das Wenden am Ende des Feldes oder beim Auffahren von Hindernissen bei der Ödlandkultivierung (große Steine, Baumstümpfe) von großem Vorteil war.

Für den Antrieb sorgte zunächst ein 50-PS-Vergasermotor des Berliner Herstellers Kämper. Da diese Leistung zu knapp bemessen war, gelangte schon bald eine 65-PS-Variante zum Einsatz. Ab 1914 ersetzte ein nun ausreichend leistungsfähiger

80-PS-Vierzylinder-Hanomag-Motor mit mehr als 15 l Hubraum die Kämper-Aggregate. Das Monstrum hatte schließlich eine Gesamtlänge von 8,80 m, eine Breite von 2,80 m und ein Eigengewicht von rund 6 t. Allein der Motor wog 940 kg. Es war klar, dass sich solch gewaltige und teure Maschinen – 1913 kostete der WD-Tragpflug 18.000 Reichsmark – nur ausgesprochene Großbetriebe leisten konnten. Für den folgenden Boom des Tragpfluges war in erster Linie der Krieg mit seinem bei den Mittelmächten Deutschland und Österreich-Ungarn herrschenden chronischen Lebensmittelmangel verantwortlich. In dieser Zeit wurden Tragpflüge aller Hersteller durch spezielle Motorpflugkommandos, in denen jeweils bis zu zehn Tragpflüge zusammengefasst waren, vor allem in den besetzten Gebieten Ost- und Südosteuropas (Balkan) zur Bodenkultivierung und Ödlandbearbeitung zum Zweck der Gewinnung von Ackerland und Anbauflächen eingesetzt. Hier kamen die Tragpflüge nicht nur beim Umbruch des Bodens mit dem Pflug, sondern auch mit Eggen, Grubbern und Walzen bei Arbeitsbreiten von teilweise mehr als 12 m zum Einsatz. Im Jahr 1919, als diese Voraussetzungen nicht mehr bestanden, wurde der Bau des WD-Großpfluges eingestellt. Zwei Jahre versuchte man mit einem 35 PS starken und entsprechend preiswerteren Modell das Augenmerk auf kleinere Betriebsgrößen zu lenken. Mit nur geringem Erfolg, denn den vielseitigeren, wesentlich kleineren und preiswerteren Motorschleppern waren auch sie hoffnungslos unterlegen.

Viele Wege führen zum Ziel

Die Entwicklung des Traktors war durch in viele Richtungen gelenkte Experimente gekennzeichnet, die auch schon mal in eine Sackgasse führen konnten. Als eine solche Sackgasse stellte sich letztendlich auch der Motortragpflug heraus. Obwohl sich diese monströsen Geräte fast ausschließlich zum Pflügen und das auch nur auf großen Flächen eigneten, inspirierten sie viele Firmen zur Nachahmung. Dadurch verstellte der Tragpflug für viele Jahre den Blick, insbesondere der deutschen Konstrukteure, auf kleinere, universell einsetzbare Schlepper. Die aus weiten Kreisen der Industrie, der Regierung und aus Großagrariern bestehende Lobby hielt auch dann noch an dem einmal eingeschlagenen Weg fest, als sich nach dem Ende des Ersten Weltkrieges die großen Nachteile dieses Systems gegenüber den Motorschleppern bereits klar abzeichneten. Mithilfe eines Maschinen-Schutz-Verbandes sollte die Einfuhr ausländischer Schlepper, insbesondere des amerikanischen Fordson, dem die deutsche Landtechnik damals nichts annähernd Gleichwertiges entgegenzusetzen hatte, verhindert werden. Hinzu kam, dass der Fordson von deutschnational gesinnten Kreisen als „Feindschlepper" gebrandmarkt wurde. Dass auch die Initiatoren eines solchen Verbandes ebenso wenig wie staatliche Bemühungen, durch auferlegte Schutzzölle auf

Ein etwa 1910 nach dem Patent Köszegi gebauter Lanz-Landbaumotor mit Anbaufräse.

Dieser 80 PS starke Lanz-Landbaumotor in der Ausführung für Mooreinsätze ist als einzige von 32 zwischen 1917 und 1918 gefertigten Maschinen erhalten geblieben.

Einfuhren der eigenen Wirtschaft unter die Arme zu greifen, diese Entwicklung aufhalten konnten, hat die Geschichte bewiesen.

Mit Benzinschlepper und Tragpflug waren die Ideen keineswegs erschöpft, die Landwirtschaft zu motorisieren. Da gab es die selbstfahrenden Bodenfräsmaschinen von Andreas Mechwart. Der in Schweinfurt geborene Maschinenbauingenieur war Direktor der Maschinenbaufabrik Ganz & Co. in Budapest, wo er im Jahr 1894 einen Dampf-Schaufelpflug baute. Dieses 18 PS starke und 20 t schwere Dampflokomobil war mit einer drehbaren Welle am Heck, an der Messer befestigt waren, ausgerüstet. Durch ihre Rotation wurde selbst zäher Boden bis zu einer Tiefe von 33 cm bearbeitet.

Zwei Jahre später entstand daraus ein wesentlich kleineres Gerät mit 3,3 t Gewicht, das von einem 12 PS starken Petroleummotor angetrieben wurde. Das war gleichzeitig die erste mit einem Verbrennungsmotor ausgerüstete selbstfahrende Bodenbearbeitungsmaschine in Europa.

Der Lanz-Landbaumotor

Auch der führende deutsche Landmaschinenproduzent Heinrich Lanz in Mannheim erkannte die Zukunft der Benzin-Zugmaschinen. Im Jahr 1907 hatte der Ungar Karol Köszegi einen Landbaumotor patentieren lassen. Diese von einem mehrzylindrigen Benzinmotor angetriebene, auf drei Rädern laufende selbstfahrende Fräsmaschine konnte eine gewisse Ähnlichkeit mit jener von Mechwart nicht verleugnen. 1911 wurde mit der Serienproduktion des „Landbaumotors, System Köszegi“ begonnen. Ab 1912 wurde der Landbaumotor Typ LB in einer erheblich weiterentwickelten Form gefertigt. Er besaß nun einen Lanz-Vergasermotor und ein Dreiganggetriebe. In dem zwischen 1914 und 1917 gefertigten Modell LC mutierte der rund 5 t schwere Landbaumotor zum Vierradfahrzeug. Dadurch konnte er nach Abnehmen des Frässchwanzes auch als Zugmaschine – im Ersten Weltkrieg profitierte die schwere Artillerie davon – verwendet werden. Die Leistung des wassergekühlten Vierzylinder-Vergasermotors mit 14.137 cm^3 Hubraum war auf 80 PS gestiegen. Die zwischen 1917 und 1918 gebaute Variante LCM zeichnete sich durch überbreite Räder zur Bearbeitung mooriger Flächen aus.

Ab 1919 schließlich wurde das weiter verbesserte Modell LD, von dem es mehrere unterschiedliche Varianten gab, gefertigt. Mit ihm wurde das Aussehen des Landbaumotors den zeitgenössischen Traktoren immer ähnlicher. Mit dem Serienbeginn des Großbulldogs HR 2 endete die Produktion im Jahr 1926. Bis dahin waren 662 für zivile Verwendung bestimmte Exemplare gefertigt worden.

Benzin-Kettenschlepper

Neben der Entwicklung dampfgetriebener Lokomobile unternahmen verschiedene Konstrukteure auch Versuche mit Kettenfahrzeugen, den sogenannten Raupenschleppern. Ziel war es, das den frühen Ackermaschinen anhaftende hohe Gewicht und damit deren Bodendruck auf den Acker zu reduzieren. Das hohe Gewicht dieser Maschinen drückte auf Achsen und Räder, die oftmals so tief in den Boden einsanken, dass die Zugkraft der Maschine zur Fortbewegung nicht mehr ausreichte. Die Überlegungen gingen dahin, den Maschinen zu einer wesentlich größeren Auflagefläche und damit zu einer verbesserten Traktion und Haftung auf weichen Böden zu verhelfen. Obwohl sich Techniker und Konstrukteure in vielen Ländern mit diesem Problem auseinandersetzten, gingen die hauptsächlichen Impulse von amerikanischen Konstrukteuren aus. Zu ihnen zählte auch der Landmaschinenfabrikant Benjamin Holt (1849–1920), der sich damit beschäftigte, wie man die überschweren Maschinen auf sumpfigen und weichen Untergründen voranbringen könnte. Um die Jahrhundertwende reiste er durch die Vereinigten Staaten und suchte nach Anregungen.

1884 war in Baltimore ein Fahrzeug patentiert worden, das auf zwei Ketten lief. Im Jahr 1904 gelang es Holt, seinen ersten umgebauten, auf Ketten laufenden Dampftraktor in Stockton, unweit von San Francisco, vorzuführen. Doch das Gewicht war mit rund 20 t für einen erfolgreichen Einsatz viel zu hoch. 1907 ging er daher auf Benzinmotoren über, die sich infolge ihres günstigeren Leistungsgewichts wesentlich besser bewährten. Daraufhin fanden die mit Kerosinmotoren ausgerüsteten Gleiskettenschlepper von Holt einen guten Absatz. Die amerikanische Bezeichnung für Raupenschlepper „Caterpillar" wurde zum Firmennamen des damals auf diesem Gebiet führenden Herstellers der Welt.

In Deutschland wurde erstmals 1913 ein Raupen- oder Kettenschlepper für landwirtschaftliche Verwendung erprobt. Nachhaltige Impulse und Verbesserungen erhielten die nach Holt-Lizenzen im Ersten Weltkrieg gebauten Raupenfahrzeuge. Zunächst als Artillerieschlepper, später unter Hinzufügung von Bewaffnung und Panzerung in Form der sogenannten Tanks, den Vorläufern der Panzerkampfwagen. Nach Kriegsende wurden umgebaute militärische Kettenfahrzeuge in vielen Ländern in der Land- und Forstwirtschaft eingesetzt. Der Kettenschlepper blieb aber ein im Vergleich zum Radschlepper aufwendiges Fahrzeug, dessen Verwendung sich überwiegend auf Spezialaufgaben in größeren Betrieben beschränkte. Für kleinere Betriebe war er fast immer unerschwinglich. Später profitierte in erster Linie die Baubranche von diesen Maschinen.

Die von einem Verbrennungsmotor angetriebene Fräsmaschine von Mechwart markierte den Beginn der Mechanisierung der Bodenbearbeitung in Europa.

HANOMAG – DIE FIRMENGESCHICHTE

Die Hanomag-Werksanlagen in den 60er-Jahren.

Die Gründung

Die Geschichte des Hauses Hanomag geht auf das Jahr 1835 zurück. In diesem Jahr gründete Georg Egestorff im dem nahe Hannover gelegenen Dorf Linden seine „Eisen-Gießerei und Maschinen-Fabrik". In diesem kleinen Betrieb wurde anfangs ein breit gefächertes Programm von Guss- und Eisenwaren gefertigt. Aber bereits ein Jahr später wandte man sich dem Bau von Dampfkesseln und Dampfmaschinen zu. Da gerade an diesen Maschinen im Industrialisierungszeitalter ein großer Bedarf bestand, konnte Egestorff schon bald zu ersten Erfolgen gelangen.

Die 1843 erfolgte Anbindung Hannovers an das Eisenbahnnetz ließ auch Georg Egestorff vom Eisenbahnbau profitieren. Zwei Jahre später durfte er als weiteren Zweig den Bau von Lokomotiven aufnehmen, und bis zum Jahr 1868 waren es schon 330 Maschinen, die an elf unterschiedliche Auftraggeber ausgeliefert worden waren. Aus diesen Anfängen entwickelte sich eine der größten und berühmtesten Lokomotivfabriken Europas. Bis zur Aufgabe dieser Sparte im Jahr 1931 sollte die stattliche Zahl von 10.765 gebauten Dampfloks erreicht werden.

Ein weiterer wichtiger Produktionsbereich in der Mitte des 19. Jahrhunderts betraf den Bau von Lokomobilen, die auch zum Antrieb von Dreschmaschinen verwendet wurden, sowie dampfbetriebener Feuerspritzen und Wasserpumpen. Dadurch entstanden die ersten Berührungspunkte zur Landwirtschaft. Auch nach dem plötzlichen Tod des Firmengründers im Jahr 1868 nahm das Unternehmen einen weiteren rasanten Aufschwung. So stieg die Zahl der Belegschaftsmitarbeiter innerhalb von nur drei Jahren von 850 auf 3450 Beschäftigte 1873. 1871 wurde die Maschinenfabrik in Linden in die Hannoversche Maschinenbau Actien-Gesellschaft umgewandelt. Die trotz mehrerer Wirtschaftskrisen schnell expandierende Fabrik betätigte sich auf vielen Gebieten des Eisen- und Metallbaus. Der hauptsächliche Geschäftszweig betraf in der Zeit vor dem Ersten Weltkrieg den Lokbau, wovon 50 Prozent exportiert wurden. Ab etwa 1904 wurde der kürzere und damit kostengünstigere Telegrammname „Hanomag" eingeführt. Dies war der Name, unter dem das weltweit agierende Unternehmen einen derart großen Bekanntheitsgrad erlangte, dass er auch über 30 Jahre nach dem Ende als Ackerschlepper-, Landmaschinen- und Lastwagenhersteller unvergessen geblieben ist. Nur kurze Zeit vor Ausbruch des Krieges wurde mit der Fertigung von Tragpflügen und dem Bau von Verbrennungsmotoren die Angebotspalette um zwei zusätzliche Zweige erweitert.

Die Erfolgsgeschichte

Mit dem bei der Hanomag gebauten, als WD-Großpflug bezeichneten Tragpflug wurde im Oktober 1912 der Einstieg in die Landtechnik unternommen. Aufgrund seiner Größe und des hohen Preises hielt sich seine Verbreitung in Grenzen. Er war nur auf großen Gütern wirtschaftlich einsetzbar. Sein Bau wurde 1919 eingestellt. Daneben baute man seit 1919 Kettenschlepper.

1924 begann die Hanomag gleichzeitig mit dem Automobilbau – das erste Produkt dieser Art war ein 10-PS-Kleinwagen mit dem treffenden Namen „Kommissbrot" – und mit dem WD-Radschlepper R 26 A einen Vorstoß in den Traktorenmarkt zu unternehmen. Beide Versuche waren sehr erfolgreich und genauso richtungsweisend wie der Kleinwagen, so war auch der Radschlepper für die zukünftige Entwicklung auf dem deutschen Markt bestimmend. Dieser Traktor war wie der Fordson-Traktor aus den Vereinigten Staaten, auf dessen konstruktiver Grundlage er basierte, in der neuartigen Blockbauart ausgebildet. Er war ein sehr zuverlässiges Fahrzeug, dessen Antrieb noch durch einen Vergasermotor erfolgte. Die Weltwirtschaftskrise machte nicht nur der Hanomag schwer zu schaffen. Schon seit 1928 gab es nur noch Verluste, sodass die finanziellen Reserven bald aufgezehrt waren. 1931 musste das Unternehmen die Zahlungsunfähigkeit anmelden, kam aber durch einen Vergleich mit den Gläubigern noch vergleichsweise glimpflich davon. Der Betrieb zählte mit nur noch 1260 Beschäftigten kaum mehr als ein Fünftel der Belegschaft von 1926. Ab 1932 gingen die Fertigungsbereiche der Hanomag AG nach und nach in die Hände des Bochumer Vereins für Bergbau und Gussstahlfabrikation über.

Zur Auslieferung bereitstehende WD-Radschlepper Ende der 20er-Jahre.

Technische Daten: WD-Radschlepper R 28/32

Bauzeit:	1926 bis 1931
Motor:	4-Zyl./4-Takt-Vergasermotor
Hubraum:	4252 Kubikzentimeter
Leistung:	23,4 kW/32 PS bei 1100 U/min
Antrieb:	3/1-Gang-Getriebe, hinten
Länge:	3130 Millimeter
Gewicht:	2100 Kilogramm (leer)

Die Krisenzeit konnte die Hanomag dazu nutzen, um einen für den Schlepperbau zeitgemäßeren Dieselmotor zu entwickeln. Dieses Aggregat erwies sich als so zuverlässig, dass es fortan über Jahrzehnte hinweg Geschichte schreiben sollte. Ab 1931 wurde dieser Motor in einer neuen Radschlepperreihe installiert, deren stärkste Mitglieder bis zu 50 PS Motorleistung hervorbrachten. Sie bildeten bis in die ersten Kriegsjahre das Hauptstandbein in der Hanomag-Traktorenfabrikation.

Mit dem ab 1937 gefertigten, weitgehend aus Automobilkomponenten bestehenden Bauernschlepper RL 20 nahm die Hanomag die Zielgruppe der Kleinlandwirte ins Visier. Auch mit dem schweren Radschlepper R 40, nach dessen Erscheinen der Bau aller übrigen schweren Dieselschlepper eingestellt wurde, konnte man einen außerordentlich großen Erfolg erzielen.

Erfolgreich gestalteten sich die in den 30er-Jahren gebauten Straßenschlepper. Im Übrigen wurde die Hanomag in immer stärkerem Maße für die Produktion von Rüstungsgütern aller

Eine Verkaufsanzeige von Hanomag aus dem Jahr 1927.

Art in Anspruch genommen und fest eingebunden. Nachdem die Pkw-Produktion 1941 völlig zum Erliegen gekommen war, bestand das Schlepperprogramm nur noch aus ganz wenigen Typen, die zudem ab Mitte 1942 als Generatorschlepper gefertigt werden mussten.

Der Neubeginn

Der Neubeginn nach dem Zusammenbruch gestaltete sich auch für die Hanomag schwierig genug, obwohl bereits ab Oktober 1945 mit dem Weiterbau des R 40 und der schweren Straßenzugmaschine ST 100 begonnen werden konnte. Mit der Währungsreform des Jahres 1948 begann auch für die Hanomag das Wirtschaftswunder. Während man den Bau von Personenkraftwagen nicht weiterverfolgte, konzentrierte sich das Unternehmen ganz auf den Bau von Ackerschleppern und Schnelllastwagen. Der Bau leichter Diesel-Lastkraftwagen wurde im Mai 1950 aufgenommen.

Im Rahmen des Ackerschlepperbaus, des zweiten unternehmerischen Standbeins, wurde noch für kurze Zeit der Bauernschlepper RL 20 gefertigt. Im Frühjahr 1949 erschien in Form des Halbrahmenschleppers R 25 ein modernerer Nachfolger und zugleich der erste neu entwickelte Hanomag-Ackerschlepper nach dem Kriege. Dieser wurde schon bald mit dem neuen D28-Dieselmotors bestückt. Der starken Nachfrage nach leichten Schleppern Rechnung tragend, präsentierte das Werk im Jahr 1951 die Ackerschlepper R 16 und R 22, sodass das erste Nachkriegsprogramm aus vier Typen zwischen 16 und 45 PS bestand, das noch durch zwei Kettenschlepper ergänzt wurde. Zu jener Zeit waren insgesamt 6300 Mitarbeiter bei Hanomag beschäftigt, und für notwendige Investitionen suchte man einen finanzkräftigen Partner. Dieser wurde im Oktober 1952 mit der Rheinstahl-Union gefunden, zu deren größter Tochterfirma die Hanomag fortan wurde. Ab 1955 firmierte man unter Hanomag AG und 1961 wurde das Unternehmen erneut umbenannt und hieß Rheinstahl-Hanomag AG. Hanomag eroberte 1954 und 1955 die Marktführerschaft für Ackerschlepper in Deutschland. Diese Stellung ging aber

Das von Hanomag propagierte Combitrac-System bot vielfältige Einsatzmöglichkeiten.

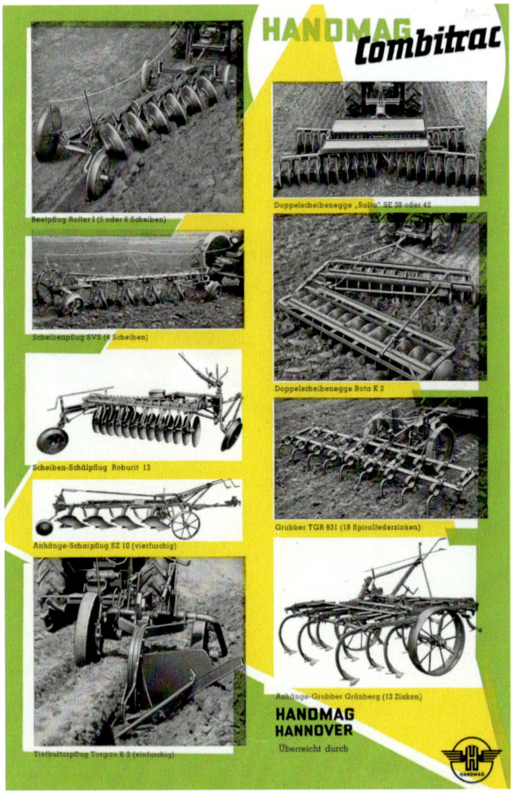

Technische Daten: Hanomag Kettenschlepper K 50

Bauzeit:	1933 bis 1944
Motor:	4-Zyl./4-Takt-Dieselmotor
Hubraum:	5195 Kubikzentimeter
Leistung:	37 kW/50 PS bei 1300 U/min
Antrieb:	3/1-Gang-Getriebe, hinten
Länge:	3300 Millimeter
Gewicht:	4745 Kilogramm (leer)

Technische Daten: Hanomag-Tragschlepper C 218

Bauzeit:	1956 bis 1959
Motor:	2-Zyl./2-Takt-Dieselmotor
Hubraum:	4252 Kubikzentimeter
Leistung:	13,2 kW/18 PS bei 1790 U/min
Antrieb:	6/2-Gang-Getriebe, hinten
Länge:	3100 Millimeter
Gewicht:	1300 Kilogramm (leer)

schnell wieder verloren, nachdem sich die in der neuen Tragschlepperreihe des R 12 und seiner Folgemuster installierten ventillosen Zweitaktdieselmotoren nicht bewährten. Die Verwendung dieser ungenügend ausgereiften Motoren erwies sich als ein glatter Fehlgriff und kostete das Unternehmen Ansehen.

In der zweiten Hälfte der 50er-Jahre wurde das Hanomag-Combitrac-System von der Firmenwerbung stark propagiert, das den Schlepper in Verbindung mit den vielen erhältlichen Anbau- und Arbeitsgeräten als überaus vielseitige Mehrzweckmaschine sah.

1957 wurden neue Modellbezeichnungen wie Greif, Granit, Robust oder Brillant im Schlepperbereich eingeführt. 1962 begann die Umstellung des Schlepperprogramms auf Wirbelkammer-Dieselmotoren und im November verließ der 200.000. Schlepper die Werkstore. Im folgenden Jahr waren neue Schlepper zu sehen, die mit aus der Borgward-Konkursmasse stammenden weiterentwickelten Dieselmotoren bestückt waren, und ab Oktober 1964 erschienen die ersten Fahrzeuge mit einem neuen, kantigen Haubendesign. Teilweise aber war es noch die bisherige Technik, die sich unter den Schlepperhauben und hinter neuen Namen verbarg. Trotz aller Bemühungen, möglichst allen Kundenwünschen gerecht zu werden, war mehr als ein sechster oder siebter Platz in der Zulassungsstatistik nicht zu erringen. Eine dringende Erneuerung war notwendig. Diesen Schritt hatte Hanomag 1965 bis 1967 vorbereitet und mit einem enormen Kostenaufwand alle Anstrengungen unternommen, um neue Motoren und Getriebe zu entwickeln. Die Rheinstahl-Hanomag AG erreichte damals mit mehr als 11.000 Mitarbeitern den höchsten Personalstand in Friedenszeiten.

Mit den Traktoren Brillant 600, Brillant 700 und Robust 900 wurde im Herbst 1967 leider auch die letzte Schlepperreihe dieses renommierten Herstellers vorgestellt. Die vier- und sechszylindrigen Motoren waren nach dem Baukastenprinzip entwickelt. Allein der spätestens seit Ende der 50er-Jahre in einem starken Schrumpfungsprozess befindliche Schleppermarkt räumte der Hanomag kaum noch Chancen ein. Die neuen Fahrzeuge wurden zwar weithin beachtet, zu nachhaltigen Verkaufserfolgen reichte es nicht. Der Marktanteil von nur sechs Prozent im Jahr 1970 mit 3940 Einheiten entsprach daher keineswegs den gehegten Erwartungen. Daher entschloss sich die Konzernleitung infolge nicht mehr vertretbarer hoher Stückkosten zu dem bereits 1969 in Erwägung gezogenen Schritt, sich aus dem Schleppergeschäft zurückzuziehen. Nachdem die Ersatzteilversorgung durch Vereinbarung mit dem Marktführer Deutz, der gleichzeitig das Händlernetz übernahm, sichergestellt worden war, verließen die letzten Traktoren im März 1971 – nach mehr als 250.000 gefertigten Einheiten – die Werkshallen in Hannover. Das Lkw-Geschäft war bereits im Jahr zuvor an Daimler-Benz übergegangen. Seither ist es um das nur noch als Baumaschinenhersteller fungierende Hannoveraner Unternehmen still geworden.

Die Hanomag-Schlepper waren in den 50er-Jahren sehr verbreitet.

LANZ – DIE FIRMENGESCHICHTE

Oben: Die Mannheimer Fabrikationsanlagen etwa um 1910. Links in der Mitte befindet sich das Wahrzeichen des Werkes, der 43 Meter hohe Lanz-Turm, der bis heute erhalten blieb.
Rechts: 1912 wurde die Bodenfräse Landbaumotor vorgestellt.

Frühe Entwicklung

Die Mannheimer Firma Heinrich Lanz zählt zweifelsohne zu den großen Pionieren der Landmaschinen- und Traktorenindustrie. Ihre Existenz geht auf das Jahr 1859 zurück, als der am 9. März 1838 geborene Heinrich Gottlieb Lanz in den von seinem Vater gegründeten Speditionsbetrieb in Friedrichshafen am Bodensee eintrat. Da er sich bereits seit früher Jugend mit Arbeit und Problemen der Landwirtschaft beschäftigt hatte, eröffnete er im Mannheimer Zweiggeschäft eine Abteilung zum Import englischer Ackergeräte und Maschinen, die damals als die besten der Welt galten. Zu jener Zeit basierte die Landwirtschaft in Deutschland noch fast ausschließlich auf menschlicher und tierischer Arbeitskraft, sodass Lanz mit den von ihm eingeführten Geräten vielfach Neuland betrat. Daher mussten die Bauern über deren Verwendung informiert und von der Wirtschaftlichkeit überzeugt werden. Für Reparaturarbeiten mussten anfangs Monteure aus England kommen, bevor die eigenen Mitarbeiter über das notwendige Fachwissen verfügten.

Sehr rasch entwickelte sich das kleine, zunächst eher regional orientierte Unternehmen. Der steigende Absatz landwirtschaftlicher Maschinen machte die Einrichtung von Filialen, so in Regensburg im Jahr 1864, notwendig. Schon drei Jahre später begann Lanz mit der Fabrikation eigener Erzeugnisse. Zunächst waren dies einfache und viel gefragte Geräte; bei Dampflokomobilen und ähnlich komplizierteren Maschinen war man zunächst weiterhin auf Importprodukte, vor allem aus den Vereinigten Staaten, angewiesen. Dies änderte sich ab 1879, als Lanz mit dem Bau von Großmaschinen wie Dampflokomobilen und -dreschmaschinen begann. Auch diese Sparte entwickelte sich erfolgreich, sodass bereits 1885 die 1000. Lanz-Dampf-Dreschgarnitur zur Auslieferung gelangte. Dabei zählten die Lanz-Maschinen zu den Spitzenerzeugnissen der Branche, sodass die fachliche Anerkennung auch über die Grenzen des Deutschen Reiches hinaus nicht ausblieb.

Die große Nachfrage nach Lanz-Erzeugnissen erforderte räumliche Erweiterungen der Produktions- und Fertigungseinrichtungen. 1890 beschäftigte Heinrich Lanz bereits 1230 Mitarbeiter. Bereits wenige Jahre später war Lanz weltweit zum zweitgrößten Lokomobilhersteller – nach Clayton & Shuttleworth – aufgestiegen. Ein beeindruckender Meilenstein war das im Jahr 1900 auf der Pariser Weltausstellung präsentierte größte Lokomobil der Welt. Die Maschine leistete 260 PS und konnte sogar eine kurzzeitige Spitzenleistung von 460 PS zur Verfügung stellen.

1902 führte Lanz bei seinen Lokomobilen den neu entwickelten, wirtschaftlicheren Heißdampf ein. Ihre Einführung scheiterte lange daran, dass die Schmiermittel und die Stopfbuchsen die Hitze nicht vertrugen. Zur Lösung dieses Problems benutz-

Technische Daten: Lanz Felddank (FHD)

Bauzeit:	1923 bis 1927
Motor:	2-Zyl./2-Takt-Glühkopfmotor
Hubraum:	12.475 Kubikzentimeter
Leistung:	27,8 kW/38 PS bei 650 U/min
Antrieb:	3/1-Gang-Getriebe, hinten
Länge:	bis 3850 Millimeter
Gewicht:	bis 4563 Kilogramm (leer)

te Heinrich Lanz eine Expansions-Schiebersteuerung nach dem System Rider. Der Dampfkessel dieser Heißdampf-Lokomobile war aus weißem Stahlblech gefertigt und hydraulisch genietet.
Als Heinrich Lanz am 1. Februar 1905 im Alter von 66 Jahren starb, hinterließ er ein gut florierendes Unternehmen mit 3000 Mitarbeitern. Heinrich Lanz hatte noch kurz vor seinem Tod eine ausgedehnte Studienreise in die USA unternommen. Leider war es ihm nur zum Teil vergönnt, die dabei gewonnenen Erfahrungen vor allem hinsichtlich einer rationellen Großserienfertigung auf das Mannheimer Werk zu übertragen. 1905 konnte Lanz einen Jahresabsatz von 900 Dampf-Dreschmaschinen und etwa 1400 Lokomobilen erzielen. Damit hatte man die Führung in Europa übernommen. Die Leitung des Betriebes ging an seinen Sohn Dr. Karl Lanz über. Im darauf folgenden Jahr konnte mit der Lokomobilfabrik auch der letzte Unternehmensteil zum Standort Lindenhof verlagert werden. Damit war die gesamte Fertigung auf einem Areal von 41 ha zusammengefasst worden, auf dem nicht nur dampfgetriebene landwirtschaftliche Maschinen und Lokomobile, sondern so ziemlich alle landwirtschaftlichen Geräte, die man sich denken konnte, gefertigt wurden.
Auf der 1910 in Brüssel abgehaltenen Weltausstellung stellte Lanz das 25.000. Lokomobil mit 1000 PS aus. Es war gleichzeitig das größte Lokomobil der Welt. Sogar im damals so aktuellen Luftschiffbau fand man durch die im Verein mit dem Luftschiffsexperten Johann Schütte im Jahr 1911 neu gegründeten Firma Schütte-Lanz in Form eines Kooperationsvertrages ein weiteres Betätigungsfeld. Bis 1918 entstanden auf diese Weise 22 Luftschiffe.

Im gleichen Jahr konnte Lanz die Lizenzrechte an der Köszegi-Bodenfräse eines ungarischen Konstrukteurs erwerben. Dieses motorische Bodenbearbeitungsgerät – ein Monstrum von fast 5 t Gewicht und einem einer Straßenwalze ähnelnden Erscheinungsbild – war als Alternative zu den Dampftraktoren vorgesehen. Aufwand und Leistung standen bei dem seit 1912 in Serie gebauten Lanz-Landbaumotor allerdings in einem derart krassen Missverhältnis, dass er – sein überaus durstiger Motor trug wesentlich dazu bei – nur von wenigen Großbetrieben favorisiert wurde.

Bulldog-Technologie

Während des Ersten Weltkrieges wurde auch das Mannheimer Unternehmen für die Kriegsproduktion in Anspruch genommen. So stellte man leistungsstarke Artillerie-Zugmaschinen her. In die Kriegsjahre fiel ein Ereignis, das für die weitere Entwicklung der Lanz-Werke bestimmend sein sollte. Am 20. September 1916 trat der Konstrukteur Dip.-Ing. Dr. Fritz Huber in das Unternehmen ein. Dieser im Maschinenbau überaus gut bewanderte und erfahrene Techniker machte bereits vor seinem Eintritt in das Haus Lanz unmissverständlich deutlich, dass es ihm bei seiner zukünftigen Arbeit in erster Linie darum gehen würde, einen landwirtschaftlichen Schlepper mit Glühkopfmotor zur Serienreife zu bringen. Denn in diesem bereits 1890 von dem Schotten Herbert Akroyd Stuart erfundenen Motor schien nach Hubers Meinung die Zukunft für die landwirtschaftliche Verwendung zu liegen. Karl Lanz, der nach anfänglicher Zurückhaltung die Ansichten Hubers teilte,

Technische Daten: Lanz Bulldog Typ HE (D 1706)

Bauzeit:	1952 bis 1955
Motor:	1-Zyl./2-Takt-Halbdiesel
Hubraum:	2256 Kubikzentimeter
Leistung:	12,4 kW/17 PS bei 950 U/min
Antrieb:	6/2-Gang-Getriebe, hinten
Länge:	2730 Millimeter
Gewicht:	1310 Kilogramm (leer)

Die letzten Bulldogs aus Mannheim waren Volldieselmaschinen.

gewährte seine volle Unterstützung. Allerdings sollte es, zum Teil kriegsbedingt, noch bis 1921 dauern, bevor der erste Rohölschlepper der Welt, der 12-PS-Bulldog HL, auf der Leipziger DLG-Ausstellung vorgestellt werden konnte. Es war nicht nur allein der Rohölbetrieb, sondern insbesondere auch die eigenwillige Bauart mit dem langsam laufenden, liegenden Einzylinder-Zweitakt-Glühkopfmotor, der für Aufsehen sorgte. Wer als Erster dieses Fahrzeug mit dem Erscheinungsbild einer Bulldogge in Verbindung brachte, lässt sich heute nicht mehr klären. In jedem Fall war damit ein äußerst treffender, einprägsamer Name für die zukünftigen Fahrzeuggenerationen gefunden. Der Lanz HL war vor allem eine selbstfahrende Arbeits- und Zugmaschine, die Dreschmaschinen antreiben sollte. Zwei Jahre später erschien mit dem Bulldog HP ein Fahrzeug für die Feldarbeit. Dieses mit Knicklenkung und Vierradantrieb ausgeführte Fahrzeug war seiner Zeit weit voraus. Daran, aber auch an den in Deutschland wirtschaftlich unruhigen Zeiten der Inflation mag es gelegen haben, dass sich sein Verkauf nicht wie erwartet entwickelte.

Bereits 1925 konnte der 5000. Bulldog ausgeliefert werden. Gleichzeitig nahm man das erste in einer deutschen Fabrik eingeführte Fließband nach amerikanischem Vorbild in Betrieb. In diesem Jahr erfolgte auch die Umwandlung in eine Aktiengesellschaft. 1926 wurde mit der Fließbandfabrikation des Verdampfer- oder Großbulldogs HR 2 begonnen. Diese Verkehrs- und Ackermaschine blieb bis 1931 mit großem Erfolg in der Produktion.

Die folgenden Jahre zeigten eine stetige Fortentwicklung im Landmaschinen- und Schlepperbereich. 1927 präsentierte Lanz eine Ballenpresse mit automatischer Drahtbindung und zwei Jahre später die erste ganz aus Stahl gefertigte Groß-Dreschmaschine, den Stahl-Lanz. In diesem Jahr wurde der erste Kühlerbulldog 15/30 PS mit Thermosyphonkühlung vorgestellt. Dieser und die folgenden Modelle dieser Reihe wurden bis 1935 11.500-mal verkauft. Eine bahnbrechende Entwicklung war der 1931 vorgestellte 20-PS-Hackfruchtbulldog, ein Dreiradschlepper der auf die amerikanischen John-Deere-Traktoren zurückging. Durchsetzen konnte er sich in Deutschland damals noch nicht, da die Bauern eher eine Zugmaschine als ein Allzweckgerät suchten. Mit nahezu gleicher Technik, jedoch als Vierrad-Bulldog wurde mit der Reihe 12/20 ein leichteres Fahrzeug mit 4,7-l-Maschine für kleinere Betriebe vorgestellt.

1934 – in diesem Jahr wurde der erste Raupenschlepper mit Glühkopfmotor vorgestellt – folgten als Ersatz für die Kühlerbulldogs neue Baureihen mit 30 bzw. 38 PS. Dr. Fritz Huber erlangte 1935 die Position des Konstruktionsleiters für den gesamten Schlepperbau und wurde somit zum Direktor. Zu jener Zeit konnte das Unternehmen hoffnungsvoll in die Zukunft blicken. Die

In den 30er-Jahren waren Lanz-Bulldogs in fast allen europäischen und in vielen überseeischen Ländern zu Hause.

Technische Daten: John-Deere Lanz D 5016

Bauzeit:	1955 bis 1962
Motor:	1-Zyl./2-Takt-Dieselmotor
Hubraum:	7372 Kubikzentimeter
Leistung:	36,6 kW/50 PS bei 650 U/min
Antrieb:	9/3-Gang-Getriebe, hinten
Länge:	3600 Millimeter
Gewicht:	3520 Kilogramm (leer)

Heinrich Lanz AG war die größte Landmaschinenfabrik Deutschlands und hatte alle Aussichten weiter zu expandieren. Etwa die Hälfte der alljährlich in Deutschland zugelassenen Schlepper kam aus Mannheim. Der einfache und robuste, ständig weiterentwickelte Bulldog mit Glühkopfmotor bewährte sich in allen Einsatzbereichen. Im In- und Ausland fand er wegen seiner unverwüstlichen Bauart und seiner Wirtschaftlichkeit große Anerkennung. Auch die langsam aufkommenden neuen mehrzylindrigen Dieselschlepper stellten damals keine echte Gefahr für den Bulldog dar – noch nicht! Ganz im Gegenteil – 1935 konnte der 50.000. und im folgenden Jahr bereits der 65.000. Lanz-Bulldog das Werk verlassen. Die Produktionskapazitäten des Werks waren im Dreischichtbetrieb völlig ausgelastet, sodass vereinzelt Lieferfristen zu vermelden waren.

Im Export stieg der Lanz-Anteil gemessen an der Schlepperausfuhr im Jahr 1938 auf 45 Prozent und ein Jahr später bereits auf 62,5 Prozent. Das Schlepper-Bauprogramm bei Lanz umfasste im letzten Friedensjahr sechs Grundmodelle mit 15, 20, 25, 35, 45 und 55 PS, die in einer Vielzahl von Ausführungsvarianten als Acker-, Ackerluft-, Verkehrs-, Raupen- und Eilbulldogs zu haben waren. Daneben brachte Lanz gerade in diesem Jahr zwei wichtige Neuerscheinungen auf den Markt. Das waren der Bauernbulldog D 4506 – der erste Bulldog mit hydraulischem Kraftheber – und der 25-PS-Allzweckschlepper D 7506. Für den vielversprechenden Bauernbulldog bedeutete der unmittelbar darauf beginnende Krieg das Aus.

Das Jahr 1942, als Lanz auf den 100.000. Bulldog zurückblicken konnte, war auch das letzte Jahr einer als halbwegs regulär zu bezeichnenden Produktion. Die von staatlicher Seite der Schlepperindustrie verordnete Holzgas-Ära ging auch an Lanz nicht vorbei. Am Ende der Krieges waren die Fabrikationsanlagen weitgehend durch Luftangriffe zerstört.

Schwanengesang

Als die amerikanischen Besatzer im Sommer 1945 eine Produktionserlaubnis erteilten, sah die Lage sehr düster aus. Die sich langsam wieder einfindende Belegschaft – zum Ende des Jahres 1945 waren es bereits 3570 Mitarbeiter – war zunächst fast vollständig mit Aufräum- und Bauarbeiten sowie mit der Herstellung von Ersatzteilen für die rund 40.000 in den Westzonen laufenden Bulldogs in Anspruch genommen. Ganz langsam, aber stetig stieg auch die Zahl der neu gebauten Maschinen. Aber erst 1950 war es möglich, ein nahezu komplettes, gegenüber den Vorkriegsjahren gestrafftes Verkaufsprogramm auf die Beine zu stellen.

Die begonnene Entwicklung mehrzylindriger Glühkopfmotoren kam ebenso wenig wie die Hinwendung zur Dieseltechnik – vermutlich aus Kapitalmangel – über das Versuchsstadium hinaus. Hingegen konzentrierte man sich weiterhin auf die bewährte, allerdings nicht mehr zeitgemäße einzylindrige Glühkopftechnik. Dabei sollte versucht werden, den Bulldog den gestiegenen Erfordernissen anzupassen. Zunächst bedeutete das den Schritt zum Halbdiesel-, wenig später bereits zum Volldieselbulldog. In den ersten Jahren schien diese Entscheidung richtig zu sein, denn für die Bulldogs fanden sich nach wie vor genügend Käufer.

1950 wurde der 16-PS-Bauernbulldog D 5506 als erstes neues Modell nach dem Krieg fertiggestellt und in den folgenden Jahren setzte man auf den weiterhin einzylindrigen Halbdiesel-Mitteldruckmotor, der sich durch eine außergewöhnliche Sparsamkeit auszeichnete. 1951 überraschte Lanz mit der Vorstellung des Geräteträgers Alldog – einer guten Konzeption, deren Erfolg durch einen völlig ungeeigneten Motor nicht nur verhindert wurde, sondern sich maßgeblich zu einem großen Imageverlust kehrte. 1955 war das Erscheinungsjahr der technisch weiter optimierten Volldiesel-Bulldog-Reihe. Trotzdem war die Uhr für den Einzylinder-Bulldog abgelaufen. Erstmals wurden – ein absolutes Novum für diesen bis dahin in jeder Hinsicht autarken Hersteller – mit Fremdmotoren und -getrieben bestückte Fahrzeuge zur Abrundung des Lieferangebots mit ins Programm genommen – und das nicht immer mit Erfolg. 1956 konnte zwar mit berechtigtem Stolz die Fertigstellung des 200.000. Schleppers vermeldet werden; im gleichen Jahr erwarb John Deere & Company die Aktienmehrheit der Firma Lanz. Dieser Schachzug rettete das bereits angeschlagene Unternehmen vor dem Untergang.

Das Lanz-Bauprogramm wurde zwar übergangsweise in die Produktpalette des weltweit agierenden Konzerns integriert, 1960 allerdings lief das gesamte Programm aus. Zeitgleich erfolgte die Fertigungsumstellung auf die ersten John-Deere-Dieselmodelle. Nachweislich sind in 39 Jahren insgesamt 219.253 Bulldogs verkauft worden. Heute steht der Name Lanz nur noch für eine große unvergessene Vergangenheit.

DEUTZ – DIE FIRMENGESCHICHTE

Die Gasmotorenfabrik Deutz AG im Jahr 1886.

Die Firmengründung

Die Ursprünge des traditionsreichen Motoren- und Traktorenherstellers Deutz gehen auf den 31. März 1864 zurück, als der im Jahr 1832 geborene Kaufmann und Techniker Nikolaus August Otto mit dem zwei Jahre jüngeren Geheimrat, Ingenieur und Zuckerfabrikanten Eugen Langen im Kölner Stadtteil Deutz eine unter dem Namen N. A. Otto & Cie firmierende Motorenfabrik gründete. Langen investierte 10.000 Taler in das junge Unternehmen, Otto hingegen seine Ideen.

Der Mitbegründer Otto war derjenige, der im Jahr 1876 den ersten funktionsfähigen, nach dem Viertaktverfahren arbeitenden Verbrennungsmotor entwickelte. Vorausgegangen waren sehr zeitintensive Arbeiten an der Konstruktion eines atmosphärischen Motors, den er zur Betriebsreife bringen konnte. Dieses bis zu 2 PS starke Aggregat wurde in dem ab 1872 in Gasmotorenfabrik Deutz AG umbenannten Betrieb in Serie gebaut. Schon kurze Zeit nach Fertigstellung und erfolgreicher Erprobung des neu entwickelten Motors begann der Serienbau. Dieser Motor sollte später als Otto-Motor in die Geschichte eingehen. 1877 wurden 500 und im Jahr 1886 bereits 1000 dieser Motoren jährlich gefertigt. Dagegen sanken die Produktionszahlen atmosphärischer Motoren nahezu auf null. Aus diesen Anfängen der im aufstrebenden Industriezeitalter schnell expandierenden weltweit ältesten Motorenfabrik entwickelte sich das bis vor Jahren unter dem Namen Klöckner-Humboldt-Deutz AG firmierende Großunternehmen. Nach der Jahrhundertwende wurden dem Unternehmen immer mehr Firmen zugeordnet mit dem Ziel, Konkurrenten unter den eigenen Einfluss zu bringen, oder auch in neue Fertigungsgebiete zu diversifizieren. Daneben nahm man auch einen entscheidenden Einfluss auf die Entwicklung des Dieselmotors. Seit 1897 wurden Dieselmotoren in Lizenz gefertigt und 1908 konnte der bei Deutz beschäftigte Ingenieur Prosper L`Orange den ersten kompressorlosen Dieselmotor

Technische Daten: Deutz F 3 M 317

Bauzeit:	1935 bis 1942
Motor:	3-Zyl./4-Takt-Dieselmotor
Hubraum:	5768 Kubikzentimeter
Leistung:	36,6 kW/50 PS bei 1300 U/min
Antrieb:	5/1-Gang-Getriebe, hinten
Länge:	3650 Millimeter
Gewicht:	4120 Kilogramm (leer)

vorstellen und dadurch diesem motorischen Antrieb neue Wege eröffnen. Nachdem bereits die ersten stationären Motoren auch auf die Landwirte als Kundenzielgruppe und gleichzeitig neuen Verwendungsbereich für diese Antriebsaggregate ausgerichtet waren, dauerte es bis 1907, bis das erste landwirtschaftliche Nutzfahrzeug entstand. Gustav und Arnold Langen, die Söhne des Firmenmitbegründers, entwarfen den Deutzer Motorpflug, ein mehr als 3 t schweres selbstfahrendes Monstrum auf Eisenrädern, das von einem 25 PS starken, überaus verbrauchsintensiven Motor fortbewegt wurde. Dieses untermotorisierte Fahrzeug bewährte sich bei der Feldarbeit nicht, hingegen war seine Eignung für den Stationäreinsatz unbestritten. Noch im gleichen Jahr erschien mit der Deutzer Pfluglokomotive ein schon gefälliger geratenes Fahrzeug, das man zusammen mit dem später entworfenen Deutzer Automobilpflug zu den richtungsweisenden Pioniertaten zählen konnte. Ab 1919 bot man den von einem ehemaligen Artillerieschlepper abgeleiteten Deutzer-Trecker mit wenig Erfolg an.

Erst nach einer mehrjährigen Pause wagte sich der 1921 in Motorenfabrik Deutz AG umbenannte Hersteller wieder an die Konstruktion eines Traktors. Der hierfür verantwortliche Auslöser war der Erfolg des 12er Lanz und daher entsprach das 1927 vorgestellte Modell MTH 222 diesem auch in den Grundzügen. Es war ein auf einen Rahmen gesetzter, aus eigener Fertigung stammender Motor, der in erster Linie zum Antrieb für stationäre Arbeitsmaschinen und weniger für den Acker vorgesehen war. Dass sich Deutz primär als Motorenfabrikant sah, wird daraus erkennbar, dass die Bemühungen des Unternehmens in erster Linie darauf ausgerichtet waren, den eigenen Motoren neue Verbreitungsgebiete zu verschaffen. Die nachfolgende Generation der MTZ-Schlepper kam den Vorstellungen der Landwirte nach einem Zugfahrzeug für Acker

Der 60-PS-Deutz-Schlepper F4L 514/4 im Schnittbild.

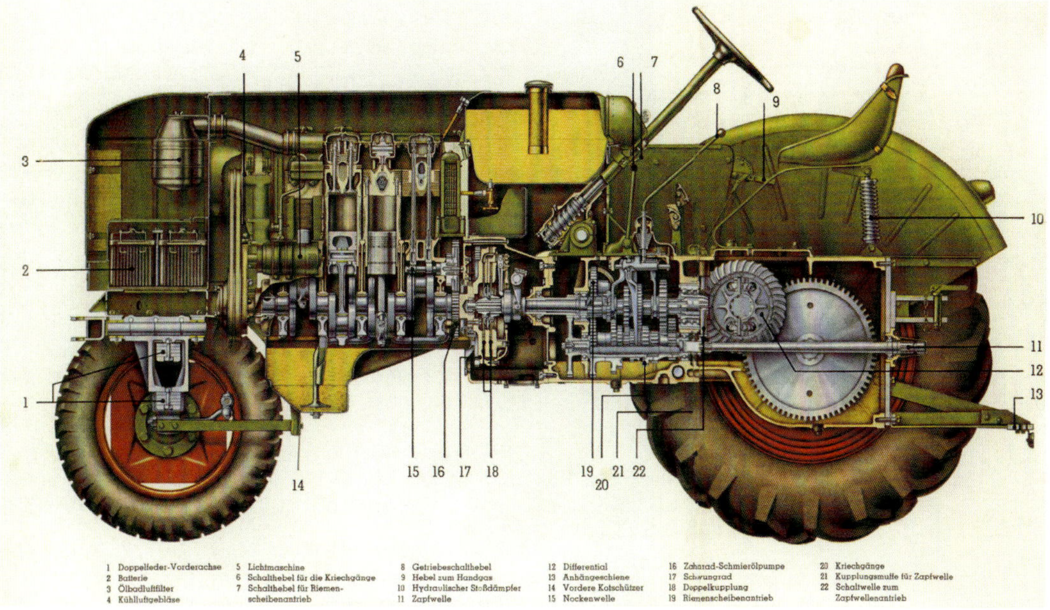

und Straße schon wesentlich näher. Mit diesen weiterhin in Rahmenbauweise konstruierten Fahrzeugen konnte Deutz auf diesem neuen Sektor Erfahrungen sammeln und sich die ersten Sporen verdienen. Den endgültigen Durchbruch zum erfolgreichen Schlepperfabrikanten aber brachten die sogenannten Stahlschlepper, deren erstes Mitglied 1934 vorgestellt werden konnte. Bei diesen mit seinerzeit sehr fortschrittlichen Konstruktionsmerkmalen ausgestatteten Traktoren ging das Unternehmen erstmals zur selbsttragenden Blockbauweise über, welche sich – durch den Fordson vorgegeben – bereits auf breiter Front durchgesetzt hatte. Die in verschiedenen Varianten und Motorleistungen produzierten Stahlschlepper wurden ein Riesenerfolg und teilweise bis in die frühen 50er-Jahre angeboten. Durch sie gelang es dem ab 1930 zur Humboldt-Deutz-Motoren AG fusionierten Hersteller, in die aus Lanz und Hanomag bestehende Spitzengruppe dieser Branche aufzurücken.
Noch größere Erfolge konnten mit dem berühmten, im Jahr 1936 vorgestellten 11-PS-Bauernschlepper erzielt werden. Dieser vornehmlich auf Kleinbetriebe abzielende Schlepper war weltweit das erste in Großserie fabrizierte Fahrzeug in dieser Leistungsklasse. 1938 kam es zu einer erneuten Namensänderung, als sich Deutz und die Klöckner-Werke zur Klöckner-Humboldt-Deutz AG (KHD) zusammenschlossen.

Das Deutz-Schlepperprogramm von 1950 bestand noch zum Teil aus wassergekühlten Motoren.

Technische Daten: Deutz F4L 514/7

Bauzeit:	1957 bis 1965
Motor:	4-Zyl./4-Takt-Dieselmotor
Hubraum:	5322 Kubikzentimeter
Leistung:	47,6 kW/65 PS bei 1800 U/min
Antrieb:	7/2-Gang-Getriebe, hinten
Länge:	3900 Millimeter
Gewicht:	3025 Kilogramm (leer)

Nachkriegsexpansion

In den ersten Nachkriegsjahren wurde der Bau der bewährten, mit wassergekühlten Motoren bestückten Vorkriegskonstruktionen zunächst fortgeführt. 1950 wurde mit der Verwendung luftgekühlter, bereits während des Krieges entwickelter Motoren eine neue Phase in der Unternehmensgeschichte eingeleitet. In schneller Folge erschienen zunächst vier Traktoren im Leistungsbereich von 15 bis 60 PS, mit denen die wesentlichen Verwendungsbereiche abgedeckt werden konnten. Diese und die in der Folgezeit entstandenen Fahrzeuge wurden zu einem außerordentlich großen Markterfolg und lösten alle vorangegangenen Modelle ab. Bereits 1950 konnte Deutz den ersten Rang in der deutschen Zulassungsstatistik erreichen. Mit kurzen Unterbrechungen gelang es dem Kölner Hersteller, diese Position auch in den folgenden Jahrzehnten erfolgreich zu verteidigen.
In den 50er- und 60er-Jahren wurde das nun ausschließlich aus luftgekühlten Fahrzeugen bestehende Schlepperangebot kontinuierlich ausgebaut und erweitert. Ebenso wurden die Motoren beständig fortentwickelt. Hierzu waren umfangreiche Kapazitätserweiterungen im Produktionsbereich erforderlich. Wie auch bei allen übrigen Herstellern zu beobachten, war diese Entwicklung mit zunehmenden Motorstärken und einem immer differenzierteren Zubehör verbunden. 1964 wurde erstmals ein Sechszylindermotor in einen Deutz-Schlepper installiert, mit dem gleichzeitig der Einstieg in den Bereich der

Technische Daten: Deutz D 7006

Bauzeit:	1970 bis 1972
Motor:	4-Zyl./4-Takt-Dieselmotor
Hubraum:	3768 Kubikzentimeter
Leistung:	49 kW/67 PS bei 2300 U/min
Antrieb:	9/3-Gang-Getriebe, hinten
Länge:	3935 Millimeter
Gewicht:	2750 Kilogramm (leer)

Großtraktoren begann. Im Jahr 1967 stellten die KHD-Werke mit der Baureihe D 06 die ersten Nachfolgemodelle der seit 1958 in der Produktion befindlichen D-05-Modellreihe vor. Diese neue, nach dem Baukastensystem konzipierte Reihe gab es in vielen unterschiedlichen, auch allradgetriebenen Varianten. Leistungsmäßig begann sie bei 24 PS und endete beim Giganten des Knicklenkerschleppers D 16006, der von einem Achtzylindermotor mit 160 PS bewegt wurde. Diese Fahrzeuge wurden einheitlich mit neuen, direkteinspritzenden Motoren der FL-912-Baureihe bestückt. 1981 erfolgte ihre Ablösung zugunsten der neuen DX-Traktoren.

Seit Anfang der 60er-Jahre hatte der Kölner Maschinenbaukonzern seine Position durch Übernahme verschiedener Landmaschinenfabriken, wozu auch die Fahr-Werke zählten, wesentlich verbessern können. Diese Erfolge und neue fortschrittliche Schlepperreihen, zu denen die 1989 vorgestellten Agrostar-Traktoren zählten, reichten allerdings nicht aus, um die im Laufe der 70er-Jahre schwächer werdende Marktposition grundlegend zu festigen. 1992 verließ in Köln der millionste Traktor das Fertigungsband, doch seit 1987, dem Jahr des ersten Bilanzverlusts in der Firmengeschichte, wurde das Unternehmen von Unglück und Fehlentwicklungen verfolgt. Diese negative Entwicklung fand ihren Abschluss, als sich der Konzern mit Wirkung zum 1. Januar 1995 von seinem gesamten Agrartechnikbereich trennen musste. Dieser wurde von der Same-Gruppe übernommen und bereits ein Jahr später wurde die Traktorenfertigung in Köln stillgelegt. Nach Überwindung vieler Schwierigkeiten konnte noch im Herbst 1996 im Werk Lauingen mit dem Serienbau der neuen Agrotron-Traktoren begonnen werden. Der trotz der langen Durststrecke nur geringfügig verringerte Marktanteil – seit 1999 kann der vierte Rang gehalten werden – lässt diesen Hersteller mit einem gewissen Optimismus in die Zukunft schauen.

Montagehalle der Deutz-Werke Anfang der 60er-Jahre. Täglich rollen die fertigen Traktoren von den Fabrikationsbändern.

GÜLDNER – DIE FIRMENGESCHICHTE

Die Güldner-Werke in Aschaffenburg um 1960.

Die Gründung

Zu den neben Nicolaus Otto, Rudolf Diesel und Wilhelm Maybach weniger bekannten, aber nicht minder bedeutenden Pionieren des Motorenbaus zählte zweifelsohne der Konstrukteur Hugo Güldner. Er entwickelte bereits 1894 einen Versuchsmotor, der nach dem Zweitaktverfahren arbeitete, aus dem in Zusammenarbeit mit Rudolf Diesel einige Jahre später der erste in liegender Bauweise ausgeführte Zweitakt-Dieselmotor hervorging. Zusammen mit dem Lokomotivfabrikanten Georg von Krauss und Prof. Carl von Linde gründete er am 15. Februar 1904 in München die „Güldner Motoren Gesellschaft mbH", welche den Bau der von Güldner mittlerweile entwickelten Viertaktmotoren zum Ziel hatte. Im Jahr 1906 ergab sich die Möglichkeit, von der Stadt Aschaffenburg ein geeignetes Gelände zur Errichtung von Fabrikationsanlagen zu erwerben. Der neue Standort am Main war insofern vorteilhaft, als für den Versand der Produkte der billige Wasserweg genutzt werden konnte. Nach verschiedenen Erweiterungen war das Unternehmen im Jahr 1914 auf etwa 300 Arbeiter und Angestellte angewachsen. Die Typenreihe der damals gefertigten Dieselmotoren reichte vom Ein- bis zum Vierzylinder mit Leistungen von 20 bis 700 PS. Während des Ersten Weltkrieges musste die Firma Güldner ihre Motorenproduktion auf Rüstungsgüter umstellen. So wurde das Werk mit dem Lizenzbau von Kraftfahrzeug- und Flugzeugmotoren betraut, woraus zusätzliche Erfahrungen und Erkenntnisse für die nach dem Krieg folgende Motorenentwicklung gezogen werden konnten. Bis Ende der 20er-Jahren baute man ein- bis sechszylindrige kompressorlose Dieselmotoren aller Art im Leistungsbereich zwischen 60 und 600 PS, die für die verschiedensten Verwendungszwecke infrage kamen. Wie viele andere Unternehmen auch, geriet Güldner in die Turbulenzen der Weltwirtschaftskrise. Nach der 1929 erfolgten Übernahme der Güldner-Werke durch den größten Gesellschafter „Linde Eismaschinen" wurde das Fertigungsprogramm völlig umstruk-

Technische Daten: Güldner A 28

Bauzeit:	1946 bis 1948
Motor:	2-Zyl./4-Takt-Dieselmotor
Hubraum:	2598 Kubikzentimeter
Leistung:	20,5 kW/28 PS bei 1500 U/min
Antrieb:	4/1-Gang-Getriebe, hinten
Länge:	2920 Millimeter
Gewicht:	1825 Kilogramm (leer)

turiert, da sich Großmotoren kaum noch verkaufen ließen. Eine stark zunehmende Nachfrage nach Kleinmotoren veranlasste die Werksleitung, ab 1931 den Bau von Dieselmotoren in dieser Baugröße aufzunehmen. Zu diesem Zweck wurden die baulichen Anlagen erweitert, die eine Monatsproduktion von 400 Motoren mit bis zu 120 PS Leistung ermöglichen sollten. Nachdem man bereits 1931 damit begonnen hatte, amerikanische Fordson-Traktoren auf eigene Vierzylinder-Dieselmotoren umzurüsten, lag die Überlegung zu einem eigenen Schlepperbau nahe.

Der Güldner-Schlepperbau

Es dauerte allerdings bis zum Jahr 1935, bis ein erster eigener Schlepper, der mit dem Dreiganggetriebe des Fordson und einem nach dem Luftspeicherverfahren arbeitenden 40-PS-Diesel ausgerüstet war, auf die Räder gestellt werden konnte. Ein Serienbau kam aber nicht zustande. Erst mit dem ab 1938 in Serie gefertigten Blockbauschlepper A 20 gab es einen Güldner-Schlepper zu kaufen. Er war mit einem Einzylinder-Wirbelkammer-Dieselmotor – bei Güldner wurde dieses Verfahren Wälzkammerverfahren genannt – ausgerüstet. Diesem 20-PS-Fahrzeug folgte in Gestalt des A 30 bald darauf ein stärkeres Modell. Daneben wurden Güldner-Kleindieselmotoren auch zum Antrieb von selbstfahrenden Motormähern und Kleinschleppern verschiedener Fabrikate, zum Beispiel für das bekannte Kramer-Modell Allesschaffer, verwendet.
Während des Krieges kam es zu einer Zusammenarbeit mit der Firma Deuliewag. Das Resultat dieser Kooperation war der Holzgasschlepper AZ 25, der ab 1944, nach Zerstörung der Werksanlagen, bei Fahr in Gottmadingen weitergebaut werden konnte.
Erst gegen Ende des Jahres 1946 konnte die Schlepperproduktion in Aschaffenburg wieder anlaufen. Zunächst musste man sich mit manchen Provisorien befassen, die beispielsweise aus Umbauten früherer Holzgasfahrzeuge auf Dieselbetrieb bestanden. Der erste nach dem Krieg in Serie gebaute Schlepper war das Modell A 28, gefolgt von dem ab 1948 angebotenen AF 30 mit 30-PS-Güldner-Motor und Fahr-Fünfganggetriebe. Im Jahr 1949 kam mit dem Kleinschlepper A 15 ein völlig neu entwickeltes Fahrzeug auf den Markt, das mit nahezu 7500 verkauften Einheiten zu einem ausgesprochenen Erfolgsmodell werden sollte. Von seiner Baugröße her gehörte dieser wirtschaftliche Blockbauschlepper zu den damals von vielen Kleinbauern verlangten Traktoren, die damit den Einstieg in die Motorisierung vollzogen. In seiner letzten Ausführung als AF 15 wurde dieses Fahrzeug noch bis 1954 gefertigt.
In schneller Folge erweiterte Güldner das Typenprogramm bis 35 PS. Ein typisches Merkmal für die Güldner-Traktoren jener Tage waren neben der grünen Lackierung vor allem die Haifischmaul-Motorhauben.
1953 wurde das Schlepperprogramm erneut überarbeitet. Der verstärkten Nachfrage nach luftgekühlten Motoren Rechnung tragend, bot man Traktoren sowohl mit Wasser- als auch mit Luftkühlung an. Zunächst entstanden mit den Modellen AZK, ADN und AFS drei wassergekühlte Modelle mit Motorleistungen zwischen 12 und 28 PS, in denen ZF-Getriebe verwendet wurden. 1954 kam mit dem 17 PS starken Schlepper ALD der erste luftgekühlte, wiederum mit einem ZF-Getriebe bestückte Ackerschlepper von Güldner auf den Markt. Der darin verwendete Zweizylinder-Dieselmotor 2 LD wurde auch an den Schlepperhersteller Ritscher geliefert, der ihn in den Geräteträger Multitrak einbaute. Durch die hieraus entstandenen guten Kontakte zu diesem Unternehmen konnte dieses Fahrzeug ab 1955 auch als Güldner-Multitrak angeboten und somit das Verkaufsprogramm erweitert werden.
Im Jahr 1955 kamen die Modelle ALK und ALB mit luftgekühlten Motoren bis 22 PS hinzu.

Der Traktorenhersteller Güldner agierte schon seit jeher exportorientiert. Hier ein Prospektblatt für den italienischen Markt.

Technische Daten: Güldner ABN

Bauzeit:	1954 bis 1958
Motor:	2-Zyl./4-Takt-Dieselmotor
Hubraum:	1840 Kubikzentimeter
Leistung:	19,8 kW/27 PS bei 1800 U/min
Antrieb:	6/1-Gang-Getriebe, hinten
Länge:	2960 Millimeter
Gewicht:	1425 Kilogramm (leer)

Kooperation mit Fahr

Schon seit Jahren pflegten die Aschaffenburger Güldner-Werke eine gute Zusammenarbeit mit Fahr in Gottmadingen. So gelangten Fahr-Getriebe in Güldner-Schleppern und Güldner-Motoren in Fahr-Traktoren zum Einbau. Um den sich in der Schlepperbranche verstärkenden Konkurrenzdruck und die auf beiden Herstellern lastenden immer höheren Entwicklungskosten aufzufangen bzw. zu verteilen, intensivierten beide Hersteller ab etwa 1956 ihre Zusammenarbeit. Daraus entstand zunächst eine lose Entwicklungsgemeinschaft. Die ersten Ergebnisse dieser Kooperation waren die leichten luftgekühlten Traktoren AX und AK von Güldner, die bei Fahr als D 66 und D 88 in den Verkaufslisten standen. Diese Fahrzeuge waren bis auf Typenbezeichnung und Motorhaube weitgehend baugleich.
Ende 1956 umfasste das Güldner-Schlepperprogramm fünf luftgekühlte Traktoren zwischen 11 und 22 PS sowie sechs Modelle zwischen 14 und 35 PS, die mit wassergekühlten Motoren bestückt waren.
Am 20. Juni 1958 wurde die bewährte Zusammenarbeit zwischen Fahr und Güldner durch einen Vertrag endgültig besiegelt. Dieser Vertrag beinhaltete, dass die Schlepperfertigung aufeinander abgestimmt und aufgeteilt werden sollte. In der Folgezeit wurden nur noch die Modelle bis 24 PS im eigenen Werk hergestellt, die stärkeren Typen hingegen von Fahr bezogen. Bereits im folgenden Jahr wurden nun die neuen, gemeinsam entwickelten Schlepper vorgestellt. Diese Modelle erhielten noch im gleichen Jahr zusätzliche Namen und die gemeinsame Verkaufsbezeichnung Europa-Reihe. Es waren vier Modelle, die unter den einprägsamen Namen Spessart, Tessin, Burgund und Toledo geführt wurden und bei der Kundschaft einen guten Anklang fanden. Eine Besonderheit war dabei der mit dem Unimog-Motor von Daimler-Benz ausgerüstete Toledo, der für einen in dieser Leistungsklasse im Hause Güldner nicht vorhandenen Motor einspringen musste.
Gleichzeitig mit der Vorstellung der Europa-Schlepper nahm Güldner ein neues Montagewerk im Aschaffenburger Ortsteil Nilkheim in Betrieb, das reichlich Raum für mögliche Kapazitätserweiterungen bot. Neben den mit Fahr zusammen produzierten Fahrzeugen der Europa-Reihe fertigte Güldner auch weiterhin selbst entwickelte Schlepper. Nachdem Deutz im Jahr 1961 einen Aktienanteil bei Fahr übernommen hatte, musste die erfolgreiche Zusammenarbeit zum Leidwesen von Güldner aufgekündigt werden. Dort hatte man zum Glück nicht alles auf die Karte Fahr gesetzt, sondern eine eigenständige Entwicklung weiterbetrieben.

Großzügig bemessen und hochmodern waren die neuen Fertigungsanlagen der Güldner-Werke.

Das Ende in den späten 60ern

Diesem unternehmerischen Weitblick war es zu verdanken, dass nahezu zeitgleich mit der überraschenden Aufhebung der Arbeitsgemeinschaft Fahr/Güldner eine neue Motorbaureihe die Serienreife erlangt hatte. Es war die nach dem Baukastensystem entworfene sogenannte luftgekühlte L-79-Reihe mit quadratischen Kolbenmaßen, die für den Einbau in eine ganz neue Schleppergeneration bereitstand. Daher konnte Güldner bereits 1962 mit den Modellen G 40 Toledo und G 50 Gotland

Der luftgekühlte Reihen-Dieselmotor 6 L 76 war ein Spitzenerzeugnis der Güldner-Werke.

die ersten Mitglieder der neuen G-Reihe vorstellen. Die neuen Schlepper besaßen eine zeitlos elegante einheitliche Formgebung und waren in einem ansprechenden Rot lackiert. Diese moderne, technisch ausgereifte und von Beginn an sehr erfolgreiche Baureihe wurde in den folgenden Jahren ständig erweitert. Im Jahr 1968, nachdem die letzte Leistungslücke geschlossen werden konnte, umfasste sie insgesamt neun im Bereich zwischen 15 und 75 PS angesiedelte Typen. Neben den hinterradgetriebenen Standardschleppern waren die Fahrzeuge über 35 PS alternativ auch mit Allradantrieb erhältlich. Obwohl es die G-Reihe auf über 33.000 gefertigte Traktoren brachte, kam das Unternehmen auf keine profitablen Zahlen. Mitte der 60er-Jahre schlug die Absatzkrise auf dem gesättigten Schleppermarkt voll durch. Eine zusätzliche Belastung bildeten die hohen Investitionen, die man in die neue Motorenfertigung gesteckt hatte. Als dann zu allem Überfluss der Haus- und Hoflieferant ZF die Getriebefertigung im Bereich unter 80 PS Eingangsleistung einstellte, war die Schmerzgrenze überschritten. Die 1969 eingestellte Schlepper- und Motorenfertigung war die logische Folge. Das war das Ende dieses renommierten Herstellers, der bis zu diesem Zeitpunkt die respektable Zahl von mehr als 100.000 Traktoren und 300.000 Dieselmotoren gebaut hatte. Nach dem Ende des Schlepperbaus konzentrierte man sich auf den Bau von Hydrauliksystemen und Gabelstaplern.

Technische Daten: Güldner G 30

Bauzeit:	1963 bis 1969
Motor:	3-Zyl./4-Takt-Dieselmotor
Hubraum:	2356 Kubikzentimeter
Leistung:	23,4 kW/32 PS bei 1800 U/min
Antrieb:	8/4-Gang-Getriebe, hinten
Länge:	3235 Millimeter
Gewicht:	1865 Kilogramm (leer)

Blick auf die Teilefertigung für die Motoren.

FAHR – DIE FIRMENGESCHICHTE

„Wenn der Zug nicht hält, setzen wir uns aufs Gleis!" Die jubelnden Mitarbeiter der Landmaschinenfabrik „Fahr" bei Gottmadingen waren kaum zu halten, als 1954 der Weltmeisterzug an der Firma vorbeikam.

Landmaschinen standen am Anfang

Die Anfänge dieses renommierten Landmaschinen- und Schlepperherstellers, der späteren Maschinenfabrik Fahr, reichen zurück in das in der zweiten Hälfte des 19. Jahrhunderts begonnene Industriezeitalter. Im April 1870 gründete Johann Georg Fahr eine Werkstatt in Gottmadingen. Da sich das Geschäft positiv entwickelte, konnte Fahr sein Angebot schon bald auf hoftechnische Maschinen verbreitern. Daneben widmete er sich dem Vertrieb importierter Erntemaschinen aus den Vereinigten Staaten. Durch die im Umgang mit diesen Geräten gewonnenen Erfahrungen kam er in den 1890er-Jahren auch zu Eigenkonstruktionen, wie Gabelheuwender, Pferderechen und Grasmäher. Besonders der Grasmäher wurde zu einem Riesenerfolg, konnten von diesem Gerät doch bis zum Jahr 1953 insgesamt mehr als 470.000 Einheiten gebaut werden. Ebenfalls große Stückzahlen hatte der Fahr-Mähbinder mit rund 200.000 Exemplaren zu verzeichnen. Auch dieses Gerät blieb über Jahrzehnte hinweg ein wichtiges Standbein für den unternehmerischen Erfolg des Betriebes.

1911 wandelte man den Betrieb in eine Aktiengesellschaft um. Zur gleichen Zeit wurde in dem seit 1903 von den Söhnen geleiteten Familienunternehmen eine radikale Produktionsumstellung vollzogen. Alle Fertigungsbereiche wurden zugunsten der Landmaschinenherstellung aufgegeben. Das Jahr 1929/30 brachte einen Umsatz von 10,8 Millionen Reichsmark. Fahr war mittlerweile von der Handarbeit zur maschinellen Fertigung übergegangen.

Erst als sich das Traktorenzeitalter immer stärker bemerkbar machte, begann sich die Aufmerksamkeit der Unternehmensleitung auch auf diesen neuen Bereich der Landtechnik zu richten. Der wirtschaftliche Aufschwung ab 1933 und die von der Reichsregierung vehement geforderte größere Produktivität der landwirtschaftlichen Arbeit bestärkten auch Fahr in der Ansicht, dass dem Traktor die Zukunft gehören würde.

Bauern- und Generatorschlepper

Die Arbeiten an einem Dieseltraktor bei Fahr erhielten ab 1937 neue Impulse. In diesem Jahr begann der von der Hanomag übergewechselte Oberingenieur Bernhard Flerlage seine Tätigkeit als Leiter der Entwicklungsabteilung. Unter seinem maßgeblichen Einfluss entstand der Bauernschlepper F22, dessen Serienfertigung Ende 1938 aufgenommen wurde. Dieser von dem Zweizylinder-Deutz-Diesel angetriebene Traktor vertrat eine damals im Deutschen Reich weit verbreitete Baugröße. Er war ein sehr fortschrittliches und zweckmäßiges Fahrzeug, zumal die von Fahr weiterhin fabrizierten Landmaschinen, wie zum Beispiel ein neu entwickelter zapfwellengetriebener Getreidebinder, speziell auf diesen Traktor zugeschnitten waren. Aufgrund seiner technischen Vorzüge hatte er keine Hürden zu überwinden, um im sogenannten Schell-Plan gelistet zu werden. Aber auch er fiel dem von Regierungsseite erlassenen Baustopp zum Opfer. Als Ersatz waren die Serienfertigung eines Generatorschleppers der Einheitsbauart sowie in zunehmendem Maße auch der Bau von kriegswichtigen Rüstungsgütern vorgeschrieben. Im Frühjahr 1945 hatten Luftangriffe die Produktion bei Fahr gänzlich zum Erliegen gebracht, bevor Ende April des Jahres französische Truppen Gottmadingen besetzten. Die nachfolgende Demontage sämtlicher Werkzeugmaschinen durch die Organe der Besatzungsmacht ließen die Zukunftsaussichten mehr als trübe erscheinen.

1949 konnten die Fahr-Werke der Kundschaft Traktoren mit 15, 22 und 30 PS offerieren.

Expansion im Zeichen der Landwirtschaftsmotorisierung

Obwohl sich bereits Anfang des Jahres 1946 mehr als 1300 Fahr-Mitarbeiter auf der Suche nach Arbeit in den Werksanlagen eingefunden hatten, musste man sich zunächst mit Schlepperreparaturen, der Umrüstung ehemaliger Generatorschlepper auf Dieselbetrieb sowie auch mit manchen branchenfremden Arbeiten behelfen. Erst nach der Währungsreform 1948 ging es wieder aufwärts. Der erste neue Traktor war ein 28-PS-Dieselschleppermodell mit Güldner-Motor. Bereits ein Jahr später hatte Fahr sein Schleppersortiment auf drei Modelle mit 15, 22 und 30 PS ausgeweitet. Schon 1951 verließ der 10.000. nach 1938 gefertigte Traktor die Werkstore. Aber auch der Landmaschinensektor wurde nicht vernachlässigt. Im gleichen Jahr nahm Fahr als erster deutscher Produzent die serienmäßige Herstellung von Trommelfeldhäckslern auf und zeigte auf der DLG-Ausstellung in Hamburg den ersten selbstfahrenden Mähdrescher. Die Folgezeit war gekennzeichnet durch ein immer besser abgestimmtes und gegliedertes Verkaufsprogramm, das schließlich aus einem breiten Sortiment zwischen 12 und 60 PS bestand. Trotz allem war das Typenangebot klar und übersichtlich, die Modellpolitik von solider Kontinuität und Stetigkeit bestimmt, auch wenn mit Rücksicht auf die technische Aktualität eine häufige Anpassung durch schnellen Modellwechsel erforderlich war. Die Fahrzeuge wurden fast ausschließlich mit Deutz- oder Güldner-Motoren bestückt. Wasser- und luftgekühlte Aggregate hielten sich zunächst die Waage. Ab Mitte der 1950er-Jahre stellte man ganz auf luftgekühlte Motoren um. Zweifelsohne gehörte die im Traktorenbau stark engagierte Firma Fahr zu denjenigen Herstellern, die einen namhaften Anteil an der schnellen Verbreitung des Schleppers im Nachkriegsdeutschland hatten. Das betraf in erster Linie den Bereich der Klein- und Mittelbetriebe als hauptsächliche

Technische Daten: Fahr T 22

Bauzeit:	1940 bis 1942
Motor:	2-Zyl./4-Takt-Dieselmotor
Hubraum:	2198 Kubikzentimeter
Leistung:	16,1 kW/22 PS bei 1550 U/min
Antrieb:	5/1-Gang-Getriebe, hinten
Länge:	3025 Millimeter
Gewicht:	1880 Kilogramm (leer)

Technische Daten: Fahr D 130 A

Bauzeit:	1957 bis 1959
Motor:	2-Zyl./4-Takt-Dieselmotor
Hubraum:	1305 Kubikzentimeter
Leistung:	12,5 kW/17 PS bei 2000 U/min
Antrieb:	10/2-Gang-Getriebe, hinten
Länge:	2727 Millimeter
Gewicht:	1140 Kilogramm (leer)

Zielgruppen. Das Verkaufsprogramm beinhaltete aber auch einige besonders starke Modelle zwischen 45 und 60 PS. Diese blieben aber vorwiegend dem Export vorbehalten.
Die damals überaus positiven Zukunftserwartungen kamen nicht zuletzt durch den 1952 eingeleiteten Bau eines Schlepperwerks in Argentinien zum Ausdruck. Leider endete dieses Experiment, das neue Exportmärkte erschließen sollte, 1967 mit erheblichen Verlusten. Immerhin sind dort rund 10.000 Schlepper vom Band gelaufen. Auf dem Inlandsmarkt in der jährlichen Zulassungsstatistik für Traktoren bewegte sich das Unternehmen beständig im Mittelfeld unter den ersten zehn Anbietern. 1955 lag man mit 6253 in der Bundesrepublik neu zugelassenen Traktoren bei einem Marktanteil von beachtlichen 6,3 Prozent, was dem sechsten Platz entsprach. Im Jahr 1957 konnte man die Auslieferung des 50.000. Traktors feiern. Die zwei Jahre zuvor begonnenen Versuche, dem allgemeinen Trend folgend das Geschäft auch auf Geräteträger auszuweiten, führten allerdings zu keinen befriedigenden Erfolgen. Von den negativen Auswirkungen des zunehmend gesättigten Schleppermarktes blieb auch Fahr nicht verschont.
1958 belegte man mit 3839 neu zugelassenen Fahrzeugen noch Platz zehn und hatte 4,3 Prozent Marktanteil; zwei Jahre später war man einen weiteren Rang abgefallen und konnte lediglich 3,2 Prozent Marktanteil bei 2851 Fahrzeugen verbuchen.

Kooperation mit Güldner und Ende des Traktorenbaus

Die durch die Verwendung von Motoren in vielen Fahr-Schleppern schon seit jeher engen Geschäftsbeziehungen zu dem Mitbewerber Güldner in Aschaffenburg wurden durch einen am 20. Juni 1958 geschlossenen Kooperationsvertrag weiter intensiviert. Diese Zusammenarbeit verfolgte das Ziel, Kosteneinsparungen durch die Entwicklung einheitlicher Modelle, die sich nur durch Motorhaube und Farbe unterschieden, zu erreichen, um dem härter gewordenen Wettbewerb besser begegnen zu können. Demnach war Fahr für die Traktoren ab 25 PS, Güldner für die darunterliegenden Leistungsgrößen verantwortlich. Auf der DLG-Ausstellung des Jahres 1959 in Frankfurt wurde mit der „Europa-Reihe" von Fahr-Güldner das Ergebnis dieser Zusammenarbeit vorgestellt. Erfolg und Interesse an dieser aus vier Grundtypen mit 15, 20, 25 und 34 PS bestehenden Modellreihe waren überraschend groß.
Fahr steuerte das stärkste Fahrzeug, den rundum gelungenen D177 bei. Dieses war ein sehr moderner Reitsitz-Traktor mit dem 34-PS-Vierzylinder-Dieselmotor des Unimog, womit Fahr wieder einen wassergekühlten Schlepper im Programm hatte. Dieser Typ wurde bei Güldner als „Toledo" geführt. Der D177 bzw. D177S sollte den krönenden Abschluss im Fahr-Schlepperbau einnehmen.
Obwohl der Schlepperbau bei Fahr stets ausgelastet war, hatte die Umstellung auf die Europa-Reihe mehr Geld verschlungen, als sich in kurzer Zeit mit den neuen Schleppern wieder erwirtschaften ließ.
So glaubte das Familienunternehmen, mit einer Minderheitsbeteiligung durch Klöckner-Humboldt-Deutz einen solventen Partner gefunden zu haben. Fahr kündigte daraufhin etwas vorschnell die gute Zusammenarbeit mit Güldner und ließ sich

Technische Daten: Fahr D 177 S

Bauzeit:	1959 bis 1961
Motor:	4-Zyl./4-Takt-Dieselmotor
Hubraum:	1767 Kubikzentimeter
Leistung:	24,9 kW/34 PS bei 3000 U/min
Antrieb:	8/4-Gang-Getriebe, hinten
Länge:	3200 Millimeter
Gewicht:	1650 Kilogramm (leer)

Fahr-Traktoren stehen auf dem Werkshof zur Auslieferung bereit.

Der Fahr D 177 ließ sich als Alleinschlepper auf mittleren und großen Höfen vielseitig einsetzen.

auch mit Deutz auf einen Handel ein, der eine strenge Programmabstimmung zur Folge hatte. Für Fahr blieb danach nur noch die Produktion von Erntemaschinen übrig. Den eigenen Traktorenbau musste man aufgeben und die Fertigung von Deutz-Traktoren übernehmen. Im Sommer 1961 verließen die letzten roten Fahr-Schlepper die Werkstore.

Von 1962 bis 1964 lief dann in Gottmadingen der Deutz-Schlepper D15 vom Band. Danach wurde die Traktorenfertigung endgültig eingestellt und man widmete sich nun ganz der Produktion von Erntemaschinen.

Landmaschinenhersteller unter Deutz-Regie

Auch im Landmaschinenbereich zeigte Fahr bei der Wahl der Partner keine glückliche Hand. Obwohl die verstärkt nach 1955 einsetzende Mechanisierungswelle in der deutschen Landwirtschaft Fertigungszahlen und Umsatz im Landmaschinenbau beflügelte, glaubte man, ohne Kooperationspartner nicht über die Runden zu kommen. Gerade dies erwies sich oftmals als Trugschluss.

So startete Fahr 1959 im Bereich der Mähdrescher eine Zusammenarbeit mit dem belgischen Produzenten Leon Claeys, wobei Fahr den Bau kleinerer Mähdrescher, Claeys hingegen die Fertigung der größeren Typen übernahm. Aufgrund dieser Aufteilung musste Fahr die viel versprechenden Entwicklungsarbeiten an den Großmähdreschern einstellen, obwohl Fahr bereits einen Mähdrescher besaß, der dem Clayson-Modell, das nun vertrieben werden musste, weit überlegen war. Denn gerade auf diesem Gebiet hatten die Fahr-Werke schon seit Jahren ein technisches Know-how entwickelt, mit dem sie unbestreitbar eine Spitzenposition einnahmen. Nicht nur im Nachhinein gesehen war der Zusammenschluss mit Claeys ein großer strategischer Fehler mit fatalen Folgen, die nicht wieder ausgemerzt werden konnten. Denn nach Übernahme von Claeys durch New Holland endete nicht allein die Zusammenarbeit mit dieser Firma, sondern nun stand Fahr ohne einen eigenen großen Mähdrescher da. Im Jahr 1961 wurde mit dem Bau des Fahr-Kreiselheuers begonnen, der sich einige Jahre später als ein überwältigender Erfolg auf dem Weltmarkt erweisen sollte.

Bis zum Jahr 2000 sollten von diesem laufend verbesserten Keiselheuer in Gottmadingen mehr als 735.000 Exemplare gebaut werden. 1965 übernahm die Firma Fahr ein neues Werk in Mühlhausen bei Singen, in dem sie die Fertigung von Ladewagen und Stalldungstreuern zusammenfasste.

Im Jahr 1976 wurde die mittlerweile als Zweigniederlassung der Firma Deutz rangierende Fahr AG komplett in den Klöckner-Humboldt-Deutz-Konzern eingegliedert und büßte zum 1. Januar 1977 endgültig seine Selbstständigkeit ein.

Ackerschlepper für Klein- und Mittelbetriebe bildeten das hauptsächliche Betätigungsfeld der Maschinenfabrik Fahr. Sie waren – wie dieser D 12 – einfach und übersichtlich in der Bedienung, sodass auch Kinder und Jugendliche problemlos mit ihnen umgehen konnten.

BAUTZ – DIE FIRMENGESCHICHTE

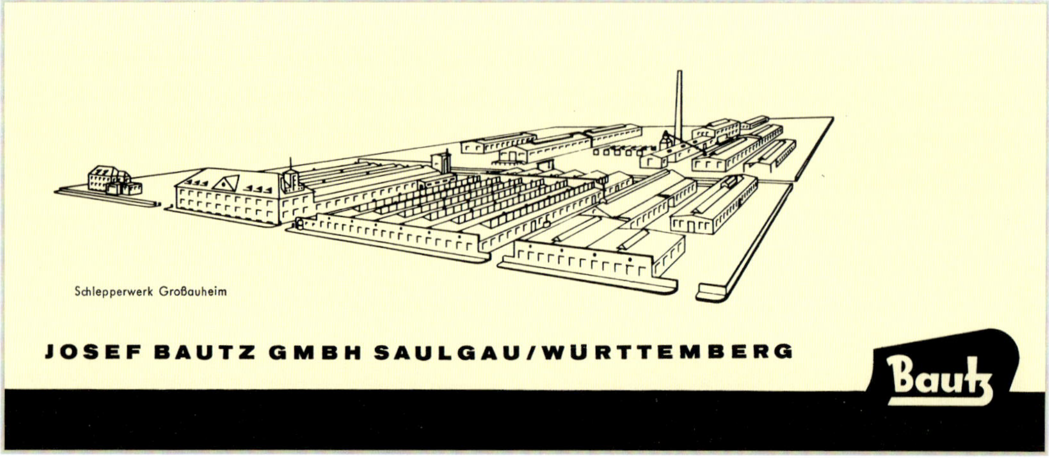

Das Bautz-Stammwerk in Saulgau in den 1950er-Jahren.

Es begann mit Erntemaschinen

Die im württembergischen Saulgau ansässige Josef Bautz GmbH betätigte sich erst nach dem Krieg als Traktorenhersteller. Obwohl eher zu den Kleinen der Branche zählend, sind die Produkte auch heute, über 40 Jahre nach dem Rückzug aus dem Schleppergeschäft, unvergessen und noch überall anzutreffen.

Im Jahr 1877 erwarb Josef Bautz in dem nahe der bayerisch-württembergischen Grenze gelegenen Ort Lochhammer eine Hammerschmiede. Neben Bauteilen für die in Wangen ansässige Textilindustrie begann Bautz ab Mitte der 1880er-Jahre mit dem Vertrieb landwirtschaftlicher Geräte. Durch den Vertrieb importierter englischer und amerikanischer Heuwender und Grasmäher kam es zu ersten Berührungen mit Erntemaschinen. Die zunehmende Beschäftigung mit diesen Maschinen vor allem bei Reparaturarbeiten ließen schon bald den Wunsch nach konstruktiven Verbesserungen und Anpassung an die damaligen Verhältnisse aufkommen. Hier tat sich vor allem der 1874 geborene und technisch sehr interessierte einzige Sohn Franz Josef Bautz hervor. Vater und Sohn begannen daher mit der Entwicklung eines eigenen Trommelheuwenders, den sie Triumph nannten und 1890 zum ersten Mal auf den angrenzenden Wiesen erprobten. Das war der Startpunkt für die später so erfolgreiche Produktion von Erntemaschinen.

Das Gerät war aber noch verbesserungsbedürftig, sodass zunächst weiterhin ausländische Fabrikate vertrieben wurden. Erst 1893 konnte der erste gebrauchsfähige, mittlerweile gründlich optimierte und zum Patent angemeldete Heuwender aus eigener Fertigung mit ruhigem Gewissen auf den Markt gebracht werden. Zu Beginn des neuen Jahrhunderts war die Produktion an der Kapazitätsgrenze angelangt, zumal weiterhin Göpelwerke, Obstpressen und -mühlen und neuerdings sogar ein Grasmäher mit Namen Attila gefertigt wurden. 1909 erwarb Josef Bautz jun. eine zum Verkauf anstehende Maschinenfabrik in Saulgau. Neben einer wesentlich günstigeren Transportlage mit Gleisanschluss und einem größeren Angebot an Arbeitskräften boten sich hier vielfältige Expansionsmöglichkeiten. Aufbauend auf Heuwender und Grasmäher konnte Bautz nun Zug um Zug weitere Erntemaschinentypen ins Programm nehmen. Erst der Kriegsausbruch im Jahr 1914 unterbrach für kurze Zeit die Erweiterung des aufstrebenden Unternehmens.

In den 1920er-Jahren setzte in der Landtechnik ein gewaltiger Aufschwung ein. Gefragt waren vor allem Gras- und Getreidemäher, die auch im Exportgeschäft erfolgreich waren. 1922

Mit dem ehemaligen Zanker-Schlepper traten die Bautz-Werke Ende des Jahres 1949 auf dem Schleppermarkt in Aktion.

Bevor Bautz als Traktorenhersteller auf den Plan trat, hatte das Unternehmen bereits als bedeutender Fabrikant von Erntemaschinen einen hohen Stellenwert.

erfolgte die Umwandlung des Familienbetriebs in eine Aktiengesellschaft. 1924 arbeiteten mehr als 400 Mitarbeiter in den Saulgauer Fabrikationsanlagen. Nach einigen Turbulenzen infolge von Inflation und Weltwirtschaftskrise stellte sich der Erfolg ab 1933 bald wieder ein. Nach der Aufgabe des Baus von Keltereimaschinen beherrschten Grasmäher, Getreidemäher, Heuwender und Bindemäher das Programm. Bereits 1935 produzierten die Bautz-Werke mehr als 14.000 Erntemaschinen im Jahr. Bei zunehmender Verbreitung von Ackerschleppern konnten die Maschinen wahlweise auch für Zapfwellenantrieb geliefert werden. Vor allem Bindemäher sorgten für gefüllte Auftragsbücher. Eigens zum Zweck der Bindemäherproduktion erwarb Josef Bautz im September 1936 ein großes Firmengelände in Großauheim bei Hanau.
Ursprünglich war zwar geplant gewesen, die Fertigung im Spätsommer 1937 anlaufen zu lassen. Differenzen mit dem Reicharbeitsministerium stoppten den Ausbau des Werks, und der bald darauf ausbrechende Zweite Weltkrieg machte eine Produktionsverlagerung von Saulgau nach Großauheim unmöglich. Auch das nachfolgende Ziel, zu Beginn des Jahres 1941 mit der Fertigung eines Schlepperbindemähers zu beginnen, ließ sich nicht realisieren. Das Werk wurde vom Reichsluftfahrtministerium beschlagnahmt und musste für die Dauer des Krieges für die Rüstungsindustrie tätig sein. Nach Kriegsende wurde das teilzerstörte Werk von der amerikanischen Besatzungsmacht als Reparaturwerk genutzt.

Der lange Weg zum eigenen Schlepper

Auch die Bautz-Werke wurden von den umfangreichen, in der deutschen Landmaschinenindustrie eingetretenen Veränderungen mitgerissen. Viele Firmen gingen dazu über, neben ihren bisherigen Betätigungsfeldern selbst Traktoren herzustellen. Gerade im süddeutschen Raum entstanden damals viele kleine Schlepperhersteller. Auch bei Bautz gab es Überlegungen, sich durch den Bau eigener Schlepper ein zweites, zukunftssicheres Standbein zu schaffen, und so die Marktposition auszubauen. Auch der durchaus verständliche Wunsch, die Kundschaft der Maschinen auch mit Schleppern versorgen zu können, spielte eine nicht zu unterschätzende Rolle.
Im Januar 1939 begann ein eigens zu diesem Zweck eingestellter Konstrukteur mit dem Entwurf des ersten Ackerschleppers. Es war das erklärte Ziel, wie auch bei den Erntemaschinen, möglichst alle Bauteile – mit Ausnahme von Motor, Vorderachse, Kühler und Kupplung – selbst herzustellen. Leider gelang es nicht, die Aufnahme des Ackerschleppers in den Typenbegrenzungsplan für Traktoren zu erreichen. In dieser Hinsicht hatte der noch in der Entwicklung befindliche Bautz-Schlepper kaum eine Chance, zumal in dieser Leistungsklasse bereits viele Anbieter vertreten waren.

Technische Daten: Bautz AW 120

Bauzeit:	1956 bis 1960
Motor:	2-Zyl./4-Takt-Dieselmotor
Hubraum:	1250 Kubikzentimeter
Leistung:	10,2 kW/14 PS bei 1820 U/min
Antrieb:	4/1-Gang-Getriebe, hinten
Länge:	bis 2400 Millimeter
Gewicht:	995 Kilogramm (leer)

Technische Daten: Bautz AL 240

Bauzeit:	1956 bis 1959
Motor:	2-Zyl./4-Takt-Dieselmotor
Hubraum:	1810 Kubikzentimeter
Leistung:	17,6 kW/24 PS bei 2000 U/min
Antrieb:	5/1-Gang-Getriebe, hinten
Länge:	2905 Millimeter
Gewicht:	1375 Kilogramm (leer)

Nach Kriegsende ließ sich die Wiederaufnahme der Entwicklungsarbeiten erst ab 1948 verwirklichen. Bautz befasste sich nun mit der Konstruktion eines Kleinschleppers, um für den erwarteten Motorisierungsaufschwung in der westdeutschen Landwirtschaft, von dem in einem starken Maße auch kleinbäuerliche Betriebe profitierten, gewappnet zu sein.

Nach vielen Schwierigkeiten, die unterschiedliche Gründe hatten, drängte die Zeit und das Händlernetz verlangte einen Bautz-Schlepper, um die Kunden mit Erzeugnissen desselben Herstellers beliefern zu können. Bautz ging daher auf die Suche, einen Traktor unter Lizenz vertreiben zu können. Da kam dem Unternehmen ein Glücksfall zu Hilfe.

Der Haushaltsgerätehersteller Hermann Zanker in Tübingen hatte 1949, obwohl völlig branchenfremd, den Bau eines Kleinschleppers aufgenommen. Trotz mangelnder Erfahrung gelang eine recht fortschrittliche Konstruktion, bei der Zanker, um unabhängig zu sein, nahezu alle Bauteile – selbst Motor und Getriebe – in Eigenregie herstellte. Doch die erheblichen Investitionen rentierten sich nicht, die Kunden blieben aus. Da sich keine Besserung abzeichnete, traf Zanker die einzig richtige Entscheidung und trennte sich wieder von diesem neuen Metier.

In der Josef Bautz GmbH fand Zanker einen Interessenten, der Lizenzen und Konstruktionsunterlagen für eigene Zwecke übernahm. Das anfangs noch thermosyphongekühlte Fahrzeug wurde unter der Typenbezeichnung B 14 AS nahezu unverändert ab Dezember 1949 unter dem Namen Bautz am Markt vertrieben. Die Fertigung erfolgte weiterhin bei Zanker in Tübingen.

Expansion mit Kleinschleppern

Der ehemalige Zanker-Traktor half, die Zeit bis zum Erscheinen des ersten selbst konstruierten Schleppers zu überbrücken. Darüber hinaus hatten die erworbenen Konstruktionsunterlagen mit Sicherheit einen kostensparenden Einfluss auf die weiteren Schlepperentwicklungen des Hauses Bautz. In der Zeit, in der der Zanker-Traktor einstweilen die Lücke füllte, wurde mit Hochdruck am ersten eigenen Fahrzeug, dem Kleinschlepper AS 120, gearbeitet. Während man sich beim Motor auf ein bewährtes Zweizylinder-MWM-Aggregat verließ, kam das Vierganggetriebe aus eigener Konstruktion und Fertigung. Der 12 PS starke AS 120 erfreute sich eines ausgezeichneten Absatzes in dem aufnahmefähigen Markt der frühen 1950er-Jahre. Dies war umso erstaunlicher, als es sich hierbei um den ersten selbst konstruierten Serienschlepper handelte. Mit diesem neuen Traktor erübrigte sich der Vertrieb des ehemaligen Zanker-Modells. Der 12, später 14 PS starke Traktor blieb mit nur geringen Änderungen, zu denen ab 1954 auch die Ausrüstung mit einem Fünfganggetriebe gehörte, bis zum Frühjahr 1960 in der Produktion. Mit genau 11.682 Einheiten wurde er zum erfolgreichsten Bautz-Modell. Auch im Exportgeschäft brachte er es zu großer Beliebtheit.

Die folgenden Traktormodelle mit 17 bzw. 22 PS, AS 170 und AS 220, hingegen waren typische Konfektionsschlepper mit Güldner-Motoren, ZF-Getriebetechnik und dazugekauften Vorderachsen. Der zunehmenden Beliebtheit luftgekühlter Antriebsaggregate trug man durch die entsprechende Bauvariante AS 122 mit einem MWM-Direkteinspritzmotor Rech-

Technische Daten: Bautz 200

Bauzeit:	1959 bis 1963
Motor:	2-Zyl./4-Takt-Dieselmotor
Hubraum:	1004 Kubikzentimeter
Leistung:	11 kW/15 PS bei 2300 U/min
Antrieb:	8/2-Gang-Getriebe, hinten
Länge:	bis 3000 Millimeter
Gewicht:	1035 Kilogramm (leer)

nung. Die Verkäufe des unter weitgehender Verwendung von AS-120-Bauteilen entstandenen Schleppers blieben allerdings erstaunlicherweise weit unter denen der wassergekühlten Bauvariante.
Der Schlepperbau wurde schon bald zur tragenden Säule des Unternehmensumsatzes. Diese Expansion ging allerdings auf Kosten des Erntemaschinenbaus, wo der Markt zunehmende Sättigungserscheinungen zeigte. Gegen Mitte der 1950er-Jahre waren aber auch auf dem Traktorenmarkt Anzeichen einer ersten Sättigung zu erkennen. Zunächst galt es, die beiden Konfektionsschleppermodelle zu ersetzen, die Ende 1954 durch die Typen AS 180 und AS 240 abgelöst wurden. Der Letztere war mit 24 PS Motorleistung das stärkste Fahrzeug im Bautz-Verkaufsprogramm. Zwei Jahre später erschienen beide Fahrzeuge auch in einer luftgekühlten Bauvariante. Bei Bautz erkannte man, dass der Bau eines stärkeren Schleppers nicht in ausreichender Stückzahl und daher nicht zu einem konkurrenzfähigen Preis erfolgen konnte. Daher sah man sich nach einem entsprechenden Partner um.

Kooperationen und Ende des Schlepperbaus

Im Jahr 1958 kam es zu Kontakten mit den englischen Nuffield-Traktorenwerken. Im Zuge der Verhandlungen übergaben diese das Alleinvertriebsrecht für den deutschen Markt für die Modelle Universal 3 und 4 an Bautz. Damit schienen sich für beide Partner Vorteile und neue Perspektiven zu eröffnen. Leider aber entwickelte sich die Zusammenarbeit unbefriedigend. Denn obwohl es sich um hochwertige und verhältnismäßig preisgünstige Traktoren handelte, übten die deutschen Landwirte, wenn es um den Kauf einer solchen Maschine ging, eine einmütige Zurückhaltung. Auch war der Bekanntheitsgrad dieser fremden Traktoren zu gering, außerdem die etablierte Inlandskonkurrenz zu stark, um über die Außenseiterrolle hinauszukommen.
Gegen Ende des Jahres 1956 hatte man im Hauptwerk Saulgau mit der Entwicklung einer völlig neuen Baureihe begonnen, die mit der Zeit sämtliche Modelle ablösen sollte. Es handelte sich um modern konzipierte, mit einer aktuellen Wespentaille gestaltete Traktoren zwischen 15 und 25 PS Motorleistung, die

Blick in eine Fabrikationshalle des Werkes Großauheim.

Durch die Kombination von Bautz- und Nuffield-Traktoren ergab sich zumindest auf dem Papier ein ausgewogenes Verkaufsangebot.

mit der Möglichkeit des Zwischenachsanbaus der zunehmenden Automatisierung der landwirtschaftlichen Arbeitsgänge entgegenkommen sollten. Als Besonderheit dieser Fahrzeuge war die bei Traktoren erstmals verwendete Lenkradschaltung zu nennen. Leider erfüllte die Nachfrage bei Weitem nicht die prognostizierten hohen Erwartungen. Zudem war die gesamte Branche in eine Absatzflaute geraten, die sich besonders negativ auf dem Sektor der Kleinschlepper auswirkte. Da gerade dieser Bereich das hauptsächliche Betätigungsfeld der Firma Bautz darstellte, traf es diesen Hersteller umso härter. Der Anteil des Traktorengeschäfts am Unternehmensumsatz verringerte sich von 30 auf nur noch 15 Prozent und konnte nur durch den besser florierenden Absatz von Mähdreschern einigermaßen ausgeglichen werden.
Anfang 1961 startete Bautz einen erneuten Versuch, im Verbund mit einem stärkeren Partner die drohende Krise zu überwinden. Dieses Mal versuchte man, sich mit der Rheinstahl-Hanomag AG zusammenzuschließen. So kam es zur Union Hanomag-Bautz, deren Ziel der gemeinsame Vertrieb der Bautz-Landmaschinen und der Schlepper beider Hersteller sein sollte. Da es bei den Firmen kaum Überschneidungen bei den Lieferprogrammen gab, bereitete die gegenseitige Ergänzung der Programme keine Probleme. Im Schleppersortiment steuerte Bautz die Modelle bis 20 PS, Hanomag hingegen die stärkeren Traktoren bei. Aber auch hier brachte die Zusammenarbeit nicht die gewünschten Markterfolge, was zum Teil auch organisatorisch begründet war. Bereits Ende 1962 trennten man sich wieder.
Die Absatzzahlen der Bautz-Schlepper gingen immer tiefer in den Keller. Wurden im Jahr 1958 in der Bundesrepublik immerhin noch 1909 Traktoren zugelassen, verringerte sich die Zahl auf 1730 Einheiten im Jahr 1960. 1962 waren es noch 424 und im folgenden Jahr gerade einmal 267 Schlepper. Das äußerst unrentabel gewordene Schleppergeschäft konnte schließlich auch von den übrigen Programmbereichen nicht aufgefangen werden. Der vollständige Rückzug aus dem Traktorenbau zu Beginn des Jahres 1963 war die zwangsläufige Folge davon. Rund 25.000 Traktoren hatte man bisher gefertigt. Seither forcierte Bautz die Mähdreschersparte. Da das Saulgauer Werk 1969 vom Mähdrescher-Hersteller Claas übernommen wurde, blieb dieser Produktionsstandort bis heute unter der Firmierung Claas-Saulgau GmbH erhalten.

MAN – DIE FIRMENGESCHICHTE

Oben: Blick auf das Augsburger MAN-Werk im Jahr 1900. Dort entstand der erste Dieselmotor.
Rechts: Die MAN-Traktoren waren – ob groß oder klein – überwiegend mit Vierradantrieb ausgerüstet. Hier ist ein B 18 A/I von 1957 zu sehen.

Getrennter Start in Augsburg und Nürnberg

Die MAN-Traktoren umgab schon zu Lebzeiten, also zu jener Zeit, als sie noch vom Band liefen, ein besonderer Nimbus. Er war insbesondere in den positiven Eigenschaften des Allradantriebs, der hohen Zugkraft, Robustheit und außergewöhnlichen Belastbarkeit und nicht zuletzt in der hervorragenden Verarbeitungsqualität begründet. Die Erzeugnisse waren zwar immer etwas teurer als die der meisten Mitbewerber, dafür zählten die Konstruktionen in jeder Hinsicht zur Spitzenklasse. Obwohl dieser Hersteller bereits 1963 den Traktorenbau beendete, sind die Schlepper auch heute noch unvergessen – ihre Fangemeinde ist eher noch größer geworden.

Die seit dem Jahr 1898 unter dem Namen Maschinenfabrik Augsburg-Nürnberg und Maschinenbaugesellschaft Nürnberg AG geführte Firma ging ursprünglich aus zwei verschiedenen Unternehmen hervor. Der Augsburger Werksteil ging auf die im Jahr 1840 von dem Mechaniker und Kaufmann Carl August Reichenbach in Augsburg gegründete Reichenbach'sche Maschinenfabrik zurück. Reichenbachs Schwager, der Brückenbau-Ingenieur Carl Buz, widmete sich in diesem Betrieb dem Bau von Dampfkesseln, Dampfmaschinen und Wasserturbinen. Unter der Leitung seines Sohnes Heinrich experimentierte Rudolf Diesel in den Jahren 1887 bis 1892 an seinem Hochdruck-Selbstzündermotor. In Nürnberg gründete der Kaufmann Johann Friedrich Klett 1841 eine Fabrik zum Bau von Eisenbahnwaggons, Schwermaschinen und Brückenbauten. Bevor die beiden Betriebe miteinander verschmolzen, erfolgte 1873 die Umbenennung in Maschinenbau-Gesellschaft-Nürnberg AG. 1908 wurde der etwas zu lange Firmenname in den noch heute geführten Namen Maschinenfabrik Augsburg-Nürnberg – MAN – umgeändert.

In richtiger Beurteilung der sich anbahnenden Entwicklung der Motorisierung im Verkehrs- und Transportwesen und der Landwirtschaft nahm die MAN mit dem Erwerb und der Verlagerung des Saurer-Lkw-Zweigwerks von Lindau nach Nürnberg den Bau von Lastwagen auf. Gleichzeitig untersuchte man Möglichkeiten, auch im Landmaschinenbau, wie z.B. mit selbst entwickelten Tragpflügen, am Markt Fuß zu fassen.

Erst als die Maschinenfabrik nach 1918 ausreichende Kapazitäten aufbauen konnte, wandte man sich dem Bau von landwirtschaftlichen Motorpflügen zu. Das erste Modell war ein Tragpflug nach dem Entwurf von Prof. Dr. Rudolf Bernstein, einem Privatdozenten der Universität Halle. Es war eine solide konstruierte Maschine mit asymmetrischem Differenzial, die hervorragende Pflugleistungen erbrachte. Durch diese technische Besonderheit wurde das rechte, in der Furche laufende Rad des 2260 kg schweren Fahrzeugs stärker als das Lenkrad angetrieben. Damit konnte der sonst bei der Pflugarbeit übliche schräge Zug vermieden werden. 1921 begann die serienmäßige Fertigung des Motorpflugs. Er galt als eine der besten Ausführungen dieser Bauart. Im Jahr 1924 musste nach etwa 300 gefertigten Einheiten infolge der zunehmenden Traktorenkonkurrenz sein Bau eingestellt werden.

Nach mehrjähriger Abstinenz zum AS 250

Ein kleiner, billigerer Dieselschlepper mit 20 PS, der als dreischariger, mit einer einfachen Zügellenkung versehener Gespannschlepper mit der damals noch durchaus unüblichen Knicklenkung ausgestattet war, brachte für die MAN auch keine Belebung der landwirtschaftlichen Sparte. Danach kam die Geschäftsleitung zu der Erkenntnis, dass es auf Dauer unwirtschaftlich sei, Lastwagen und Schlepper gemeinsam zu fertigen. Denn der ungleich wichtigere Lastwagenbau erforderte umfangreiche Investitionen, sodass man sich außerstande sah, diese auch im gleichen Maße auf dem landwirtschaftlichen Sektor vorzunehmen. Diese Überlegungen führten zu der Entscheidung, den Bereich aufzugeben.
In den folgenden Jahren lief die Verbindung zur Landwirtschaft, die immerhin noch über das Ersatzteilgeschäft mit den Motorpflügen aufrechterhalten werden konnte, sozusagen auf Sparflamme. Das gut florierende Geschäft mit Lastkraftwagen stand im Vordergrund. Erst in der zweiten Hälfte der 1930er-Jahre bekam das Interesse am Schlepperbau bei der MAN wieder einen höheren Stellenwert. Hierfür ausschlaggebend war

Der erste Versuchsdieselmotor aus dem Jahr 1893.

Technische Daten: MAN AS 250

Bauzeit:	1938 bis 1946
Motor:	4-Zyl./4-Takt-Vergasermotor
Hubraum:	4504 Kubikzentimeter
Leistung:	36,6 kW/50 PS bei 1500 U/min
Antrieb:	5/1-Gang-Getriebe, hinten
Länge:	3500 Millimeter
Gewicht:	3400 Kilogramm (leer)

die von Regierungsseite im Hinblick auf Autarkie auf dem Ernährungssektor propagierte Forderung an die Industrie, Ackerschlepper für die deutsche Landwirtschaft zu entwickeln. Die MAN-Geschäftsleitung witterte hier ein gutes Geschäft, das man sich nicht entgehen lassen wollte. So entschloss sich die Generaldirektion im Jahr 1936, den Traktorenbau in der gehobenen Leistungsklasse alsbald wieder aufzunehmen. Als Antriebseinheit sollte ein im Lkw-Bau bewährter Dieselmotor mit gedrosselter Leistung verwendet werden. Dieser Vierzylindermotor arbeitete nach einem bei diesem Hersteller für alle Lastwagenantriebe neu eingeführten Direkteinspritzverfahren, welches sozusagen als Vorläufer des in den 1950er-Jahren entwickelten M-Mittenkugel-Brennverfahrens angesehen werden konnte. Bereits hier war die Verbrennung vom Zylinderkopf weg in den Kolbenboden, der zu diesem Zweck eine kugelförmige Ausformung erhalten hatte, verlegt worden. Dieses Verfahren bedeutete nur geringe Wärmeverluste und machte den Motor, bei niedrigem Brennstoffverbrauch und guter Startfreudigkeit, weitgehend unempfindlich gegenüber Qualitätsschwankungen der verwendeten Kraftstoffe.
1938 war der als AS 250 bezeichnete 50-PS-Schlepper fertig. Auf Anhieb war den MAN-Konstrukteuren ein überaus moderner Ackerschlepper gelungen, der in technischer Hinsicht zur damaligen Zeit eine geradezu sensationelle Spitzenleistung darstellte. Angesichts seiner vielen Trümpfe hätte er so manchen Mitbewerber – nicht zuletzt seinen direkten Konkurrenten, den 45er Lanz-Bulldog – das Fürchten gelehrt, wäre er zu einem günstigeren Zeitpunkt auf den Markt gekommen. Er besaß ein Fünfganggetriebe, eine doppelt gefederte Vorder-

achse, Mähbalken, Getriebezapfwelle, Riemenscheibe, Windschutzscheibe und vieles mehr. Es war keine Frage, dass der neue Schlepper auch im Schell-Typenbegrenzungsplan auf Anhieb berücksichtigt wurde. Dann kam der Krieg, der alle Pläne einer Großserienfabrikation über den Haufen warf. Immerhin fand man in dem Hersteller Latil im besetzten Frankreich einen Partner, den man ab 1942 mit dem Serienbau betrauen konnte. Zudem konnte die MAN von dem Wissen der im Bau von allradgetriebenen Zugfahrzeugen erfahrenen Franzosen nachhaltig profitieren. Mit dem Vormarsch der Alliierten endete im August 1944 die Zusammenarbeit. Latil baute diesen Schlepper noch eine Zeit lang in eigener Regie weiter.

MAN setzt auf den Vierradantrieb

Mit der Invasion der Alliierten in Frankreich waren schlagartig alle Fertigungsstätten nebst allen dazugehörigen, nach Frankreich verlagerten maschinellen Einrichtungen des Traktorenbaus für die MAN verloren. Sämtliche Maschinen und Materialvorräte wurden als Kriegsbeute eingestuft, sodass die MAN entschädigungslos darauf verzichten musste. Sehr erschwerend kam hinzu, dass das Nürnberger Werk zu etwa 80 Prozent zerstört war. Allen Schwierigkeiten zum Trotz stand dieses Mal die Wiederaufnahme des Schlepperbaus aber außer Frage. Der Verlust der Fertigungsanlagen erschwerte zwar den Wiederaufbau, bot aber auch den Vorteil, neue Wege – ohne durch irgendwelche Zwänge aus Altlasten behindert zu sein – beschreiten zu können, denn die deutsche Landwirtschaft hatte sich gewandelt. Durch den Verlust der großen Güter im Osten waren die Betriebe durchwegs kleiner geworden. So hätte ein Weiterbau des starken AS 250 ein zu großes Risiko bedeutet. Die Entscheidung, sich fortan der mittelschweren Leistungsklasse zuzuwenden, war die einzig mögliche Alternative. Vorarbeiten hatte man auch hier schon geleistet, denn 1941 hatte das Werk den Prototyp eines 25-PS-Traktors vorgestellt, der ebenfalls mit einem Vierzylindermotor ausgerüstet war. Dieses Fahrzeug wurde weiterentwickelt und unter der Modellbezeichnung AS 325 H „Ackerdiesel“ auf der DLG-Ausstellung des Jahres 1948 erstmals gezeigt. Jetzt trug die einstige Kooperation mit Latil ihre Früchte, denn schon kurze Zeit später kam mit dem Modell AS 325 A eine Allradausführung mit zuschaltbarem Vorderachsantrieb hinzu. Dies war der erste deutsche Allradtraktor nach dem Krieg. Leistungsmäßig entsprachen die neuen Traktoren den Bedürfnissen der westdeutschen Landwirtschaft, da sich ja die durchschnittliche Nutzfläche der Höfe wesentlich verkleinert hatte. Sie waren in jeder Hinsicht herausragende Traktoren, die den guten Namen der MAN in der Landwirtschaft begründeten. Die Maschinen wurden zunächst in Nürnberg gebaut. Ein wichtiger Vorteil der Traktorenbauer bestand darin, dass man sich gleich des dichten Händler- und Servicenetzes des Nutzfahrzeugbereichs bedienen konnte. Allerdings bestanden zwischen beiden Sparten

Technische Daten: MAN C 40 A

Bauzeit:	1955 bis 1956
Motor:	4-Zyl./4-Takt-Dieselmotor
Hubraum:	3180 Kubikzentimeter
Leistung:	29,3 kW/40 PS bei 1800 U/min
Antrieb:	6/1-Gang-Getriebe, Allrad
Länge:	3135 Millimeter
Gewicht:	2260 Kilogramm (leer)

Unter der Bezeichnung „Ackerdiesel“ wurden alle für den Feldeinsatz verwendbaren MAN-Traktoren geführt.

Technische Daten: MAN 2 R 3

Bauzeit:	1961 bis 1963
Motor:	4-Zyl./4-Takt-Dieselmotor
Hubraum:	2560 Kubikzentimeter
Leistung:	33 kW/45 PS bei 2200 U/min
Antrieb:	8/4-Gang-Getriebe, hinten
Länge:	3300 Millimeter
Gewicht:	2080 Kilogramm (leer)

doch nicht zu unterschätzende Unterschiede. Deshalb wurde dem Ausbau einer speziellen Vertriebsorganisation mit werkseigenen Reparaturbetrieben und Ersatzteillagern eine große Bedeutung beigemessen.

Expansion und Ende des MAN-Traktorenbaus

In der Folgezeit wurde das MAN-Fertigungsprogramm beständig durch neue, vielfach stärkere Modelle ergänzt. Besonders auf den Exportmärkten waren höhere Motorenleistungen gefragt. Dabei verfolgte man mit beharrlicher Konsequenz, wie wohl kein zweiter deutscher Hersteller, Bau und Weiterentwicklung von Allradschleppern. Viele Kunden hatten inzwischen die Vorzüge des Vierradantriebs zu schätzen gelernt, denn allein durch das Zuschalten der Vorderräder erhöhte sich die Zugkraft um rund 20 Prozent. Auf losen Böden, im Bergland und im Forst waren dies unbestreitbare Vorteile. Gleichwohl verfügten die MAN-Traktoren durchwegs über mehr als ausreichende Pferdestärken. Regelrechte Fahrzeuge für den Kleinbetrieb hat die MAN, zumindest in der ersten Hälfte der 1950er-Jahre, nie gebaut. Das kleinste Modell war der AS 718 A, ein wuchtiger 18-PS-Traktor, der aufgrund seines Allradantriebs schon eher zur Mittelklasse gezählt werden konnte.

Das Jahr 1955 brachte die Einführung der nach dem M-Verfahren neu entwickelten Dieselmotoren auch im Bereich der Ackerschlepper. Es gab sie als Zwei- oder Vierzylinder. Zeitgleich wurde die in Nürnberg an ihre Kapazitätsgrenze angelangte Produktion nach München-Allach verlagert, wo bis zu 600 Schlepper im Monat produziert werden konnten. Der ständige Ausbau des Schlepperprogramms – manchmal gab es sogar verschiedene Modelle in einer Klasse – bei fortwährendem Wechsel der Typenbezeichnungen machte nicht nur das Traktorenangebot zunehmend unüberschaubar. Diese Modellpolitik stand einer rationellen Fertigung im Wege. Vor allem hatte zu Zeiten des Schlepperbooms ein kleines, preiswertes Modell gefehlt, das man mit Sicherheit in großen Stückzahlen hätte verkaufen können. Der seit 1957 angebotene 2 F 1 kam eindeutig zu spät, da sich die Nachfrage in dieser Leistungsklasse bereits abzuschwächen begann. Die trotzdem positiven Verkaufszahlen zeigten, was möglich gewesen wäre. Kurioserweise war es gerade dieser unscheinbare kleine Traktor, der als das meistverkaufte MAN-Modell in die Werksgeschichte eingehen sollte. Dies beweist, dass die hauptsächliche Konzentration auf das Segment der leistungsstarken Allradschlepper für einen großen Hersteller eindeutig zu schmal war. Daher blieb MAN der Sprung in die erste Riege der Spitzenanbieter verwehrt. 1958 bestand das Verkaufsprogramm aus rund einem Dutzend Modellen zwischen 13 und 50 PS. Der legendäre nur in neun Exemplaren gebaute 4 T 1 brachte es sogar auf 60 PS. Neben den Ackerschleppern kamen zusätzliche Bauausführungen als Straßenschlepper hinzu. Ende der 1950er-Jahre hatte auch die Unternehmensleitung erkannt, dass es ohne eine Typenbereinigung und Straffung des Bauprogramms nicht weitergehen konnte.

Mit dem Modell 2 F 1 beinhaltete das Angebot erstmals einen Kleinschlepper mit einem 13 PS starken Zweizylinder-M-Motor. Dieses handliche Fahrzeug zeichnete sich durch eine gefällig gestaltete, sich nach vorn und zum Fahrer verjüngende Motorhaube aus. Die neue Bauform wurde jetzt Zug um Zug bei allen neuen Modellen eingeführt. Mit der Fertigungseinstellung der schweren Modelle 4 R 2 und 4 S 2 im Jahr 1960 lief die alte, bullig wirkende Haubenform aus.

1961 bestand das Bauprogramm aus sechs Grundtypen mit Motorleistungen von 14, 18, 25, 28, 35 und 45 PS. Die letzten drei, jeweils als Allrad- oder Hinterradantrieb erhältlichen Leistungsgrößen waren endlich nach dem Baukastenprinzip entworfene Neuentwicklungen mit einheitlichen Konstruktionsmerkmalen. Sämtliche Maschinen waren mit stiftgeschalteten ZF-Triebwerken der Serie A 200 ausgerüstet.

Der Kunde konnte zwischen Zwei-, Drei- und Vierzylindermotoren wählen. Aber auch diese ausgezeichneten, aber wie immer recht teuren Traktoren erreichten in den Zulassungszahlen keinesfalls die hochgesteckten Erwartungen, zumal die Branche gerade zu dieser Zeit von massiven Verkaufseinbrüchen betroffen war.

1962 zwangen die schlechten Verkaufszahlen zu einer Zusammenarbeit mit der dem Mannesmann-Konzern zugehörigen Porsche-Diesel-Motorenbau GmbH in Friedrichshafen. Dabei sollten die beiderseitigen Verkaufsprogramme aufeinander abgestimmt werden. Als auch diese Maßnahme nicht fruchtete, blieb – im Übrigen für beide Unternehmen – nur der 1963 vollzogene vollständige Rückzug aus dem Traktorengeschäft übrig. Anschließend übernahm die Renault Traktoren GmbH, die damit ihren Einfluss auf den deutschen Markt zu vergrößern gedachte, Ersatzteilversorgung und Filialnetz der MAN.

SCHLÜTER – DIE FIRMENGESCHICHTE

Oben: Das Hauptwerk der Firma Schlüter mit seinen charakteristischen Türmen wurde in den Jahren von 1915 bis 1917 in Freising errichtet. Rechts: Im Jubiläumsjahr konnten die Schlüter-Werke ein beachtlich großes Bauprogramm mit einer Bandbreite von 14 bis 60 PS Motorleistung anbieten.

Gründung und Betriebsausweitung

Anton Schlüter wurde am 13. Juni 1867 in der Nähe der Stadt Brilon im Sauerland geboren. Durch den frühen Tod seiner Eltern Waise geworden, kam er zu einem Färber in Pflege. Dieser kümmerte sich um seinen Schulbesuch und sorgte dafür, dass Anton Schlüter mit 14 Jahren eine Ausbildung zum Mechaniker beginnen konnte. Das war eigentlich nicht in seinem Sinne, denn sein heimlicher Wunsch war es, nach einem Studium Pfarrer zu werden. Nach und nach aber gelang es seinem Lehrherrn, Schlüters Interesse an dieser zunächst ungeliebten Materie zu wecken. Nach erfolgreichem Abschluss der vierjährigen Lehrzeit durfte er sich Mechaniker, Bau- und Kunstschlosser nennen. Damals war es noch üblich, als Junggeselle auf Wanderschaft zu gehen, um die gewonnenen Kenntnisse weiter zu vertiefen. So auch Anton Schlüter, den es schließlich nach Freising in Bayern verschlug, wo er heiratete und eine Anstellung als Mechaniker in einer Maschinenfabrik annahm. Bereits damals hatte er eigene Ideen, wie man Produktionsvorgänge vereinfachen könnte. In den folgenden Jahren war er für verschiedene Arbeitgeber tätig. So konstruierte und baute er für einen Kölner Bauunternehmer ein maschinelles Mörtelwerk. Ebenso machte er sich Gedanken, die der Mechanisierung des Stein- und Kiestransports zur Baustelle dienten.

1899 ging er zurück nach München und richtete auf einem Hinterhof eine Reparaturwerkstatt für Brauerei- und Druckmaschinen ein. Das Geschäft lief gut und bereits ein Jahr später beschäftigte Anton Schlüter zwölf Mitarbeiter. Schon bald begann er, gebrauchte Gasmotoren auf Vergaserbetrieb umzubauen. Die Übernahme der Werksvertretung einer sächsischen Motorenfabrik führte ihn weiter in die Materie ein, und als diese in wirtschaftliche Schwierigkeiten geriet, bot man Schlüter die Übernahme des Unternehmens an. Er war einverstanden, wollte mit seiner Familie aber in München bleiben. Er verlagerte die Fertigung nach München-Ost in die Balanstraße, wo er ein Fabrikgelände erwerben konnte. Dort begann er im Jahr 1905 mit dem eigenständigen Motorenbau. Mit dieser Tätigkeit hatte

Im Jahr 1953 umfasste das Schlepperprogramm der Schlüter-Werke Traktoren zwischen 15 und 28 PS Motorleistung, die überaus solide nach konventionellen Bauprinzipien gefertigt wurden.

Anton Schlüter großen Erfolg, sodass das kleine Unternehmen schnell expandierte. 1911 erwarb er in Freising eine Eisengießerei, wo er nach entsprechender Vergrößerung und Modernisierung Gussteile für die eigenen Erzeugnisse herstellte. Als weiteres Standbein nahm Schlüter den Bau landwirtschaftlicher Maschinen, unter anderem auch von Dreschmaschinen, ins Programm. 1914, am Vorabend des Ersten Weltkrieges, standen bei Schlüter mehr als 600 Arbeiter in Lohn und Brot. Die Auftragslage entwickelte sich weiterhin positiv, sodass zwischen 1915 und 1917 eine weitere Produktionsstätte in Freising als Press- und Ziehwerk entstehen konnte. Dieses neue Werk, dessen zwei Türme zum Wahrzeichen wurden, war sozusagen das Hauptwerk, das bis 1994 Bestand haben sollte. Im Jahr 1918 beschäftigten die drei Betriebsteile über 2000 Mitarbeiter – infolge des Krieges hauptsächlich Frauen.

Technische Daten: Schlüter DZM 25

Bauzeit:	1937 bis 1942
Motor:	2-Zyl./4-Takt-Dieselmotor
Hubraum:	2425 Kubikzentimeter
Leistung:	18,3 kW/25 PS bei 1500 U/min
Antrieb:	4/1-Gang-Getriebe, hinten
Länge:	bis 2970 Millimeter
Gewicht:	1800 Kilogramm (leer)

Der Weg zum Schlepperfabrikanten

Nach dem Ersten Weltkrieg stieg das Unternehmen als Folge der veränderten Preisrelation auf dem Treibstoffmarkt in den Rohölmotorenbau ein. Rohöl war weitaus billiger als Vergasertreibstoff. Anfänglich fertigte Schlüter Glühkopfmotoren, ehe er den Bau von Dieselmotoren aufnahm. Nach vielen Versuchen entwickelte er das Schwenkkammerverfahren, die bis heute einzige Konstruktion, die den Kaltstart eines Vorkammer-Dieselmotors ohne Zündhilfe ermöglicht. Ab 1924 bildeten diese Antriebsaggregate das Rückgrat der Schlüter'schen Dieselmotorenfabrikation. Es gab sie ein- oder mehrzylindrig, stehend oder liegend und mit Leistungen von 4 bis 160 PS. Verwendet wurden sie beispielsweise als Kraftzentralen für den ortsfesten Einsatz oder als Schiffsdiesel.

Nachdem damit ein ausgereifter und wirtschaftlicher Dieselmotor zur Verfügung stand, führte die weitere Entwicklung infolge der gut ausgebauten Kontakte zur Landwirtschaft mehr oder weniger zwangsläufig zur Konstruktion eigener Ackerschlepper. 1937 wurde mit dem 14-PS-Schlepper DZM das erste noch in Rahmenbauweise konstruierte Fahrzeug vorgestellt. Bei den nächsten, wiederum mit eigenen Motoren bestückten Fahrzeugen ging man zur Blockbauweise über. Schon bald konzentrierte sich die Produktion auf den 25-PS-Typ DZM 25, der auch im Typenbegrenzungsplan des Oberst Schell Berücksichtigung fand. Von ihm entstanden bis 1942 mehr als 1000 Einheiten.

Der Krieg degradierte die Schlüter-Werke teilweise zu einem Rüstungsunternehmen. Gleichwohl konnte die Schlepperpro-

duktion weiterhin aufrechterhalten werden, wenn auch ab Mitte 1942 nur noch in Form von Generatorfahrzeugen. Bei Kriegsende war nur das zuletzt errichtete Hauptwerk einigermaßen unversehrt geblieben; die beiden anderen Standorte in München und Freising fielen den Bomben zum Opfer. Noch 1945 konnten die ersten neu fertiggestellten Holzgasschlepper die Werkstore verlassen. In der Folgezeit wurde auf den Wiederaufbau der alten zerstörten Werksanlagen verzichtet, dafür vielmehr das Werk 3 erweitert und modernisiert.
Am 2. März 1949 verstarb der Firmengründer Anton Schlüter, im Alter von 81 Jahren. Seine Nachfolge trat sein einziger Sohn, Anton Schlüter, an. Er leitete die Geschicke der Firma mit sicherer Hand, wobei Rationalisierung, Werksausbau und die Verbreiterung der Produktpalette im Vordergrund standen. Kaum neun Jahre nach seinem Vater verstarb er überraschend am 12. Dezember 1957. Von nun an lag die Leitung des Werkes in den Händen der dritten Generation, und damit seines Sohnes Dipl.-Ing. Anton Schlüter, des 1915 geborenen Enkels des Firmengründers.
Nachdem gegen Ende des Jahres 1948 die allergrößte Not der Nachkriegszeit überwunden war, konnten die Schlüter-Werke den Weg der Provisorien und Umbauten verlassen und mit dem DS 25 ihren ersten neu konstruierten Dieselschlepper vorstellen. Bereits zu Beginn des Jahres 1950 ergänzte ein 15-PS-Modell das Programmangebot. Beide Fahrzeuge blieben bis 1954 in der Fertigung und erwiesen sich mit jeweils rund 4000 produzierten Einheiten als sehr erfolgreich.
Eine erneute Erweiterung erfuhr das Bauprogramm in den Jahren 1953 und 1954. Mit den bis 1956 gebauten sechs unterschiedlichen Modellen im Bereich von 15 bis 55 PS konnten alle gängigen Leistungsbereiche abgedeckt werden. Die damaligen Schlüter-Maschinen machten sich schnell am Markt einen guten Namen, denn sie zeichneten sich durch großvolumige Motoren, eine daraus resultierende sehr hohe Zugkraft, Robustheit, Solidität und eine ausgezeichnete Verarbeitungsqualität aus. Die damaligen Schlüter-Traktoren verhießen durch ihr bulliges Aussehen nicht nur genügend Kraftreserven – diese waren in Wirklichkeit auch vorhanden! Während die Motoren aus eigener Fertigung stammten, bezog man die Getriebe von Hurth, Renk oder von ZF. Seit 1961 war die Zahnradfabrik Friedrichshafen infolge der Fertigungseinstellung anderer Lieferanten die alleinige Bezugsquelle. Insgesamt waren es konventionell gestaltete, zudem recht anspruchslose Zugschlepper, die bei den Bauern hoch im Kurs standen und eine lange Lebenserwartung verhießen.
Nach 1956 ordnete Schlüter das gut eingeführte Schlepperprogramm mehrfach neu und führte nach verschiedenen Verbesserungen und Überarbeitungen im Rahmen der Modellpflege sozusagen laufend neue Bezeichnungssysteme ein. So wurde bei den ab 1957 ausgelieferten Schleppern zunächst die Optik dem veränderten Zeitgeschmack angepasst, und neue einteilige Motorverkleidungen wurden eingeführt. Als Ergänzung zu den bislang ausschließlich wassergekühlten Motoren gab es die ersten Fahrzeuge mit luftgekühlten Antriebsaggregaten im unteren Leistungsbereich, die nach dem Direkteinspritzverfahren arbeiteten. Neben wassergekühlten Schleppern von 14 bis 60 PS ergänzte das bis 1962 aktuelle Programm einige luftgekühlte Modelle zwischen 13 und 16 PS Motorleistung. Letztere blieben aber eine Randerscheinung im Angebot dieses Herstellers.

Technische Daten: Schlüter S 350

Bauzeit:	1963 bis 1966
Motor:	3-Zyl./4-Takt-Dieselmotor
Hubraum:	3945 Kubikzentimeter
Leistung:	24,9 kW/34 PS bei 1800 U/min
Antrieb:	8/4-Gang-Getriebe, hinten
Länge:	3437 Millimeter
Gewicht:	1840 Kilogramm (leer)

Schlepper mit Bärenkraft

Von August 1962 bis April 1964 wurde das Schlüter-Bauprogramm auf Basis einer neuen Motorenbaureihe komplett neu geordnet. Unter dem Eindruck der stark rückläufigen Nachfrage nach Kleinschleppern hatte Schlüter als einer der ersten Hersteller erkannt, dass nur Spezialisierung eine gesicherte Zukunft bereithielt. Schlüter entschied sich dabei für das Segment der schweren Halbrahmentraktoren bis hin zu echten Großschleppern. Dieses Umdenken geschah gerade rechtzeitig, als der von der Landmaschinen-Technik verursachte Ruf nach immer stärkeren Traktoren immer lauter wurde.
Mit Vorstellung des 80-PS-Schleppers S 900 im Frühjahr 1964 wurde dieser Trend von Schlüter eingeleitet. Damit bestand das Typenprogramm aus vier Modellen der S-Reihe zwischen 34 und 80 PS. Wenig später konnten die Fahrzeuge auch mit Allradantrieb bezogen werden. Kleinere Modelle gab es nicht mehr. Passend hierzu hieß es in der Werbung „Schlüter baut die großen vier".
Das war aber erst der Anfang. Obwohl die Stückzahlen für diese Giganten niedrig blieben, denn es gab in der deutschen Landwirtschaft nur eine bescheidene Anzahl an Betrieben, die Traktoren dieser Größenordnung wirtschaftlich einsetzen konnten, sah sich Schlüter genötigt, den einmal eingeschlage-

Technische Daten: Schlüter Super 1500 TVL

Bauzeit:	1974 bis 1984
Motor:	6-Zyl./4-Takt-Turbodiesel
Hubraum:	7127 Kubikzentimeter
Leistung:	109,8 kW/150 PS bei 2100 U/min
Antrieb:	16/8-Gang-Getriebe, Allrad
Länge:	bis 4670 Millimeter
Gewicht:	bis 6700 Kilogramm (leer)

nen Weg fortzuführen und immer neue, noch stärkere Maschinen auf den Markt zu bringen. Was blieb, waren Exportmärkte, die aber auch keine großen Quoten hervorzaubern konnten. Zwischenzeitlich aber hatten auch die Großserienhersteller die Zeichen der Zeit erkannt und mit mindestens ebenbürtigen, zudem preisgünstigeren Modellen gleichgezogen, sodass die von dem mittelständischen Unternehmen Schlüter angenommene vermeintlich sichere Marktnische nicht mehr existierte. Schlüter reagierte mit der Flucht nach vorn; noch gewaltigere Traktoren waren die Folge, ohne damit einer Lösung des Problems näherzukommen. Als absoluter Höhepunkt war ein 1978 gebauter 500-PS-Schlepper mit 18 t Gewicht anzusehen. Dieses Monstrum war zwar eine technische Meisterleistung, aber eher als spektakulärer Blickfang als im praktischen Einsatz nutzbar zu betrachten.

An Versuchen hat es nicht gefehlt, den langsamen, aber unaufhaltbaren Niedergang des Unternehmens aufzuhalten. Da ein solventer Partner – man stand in Verhandlungen mit BMW, Daimler-Benz und Claas – nicht gefunden wurde, musste Anton Schlüter die Entwicklung der ab 1989 auf den Markt kommenden Trac-Schlepper überwiegend durch Grundstücksverkäufe finanzieren. Bis Mitte 1994 musste das Freisinger Fabrikgelände geräumt werden; die Fabrikation wurde nach Schönebeck/Elbe verlagert. Aber auch hier konnten die Produkte nicht sesshaft werden, und seit Ende 1996 bemüht sich eine frühere Generalvertretung um Ersatzteilversorgung und um die Baufortsetzung einiger Trac-Modelle. Insgesamt waren in Freising 74.464 Fahrzeuge hergestellt worden.

Ab Mitte der 1960er-Jahre wandte sich Schlüter immer stärker dem Marktsegment der Großtraktoren zu. Dieser Prospekt von 1974 präsentiert das damalige, zwischen 68 und 185 PS angesiedelte Fertigungsprogramm auf dem Innenhof eines repräsentativen Gutshofes.

EICHER – DIE FIRMENGESCHICHTE

Land und Leute

Gründung und Ausweitung

Die Gebrüder Eicher Traktoren- und Landmaschinen-Werke in Forstern bei München gehörten zu den bedeutendsten Schlepper- und Geräteherstellern in Deutschland. Besonders in den 50er- und 60er-Jahren war Eicher einer der ganz Großen in der Landmaschinenindustrie. Erst 2002 musste dieses Unternehmen – nach einem langen, wechselvollen Kampf ums Überleben – letztlich doch die Tore für immer schließen. Rund 125.000 Traktoren sind in der langen Baugeschichte insgesamt gefertigt worden, die weitaus meisten davon bis 1968.
Die Ursprünge gingen auf das Jahr 1901 zurück, als Josef Eicher sen. im besagten Forstern eine Werkstatt gründete. Die ersten Berührungspunkte mit der Landwirtschaft entstanden immer dann, wenn Landmaschinen zur Instandsetzung hereinkamen. Die im Nebenerwerb betriebene Landwirtschaft war ein weiterer Grund dafür, dass die 1906 und 1907 geborenen Söhne Josef und Albert Eicher daran Interesse fanden, sich mit der Mechanisierung der bäuerlichen Arbeit zu beschäftigen. Erst mit der Übernahme der regionalen Opel-Automobil-Vertretung durch Josef Eicher sen. war der Anlass gegeben, sich dem Traktorenbau zuzuwenden. Durch viele Kundengespräche im Rahmen der weiterhin aufrechterhaltenen Reparatur von Landmaschinen erkannten die Söhne Josef und Albert schon bald, dass das damals an erster Stelle anstehende Bedürfnis der Bauern die Entlastung von Mäharbeiten war.
Der erste Schritt in diese Richtung war der Umbau eines ausgedienten Opel-Pkws zu einem Mähauto. Da man mit diesem Gefährt aber nicht so recht zufrieden war, kam man über den Umweg eines Dreiradschleppers 1936 zu einem Vierradtraktor, der pflügen, mähen und ziehen konnte. Ab 1938 realisierte man einen Blockbauschlepper in der damals propagierten Standardbauweise. Diesen soliden Konfektionsschlepper machten die Brüder Eicher auf verschiedenen regionalen Ausstellungen bekannt, wodurch zumindest im bayerischen Raum und auch im angrenzenden Österreich neue Kunden gewonnen werden konnten. Als sogenannter Einheitsschlepper entsprach dieser 22-PS-Eicher den Bedingungen des Schell-Typenbegrenzungsplanes. Ab 1942 wurde Eicher ein Rüstungsbetrieb und musste den Traktorenbau vorübergehend ganz einstellen.
Ein unerschütterlicher Optimismus und der Glaube an eine erfolgreiche Zukunft waren die Grundlagen, nach Kriegsende mit der Entwicklung eines luftgekühlten Dieselmotors zu beginnen. Obwohl die Brüder Eicher damals nicht die Einzigen waren, welche die Entwicklung luftgekühlter Schleppermotoren vorantrieben, gelang es ihnen mit einem Vorsprung um Nasenlängen, mit dem Modell ED 16/I den ersten luftgekühlten Dieseltraktor der Welt herauszubringen. Bereits dieser 1947 fertiggestellte Motor wies die für alle späteren Eicher-Antriebsaggregate typischen Merkmale wie Radialluftkühlung, Tunnelbauweise und Direkteinspritzung auf. Für diesen einzylindrigen

Links: Das legendäre Eicher-Rad war seit den 50er-Jahren ein sehr origineller Werbegag und zuverlässiger Publikumsmagnet. Unermüdlich drehte der luftgekühlte EKL 15/II dabei seine Runden, ohne herunterzufallen.

Mit einfachen, zeittypischen Reklameanzeigen stellte der Traktorenhersteller Eicher 1949 sein erstes, noch sehr bescheidenes Nachkriegsverkaufsprogramm vor.

Einzelgänger inmitten des übrigen Programms an wassergekühlten Motoren ergaben sich für den Verkauf insofern Probleme, als einerseits der Kundschaft die Vorzüge der Luftkühlung besonders nahegebracht werden sollten, was andererseits den Fahrzeugen mit Wasserkühlung nicht zum Nachteil gereichen durfte. Eicher war daher eifrig bestrebt, die wassergekühlten Antriebsaggregate baldmöglichst durch luftgekühlte Motoren zu ersetzen. Es sollte noch bis 1955 dauern, bis dieses Ziel erreicht werden konnte. Dabei gelang es, die entstandenen Lücken durch luftgekühlte Deutz-Motoren zu schließen, welche als komplette Motorbaureihe bis zum Vierzylinder erhältlich

Technische Daten: Eicher 25/II

Bauzeit:	1950 bis 1954
Motor:	2-Zyl./4-Takt-Dieselmotor
Hubraum:	2198 Kubikzentimeter
Leistung:	18,3 kW/25 PS bei 1500 U/min
Antrieb:	4/1-Gang-Getriebe, hinten
Länge:	bis 2760 Millimeter
Gewicht:	bis 1810 Kilogramm (leer)

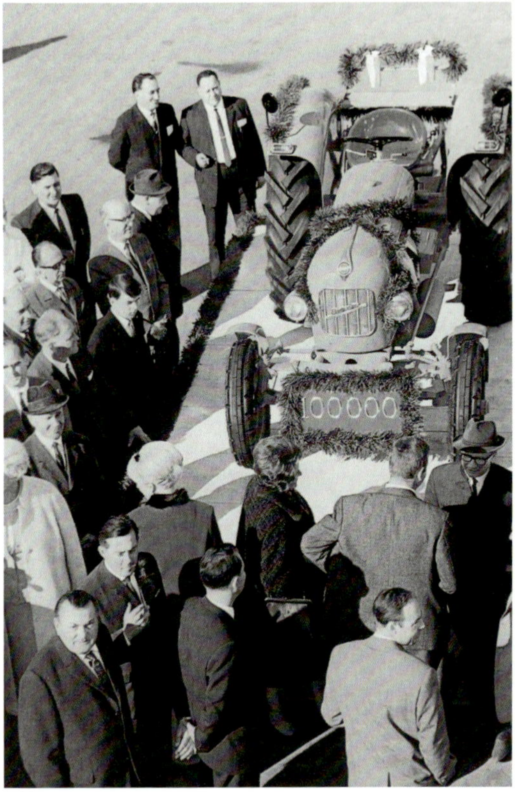

Die Fertigstellung des 100.000. Eicher-Schleppers im Oktober 1965 wurde gebührend gefeiert.

waren. Zur besseren Unterscheidung gegenüber den ED-Modellen mit Eicher-Motoren trugen die mit luftgekühlten Fremdmotoren bestückten Eicher-Schlepper nun ein L in der Typenbezeichnung.

Expansion im Zeichen des Schlepperbooms

Zu Beginn der 50-Jahre strebte die Motorisierungswelle in der westdeutschen Landwirtschaft immer neuen Höhepunkten zu. Auch Eicher als aufstrebendes Unternehmen wurde von dieser positiven Entwicklung nachhaltig erfasst. Der komplette Ausbau des Verkaufsprogramms auf volle Leistungsbreite war anfangs nur mithilfe des Deutz-Motorenprogramms möglich. So konnte bereits 1951 mit dem L40 ein 42-PS-Schlepper mit luftgekühltem Dreizylinder-Deutz-Motor präsentiert werden. 1954 wurde das Programm mit dem 60 PS starken L 60, der mit dem entsprechenden Deutz-Schlepper F 4 L 514 weitgehend identisch war, nochmals aufgestockt. Daneben erweiterte Eicher das Programm als Gerätehersteller beständig. Es entstanden Rekordlader, Pflüge, Grubber, Eggen, Kompressoren, Ackerwagen und Triebachsanhänger. Die frühen 50er-Jahre waren durch eine unglaubliche Typenvielfalt im Eicher-Schlepperprogramm gekennzeichnet. Infolge der durch die Baukapazitäten der Zulieferer begrenzten Verfügbarkeit von Motoren und besonders an Triebwerken entstand eine wahre Flut an Motor-Triebwerk-Kombinationen, die jeweils unterschiedliche Traktormodelle ergaben. Ohne die Einbeziehung möglichst vieler Lieferanten war es angesichts der ständig steigenden Kundennachfrage nicht möglich, die Aufrechterhaltung der Lieferfähigkeit zu gewährleisten. Es dauerte mehrere Jahre, bis diese Phase der improvisierten Modellpolitik, in der jeder sofort verfügbare Motor und jedes Getriebe recht waren, in ruhigere Bahnen gelenkt werden konnte.

Als nächster Schritt wurde der Ausbau des eigenen luftgekühlten Einzylindermotors in Richtung Mehrzylindermotoren ins Auge gefasst. Dieser Motor hatte in der Zwischenzeit zwar verschiedene Leistungssteigerungen durch Aufbohrung erfahren und konnte folglich in verschiedenen Schleppertypen verwendet werden. Bei größerem Leistungsbedarf war man nach wie vor auf Deutz-Motoren angewiesen. Der erste Eicher mit eigenem Zweizylindermotor war der 1955 vorgestellte ED 30, dem 1957 ein sowohl im ED 50 als auch im 60 PS starken ED 60 montierter Eicher-Dreizylinder-Dieselmotor folgen sollte. Im gleichen Jahr konnten daher die bisherigen, mit Deutz-Motoren bestückten Typen L 40 und L 60 aus dem Programm genommen werden, sodass die Werbung mit Recht herausstellen konnte, dass die Eicher-Traktoren auch mit Eicher-Motoren ausgerüstet wurden. Bis auf eine Ausnahme: der leichte, mit einem Hatz-Motor bestückte LH 12 war noch für kurze Zeit der einzige Eicher-Schlepper, der noch mit einem Fremdaggregat betrieben wurde.

Mit dem seit 1955 lieferbaren Modell Kombi konnte sich Eicher zu den Pionieren des Geräteträgerbaus zählen. Dabei erwies sich das gewählte Zweiholm-Konzept den konkurrierenden einholmigen Geräteträgern mindestens als ebenbürtig, wenn nicht gar überlegen. Daneben engagierte sich Eicher in der zweiten Hälfte der 50er-Jahre auch für Allradtraktoren mit vier gleich großen Rädern. Mit geringem Erfolg zwar, denn der Vierradantrieb war zu dieser Zeit noch wenig populär.

Mit der legendären Raubtier-Reihe konnte Eicher den mit Abstand größten Erfolg landen.

Technische Daten: Eicher EM 295 „Panther"

Bauzeit:	1962 bis 1968
Motor:	2-Zyl./4-Takt-Dieselmotor
Hubraum:	1700 Kubikzentimeter
Leistung:	16,1 kW/22 PS bei 2000 U/min
Antrieb:	6/1-Gang-Getriebe, hinten
Länge:	2840 Millimeter
Gewicht:	1400 Kilogramm (leer)

Höhepunkt und Ende

Schon jahrelang rangierte Eicher erfolgreich in der Spitzengruppe der deutschen Traktorenbranche. Diese Position gelang es durch die folgende, zur Legende gewordene Raubtier-Serie nachhaltig zu untermauern. Mit den Modellen Panther und Tiger präsentierte Eicher gegen Ende des Jahres 1958 die ersten beiden Mitglieder dieser völlig neuen Schleppergeneration.

Angetrieben von Motoren der neu entwickelten EDK-Baureihe und ausgerüstet mit stiftgeschalteten Triebwerken, rangierten diese hochmodernen Fahrzeuge in der damaligen Spitzenklasse. Besonders mit der fortschrittlichen Getriebetechnik hatte man einen Vorsprung auf Jahre geschaffen. Diese auch formal sehr gelungenen Traktoren erfreuten sich eines großen Zuspruchs seitens der Kunden.

Die neuen „Raubtiere" waren in erster Linie dafür verantwortlich, dass das Geschäftsjahr 1960 mit 7845 in der Bundesrepublik neu zugelassenen Fahrzeugen gegen immer härter werdende Konkurrenz abgeschlossen werden konnte. Das entsprach einem Marktanteil von 8,8 Prozent bzw. dem fünften Rang. Diese beliebte Schlepperreihe wurde auf alle Leistungsklassen beständig ausgedehnt und im Rahmen der Modellpflege auf aktuellem Stand gehalten.

Der Erfolg dieser Fahrzeuge war auch der Hauptgrund dafür, dass Eicher während der Rezession in den 60er-Jahren relativ glimpflich davonkam. 1963 stieg man erneut mit Allradtraktoren ins Geschäft ein. Das Spitzenmodell war der noch im gleichen Jahr vorgestellte Mammut II Allrad, mit zunächst 60, später 62 PS Motorleistung. Ebenso gelang es, im Bereich der Schmalspurschlepper eine beständige umsatzstarke Marktnische zu erschließen.

Als ab 1968 die neue 3000er-Reihe zur Ablösung dieser Fahrzeuggeneration antrat, hatten rund 66.000 „Raubtiere" die Werkstore verlassen. Die neuen Traktoren zeichneten sich gegenüber ihren Vorgängern durch eine vom Rosenheimer Designer Igl entworfene aktualisierte Haubengestaltung aus. Infolge des beständig schrumpfenden Marktvolumens gelang es diesen Modellen allerdings bei Weitem nicht, stückzahlenmäßig an ihre Vorgänger heranzureichen.

Ende der 60er-Jahre brach die Schleppernachfrage immer stärker ein. Überdies stürzte die Entscheidung des Getriebeherstellers ZF, den Bau von Triebwerken für Schlepper unter 80 PS Motorleistung aufzugeben, Eicher in eine Krise. Durch den Zusammenschluss mit Massey-Ferguson schien die Verfügbarkeit von Getrieben und nunmehr allerdings wassergekühlten Perkins-Dieselmotoren gesichert. Vonseiten der deutschen Unternehmensleitung wurde alles unternommen, den drohenden Niedergang durch Investitionen aufzuhalten. Es nützte alles nichts. 1975 hielt man noch ganze 3,1 Prozent Marktanteil und im Mai 1984 blieb allen Bemühungen zum Trotz nur noch der Gang zum Konkursrichter übrig. Eicher war pleite.

Alle nun folgenden Rettungsbemühungen, Strategien und die weitgehende Hinwendung zu Schmalspurfahrzeugen brachten keine Trendwende, sondern verlängerten nur noch das Dahinsiechen des im Grunde schon liquidierten Unternehmens.

Technische Daten: Eicher EM 600 „Mammut 2"

Bauzeit:	1962 bis 1969
Motor:	4-Zyl./4-Takt-Dieselmotor
Hubraum:	3927 Kubikzentimeter
Leistung:	40,3 kW/55 PS bei 2000 U/min
Antrieb:	8/4-Gang-Getriebe, hinten
Länge:	3520 Millimeter
Gewicht:	2975 Kilogramm (leer)

I.H.C. – DIE FIRMENGESCHICHTE

Fast über 90 Jahre konnte im IH-Standort in Neuss eine sehr erfolgreiche Schlepperproduktion aufrechterhalten werden.

Die Gründung

Die International Harvester Company mit Sitz in Chicago entstand im Jahr 1902 aus der Fusion von fünf mit der Herstellung von Landmaschinen befassten Gesellschaften. Die beiden größten und wichtigsten von ihnen waren die früheren, zeitweise erbitterten Konkurrenten McCormick Harvesting Machinery Company und die Deering Harvester Company. Cyrus Hall McCormick als Erfinder des Getreidemähers und William Deering, der den Mähbinder entwickelte, gehörten zu den Landwirtschaftspionieren der ersten Stunde. Mit Gründung der International Harvester Company war ein für die damalige Zeit geradezu gigantisches Unternehmen mit einem Schätzwert von 120 Millionen Dollar entstanden, das in vielen Bereichen eine nahezu marktbeherrschende Position auf dem Binnenmarkt der Vereinigten Staaten einnahm. Der Zusammenschluss entstand aus dem Wunsch heraus, die auch damals schon hohen Entwicklungskosten für neue Produkte zu minimieren, andererseits aber auch, um mit vereinter Stärke und einem entsprechend großen finanziellen Rückhalt eine Ausweitung des Produktionsprogramms leichter herbeiführen zu können. Hiermit verbunden war auch die Absicht, das Exportgeschäft in Richtung einer Globalisierung nachhaltig zu intensivieren und durch Errichtung neuer Fertigungsstätten zu betreiben.

Nur eine kurze Zeitdauer benötigte dieser neue Großhersteller, sich auf dem inländischen Markt zu konsolidieren. Die nunmehr frei werdende Energie konnte jetzt verstärkt in Richtung Expansion durch Gründung von Niederlassungen auf Exportmärkte gelenkt werden. Diese wirkte sich zunächst auf die Länder des britischen Empire aus, dem schon bald ein erfolgreicher Vorstoß nach Europa folgen sollte. Denn nicht ohne Grund hatte man die Bezeichnung International in den Firmennamen aufgenommen.

In diesem Umfeld ist auch die im Jahr 1908 erfolgte Gründung der deutschen Niederlassung, der International Harvester Company m.b.H. in Neuss am Rhein zu sehen, die nahezu zeitgleich mit anderen europäischen Filialen und Produktionsstandorten in Schweden und Russland erfolgte. Besonders der als zukunftsträchtig und entwicklungsfähig erachtete landwirtschaftliche Markt des Deutschen Reiches übte auf den US-amerikanischen Konzern eine große Anziehungskraft aus. Bis die Fabrikationsanlagen am Neusser Standort fertiggestellt waren, musste man fertig montierte Landmaschinen aus den Vereinigten Staaten importieren, die von dort aus innerhalb

Schlepper der D-Reihe bei der Endabnahme auf dem Rollprüfstand.

Deutschlands und in anderen Ländern Europas verkauft wurden. Im Jahr 1911 nahm das Werk die Produktion auf und schon bald verließen steigende Stückzahlen von Getreide- und Grasmähern, Heuwendern, Heurechen, Mähbindern, Kartoffellegemaschinen und Düngerstreuern die Werkshallen. Die Präsentation amerikanischer Traktoren – das waren große eiserne Monster, die viel eher selbstfahrenden Dampflokomobilen als Traktoren glichen – hatte indes im deutschen Kaiserreich kaum Erfolg. Mit dem 1923 eingeführten Typ 10-20, einem wesentlich handlicheren Fahrzeug, dessen Konstruktion sich am berühmten Fordson-Traktor orientierte, sah es hingegen geringfügig besser aus. Von diesem seinerzeit wirklich modernen, schon mit Zapfwelle ausgerüsteten Schlepper konnten aber auch keine berauschenden Stückzahlen an den Mann gebracht werden.

Der Erste Weltkrieg mit der folgenden Inflation und der Rheinland-Besetzung durch französische Truppen wirkte sich hemmend auf die Fortentwicklung der deutschen Niederlassung aus. Trotzdem wurden 1923 bereits mehr als 2000 Betriebsangehörige beschäftigt, die jährlich allein 15.000 Grasmäher herstellten. Bis 1934 sollte sich diese Zahl verdreifachen.

Technische Daten: I.H.C. Farmall F 12 G

Bauzeit:	1937 bis 1940
Motor:	4-Zyl./4-Takt-Vergasermotor
Hubraum:	1840 Kubikzentimeter
Leistung:	11 kW/15 PS bei 1400 U/min
Antrieb:	4/1-Gang-Getriebe, hinten
Länge:	2930 Millimeter
Gewicht:	1700 Kilogramm (leer)

Der Weg zum Schlepperbau

Durch die in Deutschland und Westeuropa fortschreitende Mechanisierung der Landwirtschaft und die beachtlichen Verkaufszahlen der Farmall-Schlepper in vielen Ländern ermutigt, fiel im Jahr 1936 in der Konzernspitze in Chicago die Entscheidung, mit dem Bau eines Traktorwerkes in Neuss zu beginnen. Von hier aus sollten der deutsche und europäische Markt mit dem seit 1933 gefertigten Acker- und Allzweckschleppermodell F 12 beliefert werden. Dieses war ein einfacher, leichter, zugleich aber sehr moderner Traktor seiner Zeit. Für diesen üblicherweise von einem Vergasermotor angetriebenen Traktor waren als Hauptzielgruppe die vielen kleinen

Technische Daten: I.H.C. D 320

Bauzeit:	1956 bis 1962
Motor:	3-Zyl./4-Takt-Dieselmotor
Hubraum:	1631 Kubikzentimeter
Leistung:	14,6 kW/20 PS bei 1900 U/min
Antrieb:	6/1-Gang-Getriebe, hinten
Länge:	2750 Millimeter
Gewicht:	1308 Kilogramm (leer)

Farmen in den Vereinigten Staaten vorgesehen. Motor und Getriebe mussten anfangs noch aus dem amerikanischen Farmall-Werk Rock Island, Illinois, bezogen werden, aber bereits im März 1937 verließ das erste in Deutschland gefertigte Modell F 12 G das Neusser Montageband. Gewisse Schwierigkeiten bereitete die Anpassung der für den US-amerikanischen Markt konzipierten Traktoren auf die deutschen Erfordernisse. In erster Linie betraf dies den in Deutschland und Europa eher unüblichen Vergasermotor, der mit Benzin gestartet und nach Erreichen der Betriebstemperatur mithilfe der nachgerüsteten Bosch-Magnetzündung auf Kerosin (Petroleum) umgestellt wurde.
Es gehörte zu den Besonderheiten von International Harvester, dass die Fahrzeuge nach wie vor auch in Deutschland über die beiden unterschiedlichen, selbstständigen Vertriebsorganisationen McCormick und Deering angeboten wurden. In technischer Hinsicht waren die Traktoren völlig identisch – sie unterschieden sich lediglich durch den Schriftzug auf der Motorhaube voneinander.
Die in mehreren Ausführungen und mit unterschiedlichen Bereifungen erhältlichen IH-Rahmenschlepper mit ihrem charakteristischen, über der Motorhaube verlaufenden Lenkgestänge wurden trotz des hier unüblichen Motors nicht nur auf dem deutschen Markt, sondern auch in anderen europäischen Ländern recht positiv aufgenommen. Dies lag nicht zuletzt in der Zuverlässigkeit und Wartungsfreundlichkeit der Konstruktion begründet.
Der Krieg hinterließ auch bei diesem Herstellerwerk unübersehbare Spuren. Am 12. August 1946 war der erste Schlepper fertiggestellt, und im Jahr 1947, als die allergröbsten Schäden behoben waren, konnten immerhin schon 250 nunmehr einheitlich in einem ansprechenden Rot lackierte Fahrzeuge das Werk verlassen. Immer dringlicher aber wurde die Entwicklung eines Dieselschleppers, wollte man den Anschluss an den hiesigen Markt nicht verlieren. Da man mittlerweile auch in der Konzernzentrale in den USA diese Notwendigkeit nicht ignorieren konnte – denn zu unterschiedlich war die Landwirtschaft in den USA im Vergleich zu Westeuropa strukturiert –, bekam die Neusser Entwicklungsabteilung grünes Licht, um die Fertigstellung eines Dieselmotors schnellstmöglich voranzutreiben.
1951 war es endlich so weit und der erste Dieselmotor des Konzerns mit Direktstartanlage nahm in dem Farmall- Modell seine Tätigkeit auf. Als Folge davon begannen die Verkaufszahlen wieder anzusteigen, wenngleich dieses Fahrzeug auch nur als Übergangsmodell zu betrachten war.
Mit Vorstellung des Blockbautyps DED im Jahr 1952 als erstes Mitglied einer völlig neuen Schlepperreihe begann die International Harvester auch auf dem deutschen Nachkriegsmarkt nachhaltig Fuß zu fassen. Mithilfe der drei zwischen 1953 und 1956 mit zeitgemäßen Wirbelkammer-Dieselmotoren ausgerüsteten und nach dem Baukastensystem gefertigten Großserien-

Die International Harvester Company war auch ein sehr bedeutender Landmaschinenhersteller.

Die Auslieferung der meisten Schlepper erfolgte per Bahn nach ganz Europa – hier eine Ladung DED- und DGD-Traktoren.

schleppertypen DLD, 2, DED 3 und DGD 4 gelang es innerhalb von nur vier Jahren vom 27. Platz in der Zulassungsstatistik des Jahres 1951 auf einen respektablen elften Platz im Jahr 1955 vorzudringen. Täglich wurden 56 Traktoren fertiggestellt. Dies war der Beginn einer langen Reihe von Traktormodellen, die in weitgehender Unabhängigkeit vom amerikanischen Mutterkonzern entstehen sollten. Ein nicht zu unterschätzender Vorteil für diesen Hersteller bestand darin, dass das nach wie vor als Landmaschinen- und Gerätehersteller tätige IH-Werk optimal angepasste und leistungsmäßig auf die neuen Traktoren ausgerichtete Maschinen aus einer Hand anbieten konnte.
Obwohl die drei Modelle mit großem Erfolg verkauft wurden, gedachte man sich nicht auf den errungenen Lorbeeren auszuruhen. Denn ein zu langes Festhalten am Bewährten birgt immer die Gefahr, über kurz oder lang von der Konkurrenz eingeholt und schließlich überholt zu werden. Im Februar 1956 setzte daher das IH-Werk mit der aus nunmehr fünf Modellen bestehenden D-Linie zu einem erneuten Sturm gegen die harte Inlandskonkurrenz an. Sie waren überaus gut gelungene, wirtschaftliche und zweckmäßige Schlepper, die den Leistungsbereich von 12 bis 30 PS vollständig abdeckten. Entsprechend groß war auch ihr Erfolg, der vor allem bei den stärkeren Fahrzeugen besonders ausgeprägt war. Auch hieran war eindeutig zu erkennen, dass sich die Nachfrage am Schleppermarkt hin zu immer leistungsstärkeren Modellen zu verlagern begann. Diesen neuen Modellen war der 1960 erreichte zweite Rang in der deutschen Zulassungsstatistik zu verdanken. Eine revolutionäre Neuerung war das 1957 eingeführte Agriomatic-Getriebe, das erste Lastschaltgetriebe, in einem in Deutschland gebauten Schlepper ab 20 PS. Ab dem folgenden Jahr wurde die D-Reihe durch einige weitere Modelle mit bis zu 39 PS Motorleistung erweitert. Zur oberen Programmergänzung bot IH für den deutschen Markt die Modelle FCD und Super BWD 6 mit bis zu 50 PS an, die aus England und Frankreich importiert und auf die deutschen Zulassungsbestimmungen umgerüstet wurden. Ebenso geschah es mit dem für kurze Zeit ab 1963 aus Amerika importierten 50-PS-Schlepper D 514. Auf Dauer aber war dies keine Lösung, da die im Grunde marktfremden Modelle kaum nachgefragt wurden. Immer mehr wurde deutlich, dass IH Neuss in den stärkeren Klassen nicht vertreten war.

Marktführer und Ende

1965 wurde die Common Market Line mit den Typen 523 und 624 eingeführt. Die Fahrzeuge mit Getriebe aus dem Werk St. Dizier, Frankreich, und neuen Direkteinspritzmotoren aus Neuss wurden sowohl in Deutschland als auch in Frankreich für die jeweiligen Märkte hergestellt.
1966 kam mit Vorstellung der ersten beiden Schlepper einer neuen Generation mit Alukühlergrill das Aus für die legendäre D-Linie. Mit dieser in der Folge aufgestockten und ergänzten Reihe, die nun auch aus einigen stärkeren Typen bestand, schaffte IH im Jahr 1972 zum ersten Mal den Platz 1 mit 21,7 Prozent Marktanteil. Es gelang, diesen einmal erreichten Spitzenplatz durch ständige Verbesserung der Produkte in den folgenden Jahren weiter zu festigen. Ab 1971 war die Produktion von direkteinspritzenden Sechszylindertypen mit Abgasturboladern mit bis zu 120 PS beim Modell 1246 angelaufen.
1985 ging der Landwirtschaftsbereich von International Harvester in den Besitz der amerikanischen Firma J. I. Case über. Der durch die Fusion entstandene Name lautete nun Case IH; die Schlepper erschienen seither in einer rot-schwarzen Lackierung. Obwohl sich mit der neuen Maxxum-Baureihe ab 1989 nochmals ein großer Erfolg anbahnte, lief am 27. Juni 1997 – wegen Abbaus weltmarktbedingter Überkapazitäten, wie es offiziell hieß – der letzte in Neuss gefertigte Schlepper vom Montageband.

Technische Daten: I.H.C. D 514 Export

Bauzeit:	1963 bis 1965
Motor:	4-Zyl./4-Takt-Dieselmotor
Hubraum:	3080 Kubikzentimeter
Leistung:	36,6 kW/50 PS bei 2100 U/min
Antrieb:	10/2-Gang-Getriebe, hinten
Länge:	3130 Millimeter
Gewicht:	2520 Kilogramm (leer)

KRAMER – DIE FIRMENGESCHICHTE

Der „Allesschaffer" war der bekannteste und erfolgreichste Kramer-Schlepper.

Vom Motormäher zur Schlepperfabrikation

Die Maschinenfabrik Gebr. Kramer, die im Jahr 1925 im badischen Gutmadingen gegründet wurde, zählt zu den bekanntesten Pionieren der deutschen Schlepperbranche. Sie hat sich vor allem auf dem Gebiet des Kleinschlepperbaus besondere Verdienste erworben. Bereits 1918 war der älteste der drei Kramer-Brüder, Emil Kramer, mit einem Landmaschinenhandel in Erscheinung getreten. Seine jüngeren Brüder Hans und Karl, die ihn bei seiner Arbeit nach Kräften unterstützten, waren wie er in der Landwirtschaft groß geworden und kannten daher die mühselige Arbeit der vor allem im süddeutschen Raum ansässigen vielen kleinen Familienbetriebe aus eigener Erfahrung. Eine Maschine, die mäht und pflügt, antreibt und zieht, das war der Wunschtraum, der alles erleichtern würde. Ausgehend von diesen Überlegungen war es bis zum nächsten Schritt, den Experimenten mit einem selbstfahrenden Motormäher, nicht mehr weit. Trotzdem war es noch ein langer Weg, bis man mit einem funktionsfähigen Gerät an die Öffentlichkeit treten konnte.

In der Weihnachtswoche des Jahres 1925 konnten die Kramer-Brüder ihr einige Wochen zuvor vollendetes Erstlingswerk verkaufen. Es war der erste in Deutschland gefertigte selbstfahrende Motormäher überhaupt. Hierbei handelte es sich um einen

umgebauten eisenbereiften Gespann-Grasmäher mit einem auf dem Tragholm angebrachten Einzylinder-Zweitakt-Vergasermotor von DKW mit 4 PS Leistung. Die vordere Drehschemellenkung nach Art einer Deichsel lief über ein Zahnsegment. Der differenziallose Antrieb des Fahrzeugs erfolgte mittels Rollenkette und trieb auch die ausklappbare Mäheinrichtung an. Gleichwohl konnte mit diesem Gefährt auch eine Kreissäge betrieben werden. Das Getriebe verfügte über zwei Vorwärtsgänge- und einen Rückwärtsgang.
Leistung und Funktion des Fahrzeugs wussten die Kunden zu überzeugen, sodass im Jahr 1926 bereits 33 Exemplare verkauft werden konnten. Damit hatten die Brüder Kramer die Grundlage für ihren Betrieb gelegt und gleichzeitig einen wichtigen Schritt in Richtung Landwirtschaftsmotorisierung getan. Noch im gleichen Jahr wurde der Motormäher auf der DLG-Ausstellung in Dortmund präsentiert. Dort erregte er zwar großes Interesse, die Kauflust der Kunden war allerdings zurückhaltend.
Diesen Misserfolg nahm man zum Anlass, die Konzeption zu überdenken. So wurde bis zur Münchener DLG-Ausstellung des Jahres 1928 ein wesentlich stärkerer, luftgekühlter 8/10-PS-DKW-Motor installiert, denn zum Pflügen oder für Zugarbeiten waren höhere Motorleistungen nötig. Diese Messe war für Kramer ein großer Erfolg. Man konnte 250 feste Bestellungen entgegennehmen, womit der mittlerweile 25 Mann starke Betrieb, der sich seither „Fabrik für Kleinschlepper und Motorgrasmäher" nannte, in den folgenden Monaten voll ausgelastet war. Die Konstrukteure aber gaben sich mit dem Erreichten nicht zufrieden, sondern nahmen laufend aus dem praktischen

Auf den zu Sitzplätzen ausgebildeten Hinterradkotflügeln des Kramer-Allesschaffers konnte die ganze Familie mit aufs Feld fahren.

Betrieb gewonnene Verbesserungen vor. Da die Zugkraft bei der Beförderung schwererer Lasten noch zu wünschen übrig ließ, wurde ab 1929 ein wiederum luftgekühlter, 12/14 PS starker Zweizylinder-Vergasermotor eingebaut, der in Verbindung mit einem Dreiganggetriebe auf einem Stahlrahmen montiert wurde. Diese immer noch eisenbereifte Maschine entsprach damit den gesteigerten Erwartungen der Bauern.
Mit diesen Produkten konnten Absatzgebiet und Bekanntheitsgrad auch über den südlichen Schwarzwald und über Baden hinaus auf andere Regionen ausgeweitet werden. Daneben beschäftigten sich die Kramer-Brüder auch mit einem Handmotormäher für Klein- und Bergbauern, der ebenso als Hack- und Kulturgerät Verwendung finden sollte. Es gelang, einen motorisierten Pflug zu entwerfen, der eine verblüffende Ähnlichkeit mit den späteren Einachsschleppern besaß. Rückläufige Absatzzahlen während der Wirtschaftskrise führten zu der Überlegung, anstelle des teuren Benzins Motoren mit billigerem Dieselkraftstoff zu verwenden.
Zu jener Zeit war die Entwicklung geeigneter Kleindieselmotoren für diese Fahrzeuggröße noch nicht sehr weit fortgeschritten, sodass nur ein aus der Güldner-GL-Reihe stammender, nach dem Lanova-Luftspeicher-Verbrennungsverfahren arbeitender Verdampfermotor infrage kam. Bei dem Wunsch, die veralteten Eisenräder durch zweckmäßigere Luftbereifung zu ersetzen, stieß man fast auf noch größere Schwierigkeiten, sodass übergangsweise in eigener Herstellung vulkanisierte Gummistollen auf den Eisenreifen eingesetzt werden mussten.
Die ab 1933 bereits im Fließbandverfahren gefertigten Kleinschlepper konnten in zwei Leistungsstufen als GL 9 mit 10 PS und als GL 14 mit 14 PS erworben werden. In beiden Fahrzeugen gelangten Drei- bzw. Vierganggetriebe von Prometheus zum Einbau. Nach wie vor erfolgte der Antrieb über Rollenketten. Der GL 14 konnte immerhin bereits mit einer maximalen Anhängelast von 12,5 t aufwarten. Von diesen Fahrzeugen konnten binnen drei Jahren 103 beziehungsweise 299 Einheiten verkauft werden.

Technische Daten: Kramer K 12 „Allesschaffer"

Bauzeit:	1939
Motor:	1-Zyl./4-Takt-Lanova-Diesel
Hubraum:	1125 Kubikzentimeter
Leistung:	8,8 kW/12 PS bei 1500 U/min
Antrieb:	4/1-Gang-Getriebe, hinten
Länge:	2780 Millimeter
Gewicht:	1450 Kilogramm (leer)

Mit dem Allesschaffer zum Durchbruch

Technische Daten: Kramer KL 11

Bauzeit:	1953 bis 1956
Motor:	1-Zyl./4-Takt-Dieselmotor
Hubraum:	763 Kubikzentimeter
Leistung:	8,1 kW/11 PS bei 2000 U/min
Antrieb:	5/1-Gang-Getriebe, hinten
Länge:	2330 Millimeter
Gewicht:	870 Kilogramm (leer)

Anfang des Jahres 1936 wurden neue, von den Güldner-Motoren unabhängige Typenbezeichnungen eingeführt. So wurde aus dem kleineren GL 9 mit seinem 12-PS-Motor der K 12 und aus dem GL 14 der K 18, dessen Motorleistung auf 16 PS angewachsen war. Mit dem populären Namen „Allesschaffer" war ähnlich wie mit dem „Bulldog" von Lanz eine zutreffende und vor allem eine zugkräftige und absatzfördernde Bezeichnung gefunden. Da der preisgünstige „Allesschaffer" sich in der Praxis überaus gut bewährte, sich sparsam, zuverlässig und robust zeigte und vor kaum einer Arbeit zu kapitulieren brauchte, stand seinem Erfolg nichts mehr im Wege. Vor allem die auf Wunsch bereits werkseitig mit einem Mähwerk bestückten Schleppermodelle K 12 M und der stärkere K 18 M waren besonders gefragt. Ab 1937, beim K 12 ab 1939 ging man zu ZF-Triebwerken über. Der K 12 wurde ab 1939 auch mit einem Verdampfer-Diesel von Deutz bestückt, während im K 18 nun ein 18 PS starker Wälzkammer-Diesel von Güldner für den nötigen Vortrieb sorgte. Der große Erfolg dieser Bauernschlepper führte zu umfangreichen Erweiterungen der Fertigungseinrichtungen durch den Bau zusätzlicher Montagehallen, aber auch eines neuen Verwaltungsgebäudes. In diesem Zusammenhang half die Übernahme einer Halle in Überlingen, das an der Grenze seiner Kapazitäten arbeitende Gutmadinger Werk zu entlasten. Mittlerweile hatte sich die Qualität der Kramer-Schlepper über den Süden und Südwesten Deutschlands hinaus landesweit herumgesprochen und zu einer immer größer werdenden Nachfrage geführt. Nicht nur im Süden des Landes besaßen diese Fahrzeuge einen guten Ruf und schnitten bei Vergleichsprüfungen entsprechend gut ab. In der Sparte der Kleinschlepper standen die „Allesschaffer" an vorderster Stelle. Inzwischen trugen auch Exportbemühungen ihre ersten Früchte. Der von Regierungsseite initiierte Schell-Plan hatte allerdings große Auswirkungen auf die Firma Kramer. Denn die in relativ tief liegender Rahmenbauweise konstruierten „Allesschaffer" waren in dieser Hinsicht den standardisierten Blockbauschleppern unterlegen und passten daher nicht so recht in das Programm. Um im Geschäft zu bleiben, entwickelte man mit dem Einheitsmodell K 22 den ersten Blockbauschlepper, der ab 1941 anstelle der bis dahin gebauten Fahrzeuge treten sollte. Dieses Vorhaben wurde nicht verwirklicht; hingegen blieben die „Allesschaffer"-Modelle bis Mitte 1942 in der Produktion und wurden durch einen Generatorschlepper abgelöst.

Hier präsentiert sich das neue Bauprogramm von 1960.

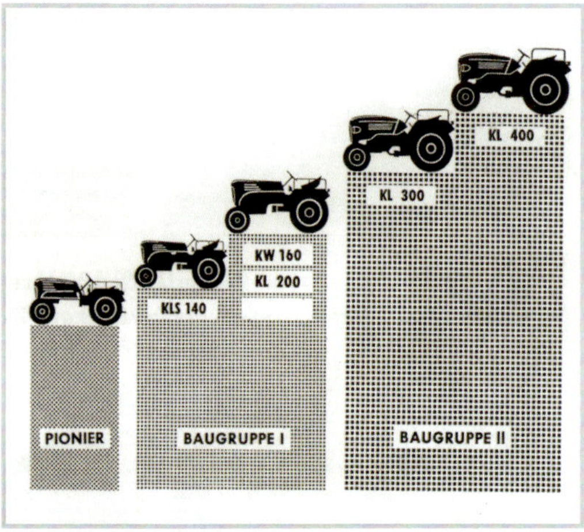

Von Kriegszerstörungen war die seit 1936 als GmbH geführte Maschinenfabrik Gebr. Kramer zwar verschont geblieben, nicht aber vor Demontage durch die französischen Besatzer. So bald es möglich war, holte man die bewährte und simple Konstruktion des „Allesschaffer" wieder aus der Schublade und führte die Fabrikation noch bis in die Jahre 1949/50 erfolgreich fort.

Produktionsausweitung in Zeiten des Schlepperbooms

Da die Verdampfungskühlung infolge ihres zu großen Wasserverbrauchs nicht mehr zeitgemäß war, ging man ab 1950 zum geschlossenen Umlaufkühlsystem mittels Lamellenkühler über. Der erste mit dem damals als „Thermosyphon-Umlaufkühlung" bezeichneten neuen System ausgerüstete Schlepper war der anlässlich des 25-jährigen Firmenjubiläums als „Jubiläumsmodell" bezeichnete, mit einer neu gestalteten verrundeten Haube ausgeführte Typ K 22 Th. Dieses Kühlsystem wurde Zug um Zug in alle Kramer-Modelle eingeführt. Daneben gab es den K 12 weiterhin mit dem preiswerteren

Technische Daten: Kramer KL 514 S

Bauzeit:	1970 bis 1973
Motor:	3-Zyl./4-Takt-Dieselmotor
Hubraum:	2826 Kubikzentimeter
Leistung:	36,6 kW/50 PS bei 2500 U/min
Antrieb:	12/6-Gang-Getriebe, Allrad
Länge:	3470 Millimeter
Gewicht:	2500 Kilogramm (leer)

Verdampfungssystem, welches durch ein „V" in der Typenbezeichnung kenntlich gemacht wurde. Dieser K 12 V präsentierte sich auf der im gleichen Jahr in Frankfurt stattfindenden DLG-Ausstellung mit 3575 DM als der billigste Schlepper dieser Messe. Bei der herrschenden Geldknappheit war es kein Wunder, dass täglich bis zu 40 Maschinen als verkauft verbucht werden konnten. Zum Ende der Ausstellung war die gesamte Produktion des Jahres, einschließlich der Typen K 12 Th und K 22 Th, ausverkauft.

Trotz dieser beachtlichen Erfolge, die gerade in der damals meistgefragten Leistungsklasse erzielt wurden, war Kramer bestrebt, von dem Ruf, ausschließlich Hersteller von Kleinschleppern zu sein, fortzukommen. Außerdem beabsichtigte Kramer, den Export wieder anzukurbeln, wofür ein stärkerer Schlepper erforderlich war. Bereits im Juni 1951 konnte man mit dem Modell K 33 einen sehr zugstarken Traktor vorstellen. Dieser war im Übrigen der zweite Schlepper des Hauses, bei dem sich die Scheinwerfer geschützt unter der runden Motorhaube befanden.

Seither war Kramer eifrig bestrebt, das Verkaufsprogramm möglichst breitgefächert auszuweiten, um für möglichst jeden Kunden den richtigen Schlepper anbieten zu können. Dazu zählten ab Herbst 1953 auch Modelle mit den gerade neu aufgekommenen luftgekühlten Motoren, die von vielen Landwirten nachgefragt wurden. So konnten die Kunden auch bei Kramer zwischen wasser- und luftgekühlten Motoren wählen. Die Antriebsaggregate bezog man hauptsächlich von Güldner, MWM und Deutz. Dagegen strebte man bei den Schleppertriebwerken eine weitgehende Unabhängigkeit an, indem man bis Ende 1954 zwei unterschiedlich belastbare Getriebe entwickelte, die mit der Zeit die fremdbezogenen Triebwerke verdrängen konnten. In der deutschen Zulassungsstatistik rangierte Kramer meist im vorderen Mittelfeld und konnte in guten Jahren weit mehr als 5000 Neuzulassungen mit einem Marktanteil von fast sechs Prozent registrieren.

Das Schlepperprogramm der 1950er-Jahre war einerseits sehr breit gefächert, andererseits auch durch sehr viele Modelle geprägt, die sich nicht nur in ihrer Leistung, sondern auch hinsichtlich der verwendeten Motoren, Triebwerke und anderer Merkmale unterschieden. Das breite Angebot war bei den vergleichsweise kleinen Serien zwangsläufig mit Kostennachteilen verbunden. Obwohl Kramer auch stärkere Modelle im Programm hatte, wurden die überwiegenden Verkäufe in den kleinen Klassen verbucht. So mit dem KL 11, der zwischen 1953 und 1956 genau 6312-mal vom Band lief.

Um am Erfolg des Unimog teilhaben zu können, erweiterte man 1956 das Verkaufsprogramm um Straßenzugmaschinen für Land- und Bauwirtschaft, Transportgewerbe und Industrie. Da sich diese in Grenzen hielten, beendete man deren Fertigung zu Beginn der 1970er-Jahre. 1959 diversifizierte man zusätzlich in den Bereich der Schaufellader und Baumaschinen.

Rückzug aus dem Schleppergeschäft

Von der gegen Ende der 1950er-Jahre rückläufigen Nachfrage nach Traktoren blieb auch Kramer nicht verschont. Der Kleinschleppermarkt ging beinahe über Nacht völlig verloren, hingegen entwickelte sich das Baumaschinengeschäft positiv. Gute Chancen rechnete man sich mit neuen Typen, die vor allem durch eine sehr fortschrittliche Getriebetechnik brillierten, aus. Das Jahr 1960 zeigte mit den Modellen KL 300 und KL 400 die ersten beiden völlig neu konstruierten Schlepper einer sehr fortschrittlichen Generation, die mit zeitgemäßen Gruppenschaltgetrieben und luftgekühlten Deutz-Motoren bestückt waren.

Die Fahrzeuge mit ihren modern gestalteten Kunststoffhauben kamen bei den Kunden gut an. Obwohl das zügig weiter ausgebaute Programm von der Kundschaft angenommen wurde, war der langsame Niedergang nicht aufzuhalten. Konnte bei den Neuzulassungen des Jahres 1960 noch ein Marktanteil von 4,3 Prozent erzielt werden, so sank dieser im Jahr 1965 auf 3,5 und fünf Jahre später auf nur 0,9 Prozent ab. Das waren noch ganze 586 Fahrzeuge. Bei diesen Stückzahlen war weder an eine kostendeckende, geschweige den gewinnbringende Fertigung zu denken. Innerbetriebliche Umstrukturierung und Rationalisierung halfen nur wenig. Obwohl sich die Produkte technisch voll auf der Höhe befanden, konnte dieses vergleichsweise kleine Unternehmen einfach nicht mehr mithalten. 1972 war Kramer letztmalig mit einem vollen Programm auf einer DLG-Ausstellung vertreten. Ein Jahr später zog man sich aus dem Schleppergeschäft zurück, nachdem mehr als 100.000 Einheiten gefertigt worden waren. Die weiteren Aktivitäten waren von mehreren Versuchen des Unternehmens gekennzeichnet, in winzigen Marktnischen überleben zu können, was auf Dauer nicht gelang.

FENDT – DIE FIRMENGESCHICHTE

Die Marktoberdorfer Werksanlagen mit neuen Montagehallen Ende der 1950er-Jahre.

Im Zeichen des Dieselrosses

Die Firma Fendt aus Marktoberdorf gehört auch heute noch immer zu den wenigen deutschen Schlepperherstellern, die sich seit Anbeginn mit großem Erfolg am Markt behaupten konnten. Obwohl sich das seit 1997 zur amerikanischen AGCO-Gruppe zählende traditionsreiche Familienunternehmen dem Zwang zur Internationalisierung letztendlich nicht entziehen konnte, konnte das Unternehmen bis auf den Namen seine weitgehende Eigenständigkeit innerhalb des Konzerns erhalten und die starke Position am Inlandsmarkt behaupten.

Das Jahr 1928 markiert den Beginn dieser Erfolgsstory. Denn in diesem Jahr hatte der 17-jährige Hermann Fendt auf Anregung seines Vaters die erste funktionstüchtige selbstfahrende Grasmähmaschine in der elterlichen Werkstatt fertiggestellt. Das Ausgangsprodukt war ein Gespann-Grasmäher, auf den ein stationärer, 4 PS starker Benzinmotor gesetzt wurde. Aus diesem noch mit Mängeln behafteten Erstlingswerk entstand bereits ein Jahr darauf ein dieselgetriebener Motormäher mit 6 PS, der wahlweise mit Mähwerk und Anbaupflug arbeiten konnte. Das war endlich ein Fahrzeug, das den Bauern einen großen Teil der harten Handarbeit in der damals kleinstrukturierten Allgäuer Landwirtschaft abnehmen konnte. Ohne dass er es wissen konnte, hatte Fendt damit den ersten europäischen Diesel-Kleinschlepper auf die Räder gestellt. Dieselross war

Zwei Welten stehen sich gegenüber: der erste Fendt-Grasmäher und ein 150-PS-Schlepper von 1976.

Technische Daten: Fendt Dieselross F 18

Bauzeit:	1937 bis 1942
Motor:	1-Zyl./4-Takt-Dieselmotor
Hubraum:	1808 Kubikzentimeter
Leistung:	13,2 kW/18 PS bei 1400 U/min
Antrieb:	4/1-Gang-Getriebe, hinten
Länge:	2600 Millimeter
Gewicht:	1500 Kilogramm (leer)

sein Robustheit und Stärke vermittelnder Name und er bewährte sich bei seinem ersten Besitzer hervorragend.
In den folgenden Jahren wurden nur wenige Dieselrösser, so zwischen ein und zwei Fahrzeuge pro Jahr, gebaut. Mehr ließen die begrenzten Baukapazitäten nicht zu. Keines dieser Fahrzeuge glich dem anderen, da Kundenwünsche, aber auch Verbesserungen berücksichtigt wurden. Das Jahr 1934 brachte mit vier ausgelieferten Maschinen einen neuen Produktionsrekord. Noch wichtiger aber war, dass man höheren Orts auf die mittlerweile 9 PS starken Fendt-Schlepper aufmerksam wurde, was sich in Form einer umfangreichen, sehr positiv ausfallenden Prüfung niederschlug. Schon bald gab es Dieselrösser mit 12-PS-Motoren mit Eisen-, Vollgummi- oder sogar Luftbereifung. Im Jahr 1935 wurden 30 neue Schlepper gebaut und gleichzeitig konnte man die Fertigstellung des hundertsten Dieselross-Traktors feiern. Damit schickte sich das kleine Unternehmen an, die Kinderschuhe der handwerklichen Improvisation abzustreifen. Die dafür notwendigen Voraussetzungen wurden durch neue, größere Werksanlagen geschaffen.
Ab März 1937 konnte mit der Produktion des 16 PS starken, mit einem Vierganggetriebe ausgerüsteten Dieselross-Modells F 18 in großem Stil begonnen werden. Von diesem Fahrzeug verließen bis 1942 insgesamt fast 2000 Einheiten die Werkshallen. Mit diesem Fahrzeug schaffte Fendt den Aufstieg zum Schlepperhersteller. Unter den 20.654 Schlepperzulassungen im Jahr 1938 nahm Fendt mit 497 Fahrzeugen – die meisten davon wurden im bayerischen Umland abgesetzt – den neunten Rang ein. Im gleichen Jahr war auch die Fertigstellung des tausendsten Schleppers zu vermelden und man wagte sich mit der Konstruktion des Bauernschleppers F 22 erstmals an den Bau eines anspruchsvolleren Fahrzeugs, eines Standardtraktors der Einheitsbauart. Dieses Fahrzeug wurde in der Typenbegrenzungsliste berücksichtigt. An der Produktion eines Holzgasschleppers, es war der Typ G 25, kam auch Fendt während des Krieges nicht vorbei.

Auf Erfolgskurs

Nach dem Zusammenbruch setzten in den vom Krieg verschonten Werksanlagen schon bald rege Aktivitäten ein. Die damals üblichen Beeinträchtigungen wie gekürzte Eisen- und Stahlkontingente sowie Auflagen der alliierten Besatzer wirkten sich allerdings lähmend auf den Fortgang der Produktion aus. Man hielt sich daher mit der Umrüstung ehemaliger Holzgasschlepper auf Dieselbetrieb sowie mit der Verwertung von Restteilen, aus denen weitere F 18 entstanden, über Wasser. Erst zur Währungsreform im Jahr 1948 konnte mit einer regelrechten Serienfertigung wieder begonnen werden. Im folgenden Jahr war der mit einer Haube versehene F 18 das meistgebaute Fahrzeug dieses Herstellers, der nun wieder über eine Belegschaft von 237 Mitarbeitern verfügte.
1949 entstand mit dem Dieselross-Modell F 15 ein völlig neu konzipierter Kleinschlepper mit MWM-Motor. Mit diesem Fahrzeug begann Fendt die jahrzehntelange, für beide Teile sehr erfolgreiche Zusammenarbeit mit den Mannheimer

Die Titelseite eines Fendt-Prospektes aus den 1950er-Jahren zeigt die Länder in die Fendt-Traktoren geliefert wurden.

1953 bestand das Fendt-Schlepper-Programm aus insgesamt sechs wasser- und luftgekühlten Modellen.

Motoren-Werken. Dagegen betrieb Fendt die Getriebefertigung in Eigenregie – bis heute. In den 1950er-Jahren konnten die Fendt-Werke nachhaltig an dem Motorisierungsschub in der deutschen Landwirtschaft partizipieren. Daher standen die Bemühungen in dieser Zeit ganz im Zeichen des Ausbaus der Produktpalette, Modellpflege und der Baukapazitäten. In rascher Folge kamen neue, immer stärkere Dieselrösser auf den Markt, sodass man bereits 1951 über vier Modelle mit 15, 20, 25 PS bis zum Großschlepper mit 40 PS verfügte. Waren diese Fahrzeuge noch wassergekühlt, entsprach Fendt erstmals mit dem Modell F 12 HL im Jahr 1953 dem Wunsch vieler Kunden nach luftgekühlten Motoren. Damals lag diese Kühlungsart voll und ganz im Trend und luftgekühlte Schlepper verkauften sich weitaus besser als die wassergekühlten Modelle. Das hatte zur Folge, dass Fendt in seiner Modellpolitik zweigleisig fahren musste. Eine zusätzliche Produktdifferenzierung in zahlreiche Untertypen trug dazu bei, gezielt auf Kundenwünsche eingehen zu können.

Schon 1950 konnte mit 3713 im Bundesgebiet neu zugelassenen Fahrzeugen ein vierter Platz mit 9,6 Prozent Marktanteil erreicht werden. Eine Orientierung, hinter die man nie mehr zurückgefallen ist. Ganz im Gegenteil: 1955 konnte sich Fendt mit dem gleichen Rang bei 9834 Fahrzeugen auf 9,9 Prozent Marktanteil konsolidieren. Bis zum Jahr 1980 konnte man diesen Rang bei auf Dauer abnehmenden Stückzahlen, dafür aber steigenden Marktanteilen halten und weiter ausbauen. Schließlich gelang 1985 der große Sprung auf den ersten Platz und diese Position konnte Fendt bis 1999 mit jeweils rund 20 Prozent Zulassungsanteil halten. Erst im folgenden Jahr sollte Fendt seinen ersten Platz an John Deere abgeben. Genauso beachtlich war der Exportanteil und bereits Mitte der 1950er-Jahre belieferte Fendt weltweit mehr als 30 Länder mit Dieselrössern.

Ebenso eindrucksvoll gestalteten sich die Produktionssteigerungen. 1950 lief der 10.000., zwei Jahre später der 20.000. und am 13. Oktober 1955 der 50.000. Dieselross-Schlepper aus den Werkshallen. 1961 war die Auslieferung des 100.000. Schleppers fällig. Damit war Fendt auch international zu einer beachtlichen Größe angewachsen. Diese stetig wachsenden Erfolge waren selbstverständlich kein Zufall, sondern das Ergebnis zielstrebiger Arbeit und innovativer Forschung.

Geräteträger und ff-Schlepperreihe

1953 stellte Fendt seinen ersten Geräteträger vor, der allerdings erst 1957 in einer wesentlich verbesserten Form in Serie ging. Er war ein damals von vielen Herstellern propagiertes Mechanisierungssystem von der Saat bis zur Ernte. Bis heute blieben diese auf Einmannbedienung ausgerichteten, technisch und leistungsmäßig ständig optimierten selbstfahrenden Arbeitsmaschinen ein wichtiges Standbein in der Umsatzstatistik des Unternehmens. Mehr als 70.000 Fahrzeuge wurden bis dato

Technische Daten: Fendt Dieselross F 40

Bauzeit:	1951 bis 1958
Motor:	3-Zyl./4-Takt-Dieselmotor
Hubraum:	3534 Kubikzentimeter
Leistung:	29,3 kW/40 PS bei 1500 U/min
Antrieb:	5/1-Gang-Getriebe, hinten
Länge:	3440 Millimeter
Gewicht:	2170 Kilogramm (leer)

gefertigt, das sind mehr als von jedem anderen Hersteller in Deutschland.
Das Jahr 1958 brachte die ersten Mitglieder der sehr modern gestalteten ff-Traktorreihe hervor. Gleichzeitig bedeutete dieses Jahr aber auch das Ende des nicht mehr ganz zeitgemäßen Traditionsnamens Dieselross. Sie waren formschöne und leistungsstarke Traktoren mit in der Front integrierten Scheinwerfern, die in den Grundtypen Fix, Farmer und Favorit angeboten wurden. Die kleinsten Fahrzeuge dieser neuen Typenreihe waren die von Ein- bis Zweizylinder-MWM-Direkteinspritz-Dieselmotoren angetriebenen Fix-Modelle, die zwischen 15 und 22 PS leisteten. Die nachfolgenden Farmer-Typen besaßen Zwei-, Drei- oder Vierzylindermotoren zwischen 25 und 65 PS, während die mit Drei-, Vier- und Sechszylinder-Dieselmotoren bestückten Favorit-Modelle mit Leistungen zwischen 40 und 110 PS aufwarten konnten. Die Fahrzeuge besaßen überwiegend halb- oder vollsynchronisierte Gruppenschaltgetriebe mit immer feineren Abstufungen. Die gesamte Reihe war überaus erfolgreich, da Fendt im Rahmen einer umfassenden Modellpflege an den einzelnen Typen laufend Verbesserungen und Leistungsanpassungen vornahm und sie sich dadurch auf einem aktuellen Stand behaupten konnten. Von dieser bis 1972/73 gebauten Reihe – ab 1964 bekamen die Fahrzeug eine kantige Form – gab es zahllose Varianten, so auch Allradfahrzeuge und Schmalspurtraktoren.
Rechtzeitig mit der Konjunkturbelebung zu Beginn der 1970er-Jahre brachte Fendt die Farmer 100er-Reihe, eine Serie preisgünstiger Mittelklasse-Schlepper im Leistungsbereich von zunächst 40 bis 65 PS, heraus. Sie besaßen eine stufenlose Anfahrautomatik mit vollsynchronisierten Feinstufengetrieben mit 13 Vorwärts- und vier Rückwärtsgängen sowie 30 km/h Schnellgang. 1974 wurde die Angebotspalette um die Fahrzeuge der 200er-Serie erweitert. Sie waren Kompakttraktoren für Nebenerwerbs- oder Sonderkulturbetriebe, welche die 100er-Reihe nach unten ergänzen sollten. Als dritte Gruppe im Bunde kamen die Favorit-600-Großtraktoren hinzu, deren teilweise mit Turboaufladung ausgerüstete Motoren bis zu 135 PS erzeugten.

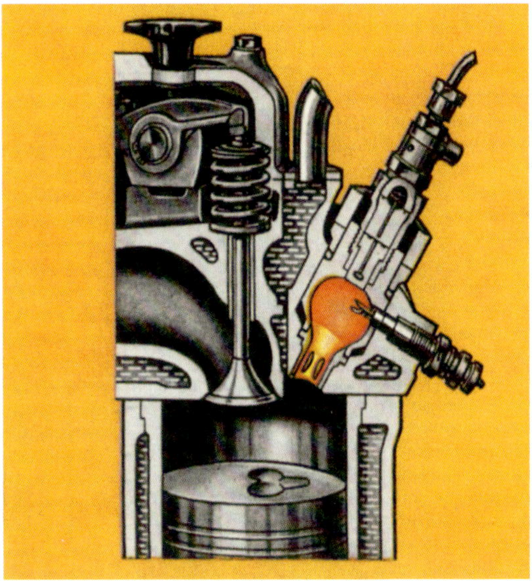

Die Dieselmotoren der Fendt-Fix-Schlepper verfügten über das neue Gleichdruck-Vorkammer-Verbrennungsverfahren.

Technische Daten: Fendt Fix 2

Bauzeit:	1959 bis 1964
Motor:	2-Zyl./4-Takt-Dieselmotor
Hubraum:	1250 Kubikzentimeter
Leistung:	13,2 kW/18 PS bei 2000 U/min
Antrieb:	6/2-Gang-Getriebe, hinten
Länge:	2890 Millimeter
Gewicht:	1365 Kilogramm (leer)

Technische Innovationen bis heute

Mit den 1976 vorgestellten Favorit-LS-600-Großtraktoren mit bis zu 150 PS eröffnete Fendt ein neues Marktsegment der Superlative. Sie avancierten alsbald zum Marktführer in der Klasse über 100 PS. 1980 kamen die neuen Farmer-Modelle, die mit technischen Pionierleistungen wie 40 km/h und gummigelagerter Kabine maßgeblich zu den damaligen Markterfolgen beitrugen. Mit der Einführung der Erfolgsreihen 500 C und Favorit 800 setzte Fendt erneut Maßstäbe in puncto Höchstgeschwindigkeit (50 km/h) und Fahrkomfort. 1995 schließlich präsentierte Fendt auf der Agritechnica in Hannover den weltweit ersten Großschlepper mit einem unter Last stufenlos verstellbaren Vario-Getriebe. Dies war der Beginn der erfolgreichen, bis zu 300 PS starken Vario-Reihe, die auch im neuen Jahrtausend und unter neuem globalem Management nichts an Aktualität verloren hat. Im April 2001 lief das 10.000. Fahrzeug dieser Reihe vom Band. Diese mit geballter Technik und Elektronik vollgestopften Hochleistungsfahrzeuge des 21. Jahrhunderts haben mit ihren Dieselross-Vorfahren kaum mehr als die vier Räder gemeinsam.

ALLGAIER – DIE FIRMENGESCHICHTE

Oben: Die Allgaier Werkzeugbau GmbH in Uhingen in Württemberg Anfang der 50er-Jahre.
Rechts: Allgaier-Schlepper-Anzeige aus den 50er-Jahren.

Vom Werkzeugmaschinenbau zur Schlepperfabrikation

Die von Erwin Allgaier geführte spätere Allgaier-Werke GmbH ging auf seinen Vater Georg Allgaier zurück, der im Jahr 1906 einen kleinen Betrieb zur Herstellung einfacher Schnitt- und Stanzwerkzeuge gegründet hatte. Es dauerte lange, bis sich dieser Betrieb emporgearbeitet hatte. Erst die Motorisierungswelle der 1920er-Jahre brachte den Durchbruch. Noch 1918 erwarb man größere Fabrikationsanlagen in Uhingen. Anfangs fungierte man als Zulieferer für die Elektromotorenherstellung. 1929 nahm man ein Presswerk in Betrieb und stellte Presswerkzeuge für den Karosseriebau her.

Im Jahr 1937 wurde der mittlerweile gut florierende Betrieb in eine GmbH umgewandelt. Zwei Jahre später übernahm der älteste Sohn Erwin Allgaier die Gesamtleitung des kleinen Unternehmens. Infolge der guten Auftragslage ließen sich Betriebserweiterungen mit einem modernen Maschinenpark realisieren. 1939 heiratete Erwin Allgaier Elsbeth Kaelble, die Tochter von Senator Kaelble aus Backnang. Kaelble war Inhaber eines Herstellerwerkes für Dieselmotoren und Zugmaschinen.

Mit Ausbruch des Krieges musste auch in Uhingen die Fertigung auf Rüstungsgüter umgestellt werden. Weitere mit staatlichen Mitteln unterstützte Betriebserweiterungen wurden zu diesem Zweck in Angriff genommen. 1945 wurden die Allgaier-Werke von den amerikanischen Besatzern als Rüstungsbetrieb eingestuft. Man hatte aber noch Glück im Unglück, denn ab Herbst 1945 konnte die Produktion zunächst mit dem Bau unterschiedlicher Metallerzeugnisse fortgeführt werden. Erwin Allgaier gab den Anstoß, den Bau von Ackerschleppern aufzunehmen, denn der große Bedarf an Motorfahrzeugen für die deutsche Landwirtschaft war unübersehbar. Hierbei kamen ihm die familiären Beziehungen zu dem Maschinen- und Motorenbau-Unternehmen Kaelble zugute. So erhielt der Kaelble-Ingenieur Paul Strohäcker den Auftrag, einen kleinen Dieselmotor mit Verdampfungskühlung zu entwerfen, der einen Ackerschlepper antreiben sollte. 1946 waren Motor und Fahrzeug fertig. Der sehr einfache, als R 18 bezeichnete Traktor bewährte sich überraschend gut, sodass bis 1949 über 500 Stück und bereits vier Monate später 1000 Stück verkauft waren. Mit 22 PS stärker motorisiert war der noch im gleichen Jahr vorgestellte R 22, den es ab 1950 auch mit einer Motorverkleidung gab.

Erfolg mit dem Volksschlepper

Auf den bekannten Professor Ferdinand Porsche gehen nicht nur der Volkswagen und die späteren Sportlimousinen zurück, sondern auch das Projekt eines einfachen, preiswerten Schleppers für landwirtschaftliche Kleinbetriebe. Mit dieser Idee war er ab 1937 befasst. Obwohl der Krieg die Entwicklungsarbeiten verlangsamte, war 1946 ein Baumuster mit luftgekühltem Motor fahrbereit, das mit gutem Erfolg getestet wurde. Dem Serienbau stand nichts mehr im Wege. Porsche musste sich entscheiden, ob er nun Traktoren oder Sportwagen bauen wollte. Für beides reichten die Mittel nicht aus. Ferdinand Porsche entschied sich für die Sportwagen und übereignete kurz entschlossen Erwin Allgaier sämtliche Bau- und Lizenzunterlagen des kleinen Dieselschleppers. Allgaier hatte ein gutes Schnäppchen gemacht, denn der auf der Frankfurter DLG-Ausstellung im Juni 1950 vorgestellte Volksschlepper war die Sensation dieser Messe. Mit einem derartigen Erfolg hatte selbst der listige Schwabe Allgaier keinesfalls gerechnet. Nach Beendigung der Ausstellung gingen etwa zwei Waschkörbe voll Bestellungen und Anfragen ein. Erwin Allgaier hatte sich bereits unmittelbar nach Abschluss des Lizenzvertrages in weiser Voraussicht nach neuen Fertigungsanlagen umgesehen. Er erwarb Gelände und Hallen der ehemaligen Dornier-Flugzeugwerke in Friedrichshafen-Manzell. Die Anlagen wurden noch rechtzeitig fertig, um eine Fabrikation des Volksschleppers AP 17 im großen Stil aufnehmen zu können.

Weiterer Ausbau und Ausstieg aus der Schlepperbranche

Beflügelt durch diese Erfolge konnte der weitere Ausbau des Schlepperprogramms zügig in Angriff genommen werden.

Die Allgaier-Werke konnten 1955 ein umfangreiches Fahrzeugangebot zwischen 12 und 44 PS offerieren.

Technische Daten: Allgaier AP 17 „Volksschlepper"

Bauzeit:	1950 bis 1951
Motor:	2-Zyl./4-Takt-Dieselmotor
Hubraum:	1374 Kubikzentimeter
Leistung:	13,2 kW/18 PS bei 2000 U/min
Antrieb:	5/1-Gang-Getriebe, hinten
Länge:	2500 Millimeter
Gewicht:	950 Kilogramm (leer)

Neben dem Volksschlepper, der bis zum Frühjahr 1953 in der Fertigung blieb, handelte es sich in erster Linie um Kleinschlepper, welche die Allgaier-Werke besonders favorisierten. Denn zu jener Zeit wurde die westdeutsche Landwirtschaft völlig von der Motorisierungs- und Mechanisierungswelle erfasst, von der vor allem die vielen Kleinbetriebe profitierten. Entsprechend stark nachgefragt wurden daher Maschinen in der niedrigen Leistungsklasse. So konnten die Allgaier-Porsche-Schlepper A 12 und A 16 sowie auch die Modelle AP 16 und AP 22 hieran nachhaltig partizipieren.

Zu Beginn des Jahres 1953 liefen die Verdampfungsschlepper aus. Von da an befanden sich nur noch luftgekühlte Traktoren im Verkaufsprogramm. 1952 ließ man eine aus vier Typen bestehende neue Schlepperreihe in Zusammenarbeit mit der Porsche AG mit austauschbaren Bauteilen entwerfen, die sich in dem schnittigen Kleid der späteren Porsche-Traktoren präsentierte.

Mit einer Monatsproduktion von etwa 1000 Traktoren war das Werk an seiner Kapazitätsgrenze angelangt. Erwin Allgaier stand vor der Entscheidung, entweder großzügig zu investieren oder diese Sparte ganz aufzugeben. Leicht ist ihm diese Entscheidung gewiss nicht gefallen, aber die gefüllten Auftragsbücher in den Bereichen des Werkzeugbaus gaben den Ausschlag. Ende 1955 trennte sich Allgaier nach Fertigung von rund 50.000 Traktoren vom Schlepperbau, der ab dem 1. Januar 1956 von der Porsche-Diesel-Motorenbau GmbH fortgeführt wurde.

MIT DEM LANZ-BULLDOG FING ALLES AN

Mit seinem liegenden, ventillosen Einzylinder-Zweitakt-Rohölmotor, seiner äußerst robusten Bauweise in Verbindung mit der einfachen und unkomplizierten Handhabung ist der 12-PS-Lanz-Bulldog im In- und Ausland berühmt geworden.

Spricht man von einem „Lanz-Bulldog", ist zumindest jedem Landwirt klar, dass damit die berühmten, einst in Mannheim fabrizierten Glühkopfschlepper gemeint sind. Die Firma „Lanz" hat selbst heute noch, mehr als 40 Jahre nach dem Erlöschen des Unternehmens, einen derart hohen Bekanntheitsgrad und geradezu legendären Ruf, dass man vor allem in weiten Teilen Süddeutschlands von einem „Bulldog" spricht, wenn ein Schlepper oder Traktor gemeint ist.

Rechtzeitig zu der im Juni 1921 in Leipzig stattfindenden DLG-Ausstellung war es so weit und die Firma Lanz konnte ihren ersten, auf einem Fahrgestell mit Eisenrädern montierten Bulldog „HL" (Heinrich Lanz) präsentieren. Sein Erscheinen erregte beachtliches Aufsehen. Dieses Modell - ein beweglicher, mit einer Deichsel bestückter Stationärmotor, war als „Gespannbulldog" als fahrbarer Antrieb für Dreschmaschinen noch auf die Hilfe von Zugtieren angewiesen.

Der heute in Fachkreisen als „12er-Lanz" bezeichnete Schlepper war eine überaus einfache und nahezu unverwüstliche Konstruktion, womit dieses Konzept dem kaum vorhandenen technischen Wissensstand der damaligen ländlichen Bevölke-

Der Name des Bulldogs war von der Form des Zylinderkopfes abgeleitet.

Technische Daten: Lanz 12 PS Typ HL

Bauzeit:	1921 bis 1927
Motor:	1-Zyl./4-Takt-Glühkopfmotor
Hubraum:	6220 Kubikzentimeter
Leistung:	8 kW/12 PS bei 420 U/min
Antrieb:	hinten
Länge:	2500 Millimeter
Gewicht:	2000 Kilogramm (leer)

rung sehr entgegenkam. Seine Zuverlässigkeit war sprichwörtlich und verhalf ihm daher zu einem großen Erfolg, denn bis zum Ende seiner Bauzeit im Jahr 1927 wurden mehr als 6000 Einheiten aller Ausführungen fabriziert. Neben dem bereits genannten „Gespannbulldog" und der selbstfahrenden Ausführung mit Eisenrädern gab es auch verschiedene vollgummibereifte Varianten, die als Verkehrsbulldogs zum Einsatz kamen.

Die Motorgrasmäher

In den 30er-Jahren gab es noch sehr viele kleine und kleinste, oftmals auch als Nebenerwerb betriebene Bauernhöfe, die einen verhältnismäßig hohen Grünlandanteil aufwiesen. Diese Höfe waren vor allem in Süddeutschland, aber auch in anderen Regionen wie beispielsweise im westfälischen Münsterland zu finden. Entsprechend waren dabei die über das Jahr zu verrichtenden Hauptarbeiten verteilt, die zu einem wesentlichen Teil aus der Mahd und den kleinen Getreideflächen bestanden. Die Heuernte war damals eine für Mensch und Tier sehr belastende Arbeit, die oftmals nur mit größter Mühe bewältigt werden konnte, denn die täglichen Arbeiten mussten zusätzlich ebenfalls erledigt werden.
Vielfach waren es die Bauernsöhne, die im Zuge der langsam aufkommenden Motorisierung die Idee zu verwirklichen suchten, das Mähen zu motorisieren und damit leichter und gefahrloser, schneller und damit unabhängiger vom Wetter zu sein und dabei Menschen und Zugtiere zu entlasten. Wenn eine solche motorisierte, selbstfahrende Mähmaschine darüber hinaus auch noch einen Pflug oder einen Wagen ziehen konnte, war es nur von Vorteil.
Diese Entwicklung wurde an mehreren Orten in Deutschland nahezu gleichzeitig, aber völlig unabhängig voneinander vorangetrieben. Zu den bekanntesten zählten die Firmen Fendt (F 9), Hagedorn, Hela (Samson) und Kramer (K 12) aus Süddeutschland. Das diesen Maschinen zugrunde liegende Fahrzeugkonzept war in allen Fällen sehr ähnlich. Auf einem sehr soliden Rahmen aus geschweißtem, in Dreiecksform angeordnetem Profilmaterial wurde zwischen Vorder- und Hinterachse ein Motor befestigt. Anfangs waren dies überwiegend luftgekühlte stehende Zweitakt-Vergasermotoren, seit den frühen 1930er-Jahren dann zunehmend liegend ausgeführte Einzylinder-Dieselmotoren mit Verdampfungskühlung. Am vorderen, spitz zulaufenden Rahmenende befand sich die mit einem Achsbolzen pendelnd aufgehängte Vorderachse, während das hintere Rahmenteil Schaltgetriebe und Antriebsachse aufnahm.

Die Ritscher-Dreiradschlepper

Eine außergewöhnliche Erscheinung und auf dem deutschen Schleppermarkt eine eher unorthodoxe technische Lösung waren die Dreiradschlepper von Ritscher. Diese einfachen Kleinschlepper bestanden auch im praktischen Einsatz ihre

Technische Daten: Westfalia Grasmäher

Bauzeit:	1936 bis 1939
Motor:	1-Zyl./4-Takt-Dieselmotor
Hubraum:	1099 Kubikzentimeter
Leistung:	6,6 kW/9 PS bei 1100 U/min
Antrieb:	3/1-Gang-Getriebe, hinten
Länge:	2600 Millimeter
Gewicht:	1200 Kilogramm (leer)

Technische Daten: Ritscher N

Bauzeit:	1936 bis 1938
Motor:	1-Zyl./4-Takt-Dieselmotor
Hubraum:	1115 Kubikzentimeter
Leistung:	8,8 kW/12 PS bei 1500 U/min
Antrieb:	3/1-Gang-Getriebe, hinten
Länge:	2735 Millimeter
Gewicht:	1140 Kilogramm (leer)

Primus P 11 Pony, Baujahr 1939.

Bewährungsprobe, obschon sie unter Last zum Aufbäumen neigten. Neben der Feldarbeit, bei der die vorzügliche Eignung als Hackfruchtschlepper bei beliebig einstellbarer Reihenweite und ausreichend großer Bodenfreiheit außer Frage stand, ließen sich die Fahrzeuge auch für leichtere Zugaufgaben auf der Straße verwenden. Beim N 20 betrug die größte Zugkraft am Haken 900 kg, die Anhängelast bei Höchstgeschwindigkeit 10 t. Möglicherweise trug aber ihr aus dem üblichen Rahmen fallendes Bild dazu bei, dass sich diese Bauart in Deutschland nicht durchsetzen konnte. Denn bereits im Februar 1941 entstand bei Ritscher die erste vierrädrige Versuchsmaschine.

Die ersten Bauernschlepper

Der 11er Deutz war genau das Fahrzeug, auf das viele Kleinlandwirte schon lange gewartet hatten. Er war als Universalfahrzeug vielseitig verwendbar, einfach zu bedienen, robust, zugstark, langlebig und zudem noch preisgünstig - also gerade das Richtige für den kleinen Hof. Er konnte vier Pferde ersetzen und übernahm alle Arbeiten auf Hof und Feld - vom Einsatz vor einem Zweischarpflug über Saat- und Pflegearbeiten bis zur Einbringung der Ernte, Transportarbeiten oder als stationäre Antriebsquelle. Lange Zeit war gerade dieser Kleinschlepper der wichtigste Vertreter seiner Klasse und zugleich ihr Wegbereiter. Dieser bewusst einfach und zweckmäßig gehaltenen Konstruktion hatte die Konkurrenz zunächst nichts entgegenzusetzen. Auf diesen kleinen Schlepper trifft das Verdienst zu, in einem besonderen Maße zur Motorisierung gerade der vielen landwirtschaftlichen Klein- und Familienbetriebe vor dem Zweiten Weltkrieg beigetragen zu haben. Mit dem Bauernschlepper wurde der Beweis erbracht, dass die Motorisierung nicht nur für Großbetriebe rationell und sinnvoll war.

Kleinschlepper aus Miesbach

Auf dem Höhepunkt der wirtschaftlichen Entwicklung beschäftigte die Firma Primus im Hauptwerk und den Niederlassungen bis zu 600 Mitarbeiter. Bereits 1938 hatte Johannes Köhler ein Zweigwerk in Miesbach in Oberbayern eingerichtet. Dort wurde ab 1938 der Typ Pony P 11 gebaut, ein Kleinschlepper mit dem bewährten Motor des 11er Deutz. Diesem war das Pony jedoch durch das gut abgestufte Prometheus-Vierganggetriebe und die mit 15 km/h wesentlich höhere Endgeschwindigkeit deutlich überlegen.

Technische Daten: Bauernschlepper F 1 M 414

Bauzeit:	1936 bis 1942
Motor:	1-Zyl./4-Takt-Dieselmotor
Hubraum:	1100 Kubikzentimeter
Leistung:	8,1 kW/11 PS bei 1550 U/min
Antrieb:	3/1-Gang-Getriebe, hinten
Länge:	2280 Millimeter
Gewicht:	1180 Kilogramm (leer)

Von einem holländischen Sammler restaurierter Alpenland GS 15 aus dem Jahr 1950.

Neubeginn nach dem Krieg

Mai 1945. Der Zweite Weltkrieg war zu Ende. Das ganze Land war mehr oder weniger stark zerstört und bei etwa 400 Millionen Kubikmetern Schutt fiel es schwer, an eine bessere Zukunft zu glauben. Trotzdem gab es Menschen, die nicht aufgaben und die Ärmel aufkrempelten.

Nur wenige Heimwerker wissen, dass die Firma Stihl früher auch Traktoren baute. Andreas Stihl konstruierte damals seine erste Elektrosäge mit 40 kg Gewicht. Mit dem Ende des Krieges änderten sich diese Voraussetzungen, denn Motorsägen waren nicht gefragt, es hieß, sie vernichteten Arbeitsplätze. Daher galt es für Andreas Stihl, nach neuen Märkten Ausschau zu halten. Was lag näher, als in eine Branche einzusteigen, in der ein ungeheurer Nachholbedarf vorhanden war: in der Schlepperindustrie.

Für einen Branchenneuling war es immerhin sehr beachtlich, dass bereits 1948 die Konstruktionsarbeiten im Werk Neustadt, Kreis Waiblingen, so weit gediehen waren, dass ein Prototyp des 10-PS-Allzweck-Bauernschleppers 140 vorgestellt werden konnte. Bis zur noch im gleichen Jahr anlaufenden Serienfertigung gelangte eine verbesserte Motorvariante mit vergrößertem Hubraum und 12 PS Leistung zum Einbau. Ab 1951 war es der erneut aufgebohrte Motor 131 A, der mittlerweile 12 bis 14 PS hervorbrachte. Ab 1952 gab es ein Vierganggetriebe mit den Geschwindigkeiten 2,84; 5,0; 7,6 und 14,56 km/h.

Die Fortentwicklung war der ab 1954 lieferbare Stihl 144 mit verbessertem 14-PS-Dieselmotor. Neben dem deutlich längeren Radstand mit vergrößertem Zwischenachsanbauraum besaß er einen zusätzlichen Kriechgang, Innenbackenbremsen am Getriebe und eine alternativ erhältliche Dreipunkthydraulik. Sein Bau wurde in kleinen Stückzahlen bis zum Jahr 1959 aufrechterhalten.

Willys Jeep und Dodge WC 52

Schon bald nach Kriegsende nahm man bei Alpenland die Entwicklung eines leichten Ackerschleppers in Angriff. Der überwiegend aus Teilen ehemaliger US-amerikanischer Armeefahrzeuge, u.a. des Willys Jeep und des Dodge WC 52, zusammengebaute Traktor mit Vierradlenkung wurde 1949 auf dem bayerischen Zentral-Landwirtschaftsfest in München vorgestellt

Technische Daten: Stihl S 140

Bauzeit:	1948 bis 1951
Motor:	1-Zyl./2-Takt-Dieselmotor
Hubraum:	633 Kubikzentimeter
Leistung:	8,8 kW/12 PS bei 2000 U/min
Antrieb:	3/1-Gang-Getriebe, hinten
Länge:	2620 Millimeter
Gewicht:	723 Kilogramm (leer)

Technische Daten: GERWI-Motor-Stier

Bauzeit:	1948 bis 1950
Motor:	1-Zyl./4-Takt-Dieselmotor
Hubraum:	1099 Kubikzentimeter
Leistung:	8,1 kW/11 PS bei 1000 U/min
Antrieb:	6/2-Gang-Getriebe, Allrad
Länge:	2365 Millimeter
Gewicht:	1143 Kilogramm (leer)

Technische Daten: Einsinger AS 15

Bauzeit:	1949 bis 1950
Motor:	1-Zyl./4-Takt-Dieselmotor
Hubraum:	1178 Kubikzentimeter
Leistung:	11 kW/15 PS bei 1500 U/min
Antrieb:	4/1-Gang-Getriebe, hinten
Länge:	2450 Millimeter
Gewicht:	1370 Kilogramm (leer)

und sorgte, wie nicht anders zu erwarten, für beträchtliches Aufsehen. Dies reichte aber keinesfalls zu einem überregionalen Durchbruch. 1952 wurde der Schlepperbau eingestellt. Das Prinzip eines über alle vier Räder gelenkten Ackerschleppers war für die damalige Zeit geradezu revolutionär und wurde erstmals in dieser Konstruktion verwirklicht.

Zu den ersten Menschen, die nach dem Zweiten Weltkrieg wieder an den Bau von Schleppern dachten, gehörte auch Maschinenbau-Ingenieur Georg R. Wille, den es nach Hamburg verschlagen hatte. Bei der Beschaffung von Bauteilen für seine sich immer mehr zu regelrechten Schleppern entwickelnden Fahrzeuge kam ihm der große Fundus der günstig zum Verkauf angebotenen, nicht mehr benötigten US-amerikanischen Armeefahrzeuge gerade recht. Besonders die in großer Zahl herumstehenden Willys-Jeeps waren für seine Zwecke zu gebrauchen. Wille nannte seine Konstruktion mit einem gewissen Stolz GERWI (Georg R. Wille) Motor-Stier. Der GERWI-Motor-Stier von Georg R. Wille war ein aus der Not der Zeit geborenes, improvisiertes, trotzdem aber erstaunlich funktionstüchtiges Fahrzeug für Acker- und Feldarbeiten.

Erste fortschrittliche Kleinschlepper

Im Jahr 1949 hatte der Waschmaschinenhersteller Hermann Zanker in Tübingen den für die damalige Zeit recht fortschrittlich anmutenden Kleinschlepper M 1 herausgebracht. Leider entsprachen die Verkaufszahlen keinesfalls den Erwartungen und Zanker trennte sich wieder von diesem Experiment. Eine Zeit lang wurde der in wenigen Details geänderte Traktor als Bautz 14 PS Ackerschlepper im Lohnauftrag in Tübingen weitergebaut und half die zeitliche Lücke bis zum Erscheinen des eigenen AS 120 zu überbrücken. Offenbar war man bei Bautz mit dem Zanker-Schlepper nicht in allen Punkten zufrieden, weshalb das Fahrzeug nach dem Erscheinen des AS 120 nicht

Der Hagedorn HS 15 hatte eine neuartige, in dieser Bauform bisher einmalige, in Eigenregie entwickelte gefederte, stark belastbare und verwindungsfreie Vorderachse, die ein sicheres Fahren auf Acker und Straße gewährleistete.

Technische Daten: Hela D 14

Bauzeit:	1949 bis 1950
Motor:	1-Zyl./4-Takt-Dieselmotor
Hubraum:	1178 Kubikzentimeter
Leistung:	10,3 kW/14 PS bei 1500 U/min
Antrieb:	5/1-Gang-Getriebe, hinten
Länge:	2650 Millimeter
Gewicht:	1220 Kilogramm (leer)

weitergebaut wurde. Zweifelsohne aber hatten die erworbenen Konstruktionsunterlagen einen kostensparenden Einfluss auf weitere Schlepperentwicklungen dieses Herstellers.
Zu den typischen Herstellern sogenannter Konfektionsschlepper gehörte die in Michelstadt ansässige Firma Christian Ensinger. Das Modell AS 15 wurde in Anbetracht seines kleinen Wendekreises für klein parzellierte Betriebe als besonders geeignet angepriesen. Zweifelsohne war nicht nur dieses Modell, sondern waren auch die übrigen, in überwiegender Handarbeit entstandenen Produkte dieses Herstellers sehr solide, robust und funktionstüchtig.
Auch beim Hagedorn HS 15 handelte es sich um einen guten und robusten, in ansprechender Aufmachung erstellten zeittypischen Blockbau-Dieselschlepper, der sich durchaus im praktischen Einsatz bewährte. Er war mit allen für einen Universalschlepper nötigen Zubehörteilen ausgerüstet. Dass er – bis auf die eigengebaute Vorderachse – aus fremdbezogenen Baukomponenten bestand, war keinesfalls ein Nachteil und hat auf seinen letztendlichen wirtschaftlichen Misserfolg sicherlich keine Auswirkungen gehabt. Denn diese Verfahrensweise wurde damals von vielen Kleinanbietern der Branche ebenso praktiziert. 850 kg maximale Zughakenkraft im ersten Gang war für einen Schlepper dieser Leistungsgröße recht beachtlich.
Im September 1949 erschienen die ersten Exemplare des neuen 14-PS-Bauernschleppers Hela D 14, dessen Serienbau im Oktober begonnen wurde. Dieser grün lackierte Blockbauschlepper mit rotem Kühlergrill besaß eine nach vorne klappbare Motorhaube und stellte die Weiterentwicklung des aus dem Jahr 1938 bekannten 11-PS-Dieselschleppers D 11 dar. Die Hela-Dieselschlepper waren solide, zuverlässige und gut verarbeitete Fahrzeuge, die Vergleiche mit der Konkurrenz nicht zu scheuen brauchten. Bereits 1950 hatte sich der Absatz bei einem Marktanteil von drei Prozent recht gut entwickelt. Auch der Verkaufspreis war mit zunächst 5600 DM und ab Juli 1950 nur noch mit 5040 DM verhältnismäßig günstig kalkuliert. 1956 betrug dieser 6650 DM in der Grundausstattung.
Zu den heute allenfalls noch in Insiderkreisen bekannten Schlepperherstellern zählt auch die Motorenfabrik München-Sendling, die bereits 1957 den Bau von Traktoren beendete. Die wenigen, überwiegend in Handarbeit zusammengeschraubten Sendling-Schlepper waren zweifellos solide und robust, aber auch ohne technische Besonderheiten. Die viel zu schmale Vertriebsbasis dieses Kleinherstellers verhinderte eine größere Verbreitung dieser Fahrzeuge – entsprechend selten sind sie heute.

Mit diesem Sendling-Prospektblatt wurde noch 1955 versucht, neue Käufer zu gewinnen.

Technische Daten: Sendling AS 7

Bauzeit:	1949 bis 1952
Motor:	1-Zyl./4-Takt-Dieselmotor
Hubraum:	1263 Kubikzentimeter
Leistung:	11 kW/15 PS bei 1500 U/min
Antrieb:	4/1-Gang-Getriebe, hinten
Länge:	2320 Millimeter
Gewicht:	1250 Kilogramm (leer)

Kleinschlepper – der zukunftsträchtige Markt

Allgaier: In den 50er-Jahren setzte ein wahrer Boom an Kleinschleppern ein, der auf die Anforderungen und Bedürfnisse der Kleinlandwirte zugeschnitten war. Mit dabei war auch der Allgaier-Werkzeugbau in Uhingen. Im September 1951 stellte die Firma ihrem Publikum den formschönen A 12 nicht wie üblich in Grün lackierten, sondern roten Kleindieselschlepper vor. Die Nachfrage war so groß, dass bereits Ende März 1952 der 1000. Schlepper ausgeliefert werden konnte. In diesem Jahr wurde eine weitere wohldurchdachte Konstruktion, der Tragschlepper A 111, erstmals vorgestellt. Er sollte mit 1734 Exemplaren der meistgebaute Allgaiertyp werden.

Bautz: Obwohl es sich beim Bautz AS 120 um den ersten Traktor aus eigener Konstruktion handelte, konnte die Firma aus Saulgau auf Anhieb einen großen Erfolg verbuchen. Hierdurch und durch die zunehmende Beliebtheit luftgekühlter Schlepperantriebe angespornt, erschien 1953 der 12 PS starke AS 122 in dieser Kühlungsart. Eigenartigerweise blieben die Verkäufe mit insgesamt 2635 Fahrzeugen während seiner siebenjährigen Bauzeit weit hinter denen des AS 120 zurück. Die erste Hälfte der 50er-Jahre war für die Bautz-Werke im Kleinschlepperbereich recht positiv verlaufen. In der zweiten Hälfte machte sich der Konkurrenzdruck innerhalb der Branche verstärkt bemerkbar. So entstand ab 1959 ein recht moderner Schlepper, der Bautz 200. Das mit einer Lenkradschaltung ausgestattete Modell war für kleine Höfe oder als Zweit- und Pflegeschlepper für größere Höfe vorgesehen. Doch die ernste Krise, in die der Schlepperbau zu Beginn der 60er-Jahre geriet, ging auch an Bautz nicht vorbei.

Technische Daten: Bischoff AS 15 WA

Bauzeit:	1951 bis 1954
Motor:	1-Zyl./4-Takt-Dieselmotor
Hubraum:	1178 Kubikzentimeter
Leistung:	11 kW/15 PS bei 1600 U/min
Antrieb:	4/1-Gang-Getriebe, hinten
Länge:	2535 Millimeter
Gewicht:	1365 Kilogramm (leer)

Bischoff: Im Januar 1951 wurde der erste Traktor von Bischoff, das auf erworbenen Unterlagen der Firma Ensinger Fahrzeugbau basierende Modell AS 15, vorgestellt. Der Dieselschlepper AS 15 der Bischoff-Werke war ein sehr solider und

Die im Personenkraftwagenbau übliche Lenkradschaltung wurde erstmals bei den deutschen Schleppern Bautz 200 und 300 eingesetzt. Einfache Schaltwege und bequemes Schalten waren die unbestreitbaren Vorteile für den Schlepperfahrer. Dieser Art der Schaltung bedienten sich schon bald, wie z.B. Güldner, auch andere Hersteller dieser Branche.

Technische Daten: Deuliewag D 15

Bauzeit:	1950 bis 1952
Motor:	1-Zyl./4-Takt-Dieselmotor
Hubraum:	1178 Kubikzentimeter
Leistung:	10,2 kW/14 PS bei 1500 U/min
Antrieb:	4/1-Gang-Getriebe, hinten
Länge:	2650 Millimeter
Gewicht:	1250 Kilogramm (leer)

qualitativ hochwertig verarbeiteter Kleinschlepper konventioneller Baubauart für universelle Verwendbarkeit auf Acker, Straße und im Forst. Sein im Verhältnis zur Motorleistung relativ hohes Gewicht lässt auf reichlich dimensionierte Bauteile schließen. Er war ein zugstarker Traktor, der in der Ebene bis zu 11 t bewegen konnte.

Deuliewag: Mit dem Kleinschlepper Deuliewag D 15 erfuhr zu Beginn des Jahres 1950 das Verkaufsprogramm eine Ergänzung nach unten. Äußerlich glich er dem stärkeren D 24 fast völlig, nur waren seine Abmessungen etwas kleiner. Der D 15 war ein qualitativ sehr solide verarbeiteter, zugleich auch formschöner Kleinschlepper. Dieses durchaus konkurrenzfähige Fahrzeug konnte eine maximale Zughakenkraft von 955 kg im ersten Gang mobilisieren; die Zugleistung auf ebener Straße betrug zwischen 8 und 10 t.

Deutz: Mit dem 60 PS-Deutz F4L 514 hatte die Firma 1952 den stärksten luftgekühlten Radschlepper auf den Markt gebracht. Doch klaffte eine große Lücke im Leistungsbereich zwischen 10 und 12 PS, da man bereits 1951 den Bau des legendären 11er Deutz eingestellt hatte. So entschloss sich die Schleppermanufaktur, mit dem neuen Einzylindermotor der FL612-Serie einen Kleinschlepper anzubieten. Das als F1L 612 bezeichnete Modell kam 1953 auf den Markt und wurde ebenfalls als 11-PS-Bauernschlepper angepriesen. Auch er war als Trag- und Alleinschlepper für die Vollmotorisierung landwirdschaftlicher Kleinbetriebe vorgesehen. Mit 2500 verkauften Einheiten im ersten Verkaufsjahr wurde er zu einem Senkrechtstarter. Im Jahr 1957 wurde der so erfolgreiche F1L 612 vom Tragschlepper Deutz F1L 712 abgelöst. Doch wegen der stark rückläufigen Nachfrage nach Kleinschleppern wurde er bereits 1959 durch das mit einem anderen Getriebe ausgerüstete, stärkere Modell D 15 ersetzt. Der blockkonstruierte, recht kompakte Kleinschlepper Deutz D 15 war als Tragschlepper für den Zwischenachsanbau ausgeführt und im Rahmen seiner Gewichtsklasse universell als Einzelschlepper für Kleinbetriebe sowie als Zweitschlepper für Mäh- und Pflegearbeiten verwendbar. Er eignete sich für alle leichteren Pflugarbeiten – einen einscharigen Pflug konnte der D 15 selbst unter ungünstigen Bodenverhältnissen bewältigen –, zum Ernteeinsatz und auch für leichtere Transportarbeiten. Infolge seiner geringen Abmessungen war er mit einem Wendekreis von 6,10 m auch auf kleinem Raum gut zu rangieren. Die beachtliche Bodenfreiheit von 460 mm machte den D 15 umso mehr für Pflegearbeiten geeignet. Er war ein kleiner, robuster und sparsamer Schlepper, dessen luftgekühlter Einzylinder-Viertakt-Dieselmotor sich durch ein günstiges Drehmoment und hohe Kraftabgabe über einen großen Drehzahlbereich auszeichnete. Der D 15 war unkompliziert und beliebt; seine Leistungsklasse aber hatte sich Mitte der 60er-Jahre, als seine Fertigung eingestellt wurde, überlebt.

Creussen: Der dreirädrige Unitrak des Metallwerks Creussen, auch als Landbaumaschine oder Volkskleinschlepper bezeichnet, war tatsächlich ein kleiner, sehr vielseitiger Geräteträger. Zielgruppe waren eindeutig Kleinbetriebe und solche mit ausgedehnten Sonderkulturen, wo dieses wendige Fahrzeug eine zweckentsprechende Verwendung fand. Für den Einsatz stand eine komplette Gerätelinie zur Verfügung, die mittels Schnellkupplungen sehr zeitsparend angebaut werden konnte. Die Zugleistung belief sich auf ebener Straße auf 5 t; einen Einscharpflug konnte er bis 30 cm Tiefe bewältigen. Der Unitrak war zwar eine gute Maschine, allein die Mehrzahl der Landwirte ließ

Technische Daten: Deutz D 15

Bauzeit:	1959 bis 1964
Motor:	1-Zyl./4-Takt-Dieselmotor
Hubraum:	850 Kubikzentimeter
Leistung:	10,3 kW/14 PS bei 2400 U/min
Antrieb:	6/2-Gang-Getriebe, hinten
Länge:	2645 Millimeter
Gewicht:	920 Kilogramm (leer)

Technische Daten: Unitrak

Bauzeit:	1950 bis 1954
Motor:	1-Zyl./2-Takt-Dieselmotor
Hubraum:	763 Kubikzentimeter
Leistung:	8,8 kW/12 PS bei 2000 U/min
Antrieb:	4/1-Gang-Getriebe, vorne
Länge:	3200 Millimeter
Gewicht:	1030 Kilogramm (leer)

sich von diesem Konzept nicht überzeugen und kaufte lieber Vierradschlepper. Obwohl der Unitrak immer wieder Abnehmer fand, ist es nicht zu nennenswerten Stückzahlen gekommen.

Eicher: Der Eicher EKL 11 war als wendiger und wirtschaftlicher Kleinschlepper auf die landwirtschaftlichen Klein- und Nebenerwerbsbetriebe zugeschnitten. Er sollte die zu Beginn der 50er-Jahre herrschende starke Nachfrage nach Kleintraktoren befriedigen. Als Alleinschlepper war er in der Lage, alle auf einem kleinen Bauernhof anfallenden Arbeiten zu erledigen. Obwohl in ihm der bewährte Deutz-Motor der FL-612-Reihe wirkte, konnte bei 2188 innerhalb von fünf Jahren verkauften Einheiten sicherlich von einem außerordentlichen Markterfolg keine Rede sein. Ungleich bessere Ergebnisse erbrachte der 5 PS stärkere und nur geringfügig teurere EKL 15 aus dem eigenen Hause; ein Zeichen dafür, dass viele Landwirte der höheren Leistung den Vorzug gaben. Bereits 1956 kündigte sich durch den noch leichteren LH 12 mit Hatz-Motor der Nachfolger des EKL 11 an. Der Eicher LH 12 mit Hatz-Motor war das Leichtgewicht unter den Eicher-Schleppern. Für Kleinst- und Nebenerwerbsbetriebe war er als Alleinschlepper eine sehr wirtschaftliche Alternative, wenn auch seine Zugkraft aufgrund des geringen Fahrzeuggewichts zu wünschen übrig ließ. Er bewährte sich ebenso im Obst- und Gartenbau sowie als reiner Pflegeschlepper auf größeren Höfen. Mit seinem geringen Wendekreis von nur 5 m konnte er auch auf kleinstem Raum rangieren. Auch der stärkere ED 13 kam für ähnliche Verwendungsbereiche infrage. Dieses Fahrzeug konnte allein schon aufgrund seines größeren Gewichts und des wesentlich höheren Hubvolumens eine bessere Zugkraft und insgesamt mehr Leistungsreserven zur Verfügung stellen.

Technische Daten: Eicher LH 12

Bauzeit:	1956 bis 1959
Motor:	1-Zyl./4-Takt-Dieselmotor
Hubraum:	667 Kubikzentimeter
Leistung:	8,8 kW/12 PS bei 2600 U/min
Antrieb:	6/2-Gang-Getriebe, hinten
Länge:	2475 Millimeter
Gewicht:	770 Kilogramm (leer)

Der Eicher-Traktor ED 13 war während der Heuernte ein bewährter Helfer in der Landwirtschaft.

Fahr: 1952 brachte auch Fahr einen kleinen Dieselschlepper mit einem 12-PS-Dieselmotor auf den Markt. Der Fahr D 12 war ein unempfindlicher, grundsolider Traktor mit großer Zugkraft und Wirtschaftlichkeit, der bis 1953 im Typenprogramm blieb.

Fendt: Mit dem Typen Dieselross F 12 GH im Jahr 1952 hatte Fendt auf Anhieb einen durchschlagenden Erfolg. Mit dem Dieselross-Modell F 12 HL präsentierten die Fendt-Werke 1953 auch eine luftgekühlte Variante dieses Kleinschleppers. Die große Bodenfreiheit von 380 mm, sein geringes Gewicht und

Der mit einem 10-PS-ILO-Einzylinder-Zweitakt-Diesel angetriebene FL 114 war ein ausgesprochenes Fahrzeug für Kleinstbetriebe.

der geringe Bodendruck machten den F 12 auch als Mäh- und Pflegeschlepper sowie für Hack- und Bestellarbeiten interessant. Bis 1958 konnten nahezu 16.000 Einheiten, die sich fast gleichmäßig auf beide Varianten verteilten, verkauft werden. Obwohl sich im Fendt-Verkaufsprogramm 1957 die wahlweise mit Wasser- oder mit Luftkühlung lieferbaren 12-PS-Kleinschlepper-Modelle F 12 GH und F 12 HL weiterhin recht erfolgreich behaupteten, sah die Unternehmensleitung einen zusätzlichen Bedarf für einen noch kleineren Traktor. Das Fendt-Dieselross-Modell FL 114 war das einzige Fahrzeug dieses Herstellers mit einem Zweitakt-Diesel und gleichzeitig der kleinste Fendt-Schlepper überhaupt. Der FL 114 wurde bis 1959 angeboten. Im Jahr 1958 gesellte sich ein weiterer kleiner Schlepper in den Kleinschlepper-Stammbaum von Fendt, der Fix 1. Durch die langgestreckte, runde Motorhaube zählte er zu den schönsten Traktoren seiner Epoche.

Güldner: Im Jahr 1953 erweiterten die Güldner-Werke ihr Verkaufsangebot um drei neue Modelle. Mit dem Kleinschlepper-Modell AZK gedachte man, die Zielgruppe der Kleinlandwirte anzusprechen. Der bis 1958 gefertigte AZK wurde zunächst mit einem 12 PS starken Güldner-Motor bestückt, kurze Zeit später aber durch ein 14-PS-Aggregat ersetzt. Vom AZK wurden 5478 Einheiten gefertigt. Im Jahr 1955 ergänzte der Typ ALK mit 12 PS das Güldner-Programm. Er wurde bis 1957 gebaut. Bei der 1956 in Hannover stattfindenden DLG-Ausstellung wurden die ersten Ergebnisse der Entwicklungsgemeinschaft zwischen Fahr und Güldner sichtbar. Güldner stellte die Modelle AX und AK vor, die unter der Haube exakt mit den Fahr-Typen D 66 und D 88 identisch waren. Es waren sehr formschöne, in einem zeitlosen, leicht stromlinienförmigen Design gestaltete luftgekühlte Tragschlepper. Vom Güldner AX wurden 975 Fahrzeuge bis 1959 verkauft. Der im Jahr 1959 präsentierte vielseitige Tragschlepper Güldner A2KS Spessart wurde zu einem der beliebtesten Kleinschlepper gegen Ende der 50er-Jahre und erhielt mit dem gering veränderten Güldner G 15 sogar noch einen Nachfolger.

Hanomag: Im Mai 1954 wurde bei der Hanomag in Hannover der 100.000. fertiggestellte Schlepper gefeiert. Im gleichen Jahr wurde dem im Vorjahr mit einer schmalen, kantigen Motorhaube am Markt vorgestellten Hanomag-Tragschlepper R 12 ein neues Erscheinungsbild verpasst. Dieser Traktor hatte bei seinem Erscheinen wegen der durchaus unüblichen Form des ventillosen Zweitakt-Dieselmotors für genügend Aufsehen gesorgt. Hubraum und Motorleistung des Einzylinder-Dieselmotors D 611 S blieben ebenso unverändert wie das Sechsganggetriebe. Der Motor verfügte über eine Thermostat-Zweikreis-Wasserkühlung. Dieses Kühlsystem arbeitete sehr geräuscharm und völlig wartungsfrei. Von allen R12-Varianten wurden zwischen Oktober 1953 und April 1960 insgesamt 18.536 Einheiten gebaut.

Hatz: Das relativ kleine, mittelständische Unternehmen Hatz in Ruhstorf tat sich anfangs recht schwer in dem neuen Metier der Schlepperproduktion. 1953 konnte Hatz lediglich 106 Bauern aus der näheren Umgebung von der Qualtität seiner Schlepper überzeugen. Im daurauffolgenden Jahr waren es bereits 300 verkaufte Schlepper. Der Leistungsbereich deckte Traktoren von 13 bis 32 PS ab. Im Winter 1954 erfolgte eine Erweiterung des erst im Herbst des vorherigen Jahres vorgestellten, aus den vier Typen T 13, T 16, T 26 und T 32 bestehenden Bauprogramms. Zum einen rundete der 10-PS-Kleinschlepper TL 10

Technische Daten: Hanomag R 12

Bauzeit:	1954 bis 1960
Motor:	1-Zyl./2-Takt-Dieselmotor
Hubraum:	511 Kubikzentimeter
Leistung:	8,8 kW/12 PS bei 2200 U/min
Antrieb:	6/2-Gang-Getriebe, hinten
Länge:	2730 Millimeter
Gewicht:	800 Kilogramm (leer)

Technische Daten: Güldner ALK

Bauzeit:	1955 bis 1957
Motor:	2-Zyl./4-Takt-Dieselmotor
Hubraum:	885 Kubikzentimeter
Leistung:	8,8 kW/12 PS bei 2500 U/min
Antrieb:	6/1-Gang-Getriebe, hinten
Länge:	2808 Millimeter
Gewicht:	1025 Kilogramm (leer)

Technische Daten: Hela D 12 S

Bauzeit:	1952 bis 1957
Motor:	1-Zyl./4-Takt-Dieselmotor
Hubraum:	850 Kubikzentimeter
Leistung:	8,8 kW/12 PS bei 2000 U/min
Antrieb:	5/1-Gang-Getriebe, hinten
Länge:	2500 Millimeter
Gewicht:	1185 Kilogramm (leer)

Technische Daten: Holder A 10

Bauzeit:	1953 bis 1959
Motor:	1-Zyl./2-Takt-Dieselmotor
Hubraum:	499 Kubikzentimeter
Leistung:	7,3 kW/10 PS bei 2000 U/min
Antrieb:	4/2-Gang-Getriebe, Allrad
Länge:	1950 Millimeter
Gewicht:	635 Kilogramm (leer)

mit der Zusatzbezeichnung „Agricolo" das Angebot nach unten hin ab, zum anderen war es das 22-PS-Modell TL 22. Ein Jahr später gesellte sich der 12-PS-Schlepper TL 12 hinzu, der schon nach kurzer Zeit den wassergekühlten T 13 ablösen sollte.

Hela: Anfang der 50er-Jahre bestand das Bauprogramm der Aulendorfer Schlepperfabrik Hermann Lanz GmbH aus mehreren Traktoren, die den gängigen Bereich von 15 bis 40 PS abdeckten. Ein ausgesprochener Kleinschlepper im untersten Leistungsbereich fehlte aber bis dahin. Gerade dieses vielgefragte Segment war im Rahmen der angelaufenen Motorisierungswelle besonders bedeutsam. Im März 1952 schließlich war ein übersichtlicher und wendiger 12-PS-Kleinschlepper mit wassergekühltem Einzylinder-Dieselmotor der KD-Reihe von MWM fertiggestellt, mit dem man mit Aussicht auf Erfolg auf diesem Marktsegment tätig werden konnte. Der in stehender Bauweise ausgebildete Viertaktmotor des Typs KD 12 E – das „E" stand für Einzylinder – war eine soeben erst von den Mannheimer Motoren-Werken vorgestellte Neuentwicklung. Im Jahr 1955 hatte Hermann Lanz erstmals die Zahl von 2000 Neuzulassungen in der Bundesrepublik übersprungen. Diese scheinbar auf eine weitere Expansion hinweisende Entwicklung ermutigte die Firmenleitung, einen alten Traum zu verwirklichen und eine eigene Motorenproduktion aufzuziehen. Aus diesem Entschluss entstand unter anderem ab 1958 der Hela D 312 mit Hela-AE-Wirbelkammer-Dieselmotor.

Holder: Ab 1951 gab es Holder-Traktoren nicht nur als Einachsschlepper, sondern auch als Vierradschlepper. Der Holder B 10 wurde auf Anhieb ein Erfolg, zumal dieser Kleinschlepper zu dieser Zeit einen sehr aufnahmefähigen Markt vorfand. Mit dem Vierrad-Kleinschlepper B 10 konnte Holder aus Metzingen einen großen Erfolg landen. Von Kundenseite wurden des Öfteren mehr Leistung und ein besseres Zugvermögen gerade bei ungünstigen Bodenverhältnissen gefordert. Eine zuverlässige Abhilfe war nur bei Verwendung von vier gleich großen Rädern oder mithilfe von Raupenketten zu erwarten. Die Allrad-Knicklenker A 10 und A 12 waren Sonderfahrzeuge für all diejenigen Bereiche in der Land- und Forstwirtschaft vorgesehen, die ein hinterradgetriebener Kleinschlepper nicht mehr bewältigen konnte. Vor allem in Hanglagen und selbst bei schwierigsten Bodenverhältnissen waren sie durch die Verwindungsmöglichkeit des vorderen und hinteren Fahrzeugteils in ihrem Element. Durch die vier gleich großen Räder konnten sie die vom Motor zur Verfügung gestellten Leistungen viel leichter auf den Boden bringen und in Zugkraft verwandeln.

Hummel: Die im oberbadischen Heiterheim ansässige Land- und Dreschmaschinenfabrik A. Hummel & Söhne begann bereits 1862 als Schlosserei. Nach dem Zweiten Weltkrieg stellte man Überlegungen an, ein zweckmäßiges landwirtschaftliches Kleinmotorfahrzeug zu bauen. Das kleine Fahrzeug sollte Bauern in die Lage versetzen, auf die Arbeitskraft von Tieren bei der Feldarbeit zu verzichten. Doch erst mit dem im Jahr 1954 vorgestellten Hummel DT 54 gelang der Firma ein kleiner Erfolg, der bis 1958 währte.

I.H.C.: Man schrieb das Jahr 1952 und die deutsche Niederlassung des IH-Konzerns hatte seit 1951 erstmals einen Dieselschlepper im Programm. Mit diesem ersten Dieselmotor war das Eis gebrochen, und der amerikanische Mutterkonzern konnte die Arbeit der deutschen Kollegen nicht mehr so einfach ignorieren und unter den sprichwörtlichen Tisch kehren. Von diesem Zeitpunkt an wurden der Neusser Niederlassung größere Selbstständigkeiten zugestanden, die in der Erlaubnis, mit eigenständigen Entwicklungen für den deutschen und europäischen Markt tätig zu werden, gipfelte. Noch im gleichen Jahr stellte das I.H.C.-Werk in Neuss mit dem Farmall-Dieselschlepper DED sein erstes eigenständig entwickeltes Modell vor. Im darauffolgenden Jahr löste eine aus drei leistungsmäßig zwischen 14 und 30 PS angesiedelten Typen bestehende Modellreihe den DED ab. Das kleinste Modell, der DLD 2 – diese Abkürzung stand für „Deutscher Leicht Diesel" –, war ein kleiner, kompakter, 14 PS starker Traktor in selbsttragender Blockbauweise. Der Zweizylinder-Dieselmotor besaß eine dreifach gelagerte Kurbelwelle, eine Bosch-Einspritzpumpe und genügend Kraftreserven, um auch mit schweren Arbeiten fertig zu werden. 1956 stellte das Neusser I.H.C.-Werk die neue D-Schlepperserie vor, wobei das „D" in der Typenbezeichnung auf das Herkunftsland Deutschland im Rahmen des global tätigen IH-Konzerns verwies. Während die Bezeichnung „Farmall" zu Deutsch „Allzweckschlepper" bedeutete, gab die dreistellige Modellbezeichnung mit der ersten Ziffer die Zylinderzahl des im jeweiligen Modell eingebauten Motors an, die beiden weiteren die Motorleistung in DIN-PS. Der Tragschlepper D 212 war aufgrund der Baukonzeption als Alleinschlepper in landwirtschaftlichen Kleinbetrieben für alle auf den Höfen anfallenden Arbeiten einsetzbar. Der erfolgreiche Schlepper wurde bis 1959 3753-mal verkauft.

Kramer: Am 17. Januar 1950 war es bei Kramer so weit. Rechtzeitig zum 25-jährigen Firmenjubiläum verließ das erste Fahrzeug des neuen Modells K 22 Th die Werkstore. Im März 1950 kam der Typ K 12 Th als weitere Neuheit bei Kramer hinzu. Dieser weiterhin mit dem 12-PS-Deutz-Motor MAH 914 des K 12 bestückte Schlepper war ebenfalls thermosyphongekühlt. Mit dem ab Juni 1950 wiederum als Verdampfer lieferbaren Rahmenbauschlepper K 12 V „Allesschaffer" hingegen konnten die Kramer-Werke einen regelrechten Verkaufsschlager präsentieren. Der im Jahr 1952 erschienene Kramer KB 12 war ebenfalls als Kleinschlepper konzipiert. Zum Antrieb diente ein 12 PS starker Wälzkammer-Diesel von Güldner. Neu war das Kramer-Acht-

Technische Daten: I.H.C. DLD 2

Bauzeit:	1953 bis 1965
Motor:	2-Zyl./4-Takt-Dieselmotor
Hubraum:	1088 Kubikzentimeter
Leistung:	10,2 kW/14 PS bei 1750 U/min
Antrieb:	5/1-Gang-Getriebe, hinten
Länge:	2461 Millimeter
Gewicht:	975 Kilogramm (leer)

Technische Daten: Kramer K 12 V

Bauzeit:	1950 bis 1952
Motor:	1-Zyl./4-Takt-Dieselmotor
Hubraum:	1100 Kubikzentimeter
Leistung:	8,8 kW/12 PS bei 1100 U/min
Antrieb:	5/1-Gang-Getriebe, hinten
Länge:	2630 Millimeter
Gewicht:	1300 Kilogramm (leer)

ganggetriebe. Die ungefederte Vorderachse war pendelnd gelagert. Nachdem bereits im Mai 1952 das wassergekühlte Modell KB 12 mit Kramer-Getriebe als Ersatz für den Verdampferschlepper K 12 vorgestellt worden war, folgte ab März 1953 der Kleinschlepper KL bzw. KL 11. Dieses Fahrzeug mit seinem luftgekühlten Einzylinder-Deutz-Diesel war eine sehr neuzeitliche Konstruktion. Der Kleinschlepper KL 11 war auf die Hauptzielgruppe der frühen 50er-Jahre, die Klein- und Nebenerwerbsbetriebe, zugeschnitten. Ähnlich verhielt es sich mit dem Typ KL 12, der über ein modernes Gruppenschaltgetriebe von Kramer verfügte. Die zwischen dem 12 PS starken KB 12 und dem KB 17 mit 17 PS bestehende Angebotslücke schloss man ab Juli 1954 mit dem Modell K 15. Zum Antrieb dieses Fahrzeugs wurde der bewährte Zweizylinder-MWM-Diesel KD 211 Z verwendet. Vorausgegangen waren Versuche, in diesen Schlepper den Güldner-Zweizylindermotor 2 K mit 14 PS einzubauen. Daher auch die anfängliche Bezeichnung KB 14. Der K 15 wurde bis zum September 1956 in 3620 Einheiten gefertigt. Der 1956 in der Grundausrüstung für 4930 DM angebotene KA 110 blieb bis Mai 1958 im Verkaufsprogramm. Während der eineinhalbjährigen Produktionsdauer verließen insgesamt 1848 Fahrzeuge die Werkshallen. Ab Juni 1958 trat das Modell KLS 130 als Nachfolger auf den Plan. Der ab August 1958 gebaute Kleinschlepper KL 130 kam bereits in den Genuss des neuen, volumenstärkeren Deutz-Diesels aus der FL-712-Motorreihe. Er trat die Nachfolge des seit Mitte 1955 mit großem Erfolg gefertigten KL 12 an. Im Vergleich zu diesem hatte man jeweils 10 cm Radstand und Baulänge sowie 50 kg Gewicht eingespart. Bald darauf erhöhte Kramer die Motorleistung von 11 auf 13 PS. Im Juli 1959 brachten die Kramer-Werke drei neue Kleinschlepper

Der Kramer Pionier war eine leicht zu handhabende Universalmaschine für kleinere Betriebe.

auf den Markt. Neben dem Modell KLS 140 waren es vor allem die Typen Pionier und Pionier S. Während es sich beim KLS 140 um den stärkeren Nachfolger des erst seit elf Monaten im Bau befindlichen KLS 130 handelte, gab es für die beiden Pionier-Modelle keine Vorgänger.

Kühner & Berger: Die allgemeine Not der Nachkriegszeit brachte auf nahezu allen Gebieten der Technik teilweise recht sonderbare und durch Improvisation geprägte Konstruktionen hervor, bei deren Anblick sicherlich manche der heute verwöhnten Zeitgenossen nur noch mitleidig den Kopf schütteln können. Zu diesen Kleinherstellern zählte auch die in Sasbach bei Achern beheimatete Firma Kühner & Berger. Ursprünglich war diese ein Sägewerk mit einer Kornmühle. Der Entwicklung des „Dieselzwergs" lag die Idee zugrunde, einen Kleinschlepper und Geräteträger zu bauen, der in erster Linie für die Obstbau- und Kleinparzellenwirtschaft im süddeutschen Raum verwendet werden sollte. Hier sollte er vor allem für Pflege- und Mäharbeiten, aber auch als Universalschlepper für leichtere Aufgaben eingesetzt werden. Der Dreiradschlepper war sehr einfach im Aufbau und daher auch mit einfachen Mitteln leicht herzustellen. Die Steuerung des in einer Gabel geführten Vorder-

Technische Daten: Kramer KA 110

Bauzeit:	1956 bis 1958
Motor:	1-Zyl./4-Takt-Dieselmotor
Hubraum:	763 Kubikzentimeter
Leistung:	8,1 kW/11 PS bei 2000 U/min
Antrieb:	5(10)/1(2)-Gang-Getr., hinten
Länge:	2590 Millimeter
Gewicht:	955 Kilogramm (leer)

Technische Daten: Kühner & Berger Dieselzwerg

Bauzeit:	1953 bis 1955
Motor:	1-Zyl./4-Takt-Dieselmotor
Hubraum:	765 Kubikzentimeter
Leistung:	7,3 kW/10 PS bei 1750 U/min
Antrieb:	4/2-Gang-Getriebe, hinten
Länge:	2320 Millimeter
Gewicht:	720 Kilogramm (leer)

Technische Daten: Lanz D 1106 „Bulli"

Bauzeit:	1956 bis 1958
Motor:	1-Zyl./2-Takt-Dieselmotor
Hubraum:	533 Kubikzentimeter
Leistung:	8,1 kW/11 PS bei 2600 U/min
Antrieb:	6/2-Gang-Getriebe, hinten
Länge:	2440 Millimeter
Gewicht:	774 Kilogramm (leer)

rades erfolgte mit einer Motorradlenkstange vom Fahrersitz aus. Das Getriebe samt Hinterachse sowie die komplette Kupplung stammten von ausgesonderten US-Jeeps. Die produzierten Stückzahlen blieben angesichts der geringen vorhandenen Baukapazitäten und der Fertigungsmethode – alles wurde in Handarbeit hergestellt – naturgemäß bescheiden.

Lanz: Gegen Mitte der 1950er-Jahre wurde bei den Mannheimer Lanz-Werken eine in der Vergangenheit niemals für möglich gehaltene Entwicklung eingeleitet. Man entfernte sich von dem Grundsatz, jedes Schlepperteil selbst herzustellen, und kaufte erstmals Fremdteile am Markt ein. Mit einem auf Dieseleinspritzung umgebauten Lanz-TWN-Motor gelangte ab März 1955 das als Lanz Bulldog-Dieselschlepper bezeichnete Modell D 1306 zum Verkauf. Es war ein 13 PS starker, zeittypischer Kleinschlepper mit geringem Eigengewicht, dessen schlanke Wespentaillenbauweise den Anbau von Zwischenachsgeräten zuließ. Von ganz anderer Machart waren die beiden Konfektions-Bauernschlepper D 1266 und D 1666 mit 12 und 16 PS. In diesem Fall hatten die Lanz-Werke auf solide wassergekühlte Wirbelkammer-Motorentechnik der Motoren-Werke Mannheim sowie auf das bereits genannte ZF-Getriebe A 5/6 gesetzt. Mit diesen über Jahre in Tausenden von Schleppern sehr bewährten Komponenten konnte man nichts falsch machen, und endlich schien sich für Lanz der dringend benötigte geschäftliche Erfolg anzubahnen. 1956 erschien mit dem D 1106 – seine offizielle Bezeichnung lautete „Bulli" – ein weiteres Fahrzeug mit Lanz-TWN-Motor. Es war ein sehr formschöner und zugleich der kleinste Schlepper im Lanz-Bauprogramm. Der auf 11 PS gedrosselte Motor zeichnete sich im Vergleich zu den im „Alldog" und D 1306 installierten Varianten überraschenderweise durch Zuverlässigkeit und lange Lebensdauer aus. Neu war an diesem ab 1958 in der überarbeiteten Version D 1206 im Programm vertretenen Traktor die Halbrahmenbauweise. Dieser wurde stets in den John-Deere-Farben Grün/Gelb lackiert.

Der D 1306 von Lanz war ein kompakter Kleinschlepper, der leider an seinem unzweckmäßigen Motor krankte.

MAN: Mit dem Modell 2 F 1 der Maschinenfabrik Augsburg-Nürnberg AG – MAN – brachte dieser Hersteller 1957 erstmals einen Kleinschlepper mit einem luftgekühlten M-Dieselmotor auf den Markt. Der MAN-Tragschlepper 2 F 1 war in erster Linie für die kostendeckende Mechanisierung kleinbäuerlicher

Technische Daten: MAN 2 F 1

Bauzeit:	1957 bis 1961
Motor:	2-Zyl./4-Takt-Dieselmotor
Hubraum:	885 Kubikzentimeter
Leistung:	9,5 kW/13 PS bei 2000 U/min
Antrieb:	6/2-Gang-Getriebe, hinten
Länge:	2715 Millimeter
Gewicht:	840 Kilogramm (leer)

Technische Daten: Normag Faktor I

Bauzeit:	1950 bis 1956
Motor:	1-Zyl./4-Takt-Dieselmotor
Hubraum:	1299 Kubikzentimeter
Leistung:	11 kW/15 PS bei 1500 U/min
Antrieb:	5/1-Gang-Getriebe, hinten
Länge:	2350 Millimeter
Gewicht:	1235 Kilogramm (leer)

Betriebe oder als Pflegeschlepper in größeren Betrieben geeignet. Durch die zusätzliche Möglichkeit des Zwischenachsanbaus von Arbeitsgeräten konnten über den Heck- und Frontanbau hinaus Gerätekombinationen für mehrere Arbeiten zu einem Arbeitsgang zusammengefasst werden. Einen besonderen Wert hatte man auf die Einmannbedienung gelegt. Der 2 F 1 war ein ausgezeichneter Kleinschlepper in der bekanntermaßen guten MAN-Qualität, der sich recht großer Verbreitung erfreute.

Normag: Zu Beginn der 50er-Jahre erfreuten sich die formschönen Traktoren der Normag GmbH mit dem stilisierten NZ auf der Motorhaube einiger Beliebtheit. Ansehnliche Inlandszulassungen, aber auch Exporterfolge, nicht nur in das westliche Ausland, sondern auch in außereuropäische Regionen, konnten dies bestätigen. Da die Fabrikationsanlagen im neu erworbenen Hattinger Betriebsteil auf ausreichende Kapazitäten ausgebaut worden waren, konnte noch im gleichen Jahr das Bauprogramm um drei zusätzliche Fahrzeuge erweitert werden, darunter auch der 15-PS-Kleinschlepper Faktor I. Beim Faktor I handelte es sich um ein blockkonstruiertes Fahrzeug mit einem verhältnismäßig hohen Gewicht, was einmal ein Indiz für eine solide Bauausführung war. Im Jahr 1955 kostete der Faktor I in der Grundausrüstung 6180 DM. Das kleinste Normag-Modell war der 1952 vorgestellte Rahmenbauschlepper C 10, ein leichter und preiswerter Traktor, welcher speziell für Kleinstbauernhöfe und Nebenerwerbsbetriebe konzipiert war. Zu jener Zeit war dies der kleinste Vierradtraktor überhaupt, den es in der jungen Bundesrepublik zu kaufen gab. Dieser leichtgewichtige Schlepperzwerg wurde von einem 10-PS-Kleindieselmotor angetrieben. Die Kraftübertragung zwischen Motor und dem aus eigenem Hause stammenden Fünfganggetriebe erfolgte mittels

Titelseite einer Werbeschrift über den ab 1953 angebotenen Kornett I der Normag-Zorge GmbH.

Technische Daten: Normag C 10

Bauzeit:	1952 bis 1954
Motor:	1-Zyl./4-Takt-Dieselmotor
Hubraum:	763 Kubikzentimeter
Leistung:	7,3 kW/10 PS bei 1750 U/min
Antrieb:	5/2-Gang-Getriebe, hinten
Länge:	2190 Millimeter
Gewicht:	758 Kilogramm (leer)

Prospekt des Porsche-Tragschleppers P 111.

Keilriemen. Der C 10 war ein ausgesprochen wirtschaftlicher Kleinschlepper für den schmalen Geldbeutel, der auf die Mechanisierung solcher Betriebe zugeschnitten war und gemäß Werksangaben zwei Zugtiere ersetzte. Für diesen Zweck standen zahlreiche Anbaugeräte aus eigener Produktion zur Verfügung. Im Jahr 1953 stellte die Normag-Zorge GmbH in Hattingen/Ruhr einen neuen Motor mit vielen positiven Eigenschaften vor. Dieses neuartige Antriebsaggregat wurde erstmals zum Antrieb des Traktormodells Kornett I verwandt. Es war technisch hochinteressant und daher in Fachkreisen ständiges Gesprächsthema. Eine seiner bemerkenswertesten Eigenschaften lag darin, dass seine Höchstdrehzahl nur 1500 U/min betrug. Daraus resultierte eine Leistung von 12 bis 20 PS. Nachdem noch 1957 der völlig neu entwickelte und mit verschiedenen Einbaumotoren erhältliche Kleinschlepper N 12 das ohnehin schon breitgefächerte Programm ergänzte, bestand dieses jetzt aus neun Modellen. Zum Jahresende 1957 wurde der Traktorenbau in Hattingen eingestellt. Schuld an dieser negativen Entwicklung war aber keinesfalls die technische Seite der Traktoren, die sich nach wie vor auf dem aktuellen Stand befand.

Porsche: Am 1. Januar 1956 übernahm die vom Mannesmann-Konzern gegründete Porsche-Diesel-Motorenbau GmbH die Herstellung aller bis dahin von den Allgaier-Werken in Uhingen nach Porsche-Lizenzen gebauten Dieselschlepper von 12 bis 44 PS. Der P 111 als der kleinste Typ war ein im Jahr 1952 entstandener Tragschlepper mit schmaler Wespentaille. Dieser Entwurf wies große Gemeinsamkeiten mit dem ähnlich dimensionierten amerikanischen Schleppermodell Farmall Cub auf, vor allem was die Anbringung der Anbaugeräte anbelangte. Im Jahr 1957 modifizierte die Porsche-Diesel-Motoren GmbH in Friedrichshafen-Manzell, das zuvor von den Allgaier-Werken übernommene Typenprogramm, das damit zunächst aus den drei Modellen – Junior, Standard und Super – bestand. Das kleinste

Technische Daten: Porsche Junior

Bauzeit:	1957 bis 1959
Motor:	1-Zyl./4-Takt-Dieselmotor
Hubraum:	822 Kubikzentimeter
Leistung:	10,2 kW/14 PS bei 2250 U/min
Antrieb:	6/2-Gang-Getriebe, hinten
Länge:	2840 Millimeter
Gewicht:	910 Kilogramm (leer)

Modell dieser mit bewährten luftgekühlten Motoraggregaten ausgerüsteten Reihe war der aus dem vorherigen P 111 entstandene 14-PS-Kleinschlepper Junior. Der Porsche Junior, ganz gleich in welcher Ausführung, war der ideale und preiswerte Klein- und Alleinschlepper für kleine oder im Nebenerwerb betriebene Höfe. Besonders in den stark parzellierten Regionen Süddeutschlands war er sehr verbreitet und ist vereinzelt sogar noch heute in untergeordneten Diensten im Einsatz.

Primus: Ab 1953 setzten die Primus-Werke verstärkt auf preiswertere und bewährte Großserienmotoren der Motoren-Werke Mannheimer, die man anstelle der auf Dauer wenig entwicklungsfähigen hauseigenen Aggregate in die Schlepper einbaute. Dem Markttrend folgend versuchte man, mit luft- und wassergekühlten Schleppern zwischen 12 und 18 PS auch entsprechende Maschinen für kleinere Betriebsgrößen bereitzuhalten. Zu dieser Kategorie zählten der luftgekühlte Typ PD 1 ZL sowie das wassergekühlte Pendant PD 1 Z, beide mit MWM-Motoren bestückt. PD 1 E und PD 1 EL waren zeittypische Kleinschlepper, die aufgrund ihrer Bodenfreiheit und Bauweise auch eingeschränkt für den Zwischenachs-Geräteanbau verwendet werden konnten.

Röhr: Die Erich Röhr Maschinenfabrik GmbH war 1948 in Passau-Grubweg gegründet worden und hatte noch im gleichen Jahr ein aus drei Modellen zwischen 15 und 35 PS bestehendes Schlepperprogramm in Angriff genommen. Im Jahr 1953 ergänzten weitere Modelle das für diesen Kleinhersteller recht ehrgeizige Programm, wozu auch ein im folgenden Jahr vorgestellter Kleinschlepper gehörte. Er war ein Fahrzeug, das es wahlweise als Typ 12 R mit einem wassergekühlten und als Typ 12 RA mit luftgekühltem Antriebsaggregat gab.

Die luft- und wassergekühlten Schlüter-Traktoren SL 15 bzw. S 15 fungierten hauptsächlich als Universalschlepper auf kleineren Höfen – hier beim personalintensiven Pflanzensetzen.

Ritscher: Im Jahr 1953 bestand das Ritscher-Grundprogramm aus sechs Modellen, mit denen der Leistungsbereich von 18 bis 40 PS abgedeckt werden konnte. Was eindeutig fehlte, war ein echter Kleinschlepper für die entsprechenden Betriebsgrößen. Beim Entwurf eines solchen Modells wurde Ritscher ungewollt vom Halbkonfektionär zum Vollkonfektionär. Weder der Motor noch das bei den übrigen Typen des Bauprogramms aus Eigenfertigung stammende Getriebe war für diese Baugröße vorhanden. Die ersten Fahrzeuge des Typs 412 wurden bereits im Januar 1953 ausgeliefert. Nur etwa 80 Exemplare, fast aus-

Technische Daten: Röhr 12 R

Bauzeit:	1954 bis 1956
Motor:	1-Zyl./4-Takt-Dieselmotor
Hubraum:	851 Kubikzentimeter
Leistung:	8,8 kW/12 PS bei 2000 U/min
Antrieb:	4/1-Gang-Getriebe, hinten
Länge:	2345 Millimeter
Gewicht:	950 Kilogramm (leer)

Technische Daten: Schlüter S 15

Bauzeit:	1959 bis 1962
Motor:	1-Zyl./4-Takt-Dieselmotor
Hubraum:	1506 Kubikzentimeter
Leistung:	11 kW/15 PS bei 1500 U/min
Antrieb:	6/1-Gang-Getriebe, hinten
Länge:	2630 Millimeter
Gewicht:	1285 Kilogramm (leer)

Technische Daten: Sulzer S 12

Bauzeit:	1954 bis 1955
Motor:	1-Zyl./4-Takt-Dieselmotor
Hubraum:	699 Kubikzentimeter
Leistung:	8,1 kW/11 PS bei 1800 U/min
Antrieb:	5/1-Gang-Getriebe, hinten
Länge:	2450 Millimeter
Gewicht:	1100 Kilogramm (leer)

Technische Daten: Wesseler WL 12

Bauzeit:	1953 bis 1959
Motor:	1-Zyl./4-Takt-Dieselmotor
Hubraum:	851 Kubikzentimeter
Leistung:	8,8 kW/12 PS bei 2000 U/min
Antrieb:	5/1-Gang-Getriebe, hinten
Länge:	2450 Millimeter
Gewicht:	790 Kilogramm (leer)

schließlich wassergekühlte Traktoren, wurden bis zum Frühjahr 1954 gebaut.

Schlüter: Zwischen 1950 und Ende 1956 hatte die Firma Schlüter weit mehr als 15.000 Schlepper gefertigt, die von da an in der Regel zur vollsten Zufriedenheit ihrer Besitzer im Einsatz standen. Das damalige Typenangebot begann mit dem 15 PS starken AS 15 und endete beim bärenstarken AS 55 mit 55 PS. Lediglich im unteren Bereich war es noch ergänzungsbedürftig. Es fehlte ein leichterer Schlepper für Kleinlandwirte unterhalb der 15-PS-Marke.

Ende des Jahres 1956 präsentierte Schlüter den ersten Kleinschlepper, den ASL 130, der bis zum Juli 1958 mit 650 Exemplaren verkauft wurde. 1959 stand im Zeichen einer neuen Schleppergeneration, darunter auch die Kleinschlepper SL 15 und das wassergekühlte Parallelmodell S 15. Während seiner insgesamt 33-monatigen Bauzeit verließen 560 Traktoren des Modells S 15 die Freisinger Fertigungsbänder.

Sulzer: Heute eigentlich nur noch Kennern geläufig ist der Traktorenfabrikant Ignaz Sulzer aus Harthausen bei Augsburg. Zu den Modellen der frühen 50er-Jahre gehörten der Typ S 12 mit 11-PS-München-Sendling-Diesel und Renk-Getriebe SG 14-5 sowie der S 18 mit SG 18-5 und MWM-Motor. Dessen Nachfolger war der mit dem gleichen Motor bestückte Typ S 20, der sich aber von jenem durch das Hurth-Getriebe G 85 unterschied. Besonders die kleinen Klassen, die vor allem im weiteren Umland Augsburgs direkt ab Werk verkauft wurden, bildeten das Hauptstandbein des unternehmerischen Umsatzes.

Wesseler: Zu den kleinen Traktorherstellern in Deutschland zählt die Firma Heinrich Wesseler oHG Schlepper- und Fahrzeugbau aus Altenberge in Westfalen. Nach Kriegsende führte Wesseler den handwerklich angelegten Schlepperbau fort. 1953 schließlich entstand ein aus insgesamt sieben Fahrzeugen bestehendes, in Anbetracht von Fertigungskapazität und Betriebsgröße recht ehrgeiziges Bauprogramm mit Modellen zwischen 12 und 40 PS. Das kleinste Modell war der Wesseler-Kleinschlepper des Typs W 12 mit 12 PS. Eine leistungsmäßig identische luftgekühlte Variante wurde unter der Bezeichnung WL 12 geführt. Auf der 1952 in Köln stattfindenden DLG-Ausstellung überraschte die Firma Wesseler mit einem umfangreichen Bauprogramm. In die Modelle W 15 und W 17 gelangte das ZP-Getriebe A 5, in die W-24-Modelle das ZP A 8 zum Einbau. Sämtliche Fahrzeuge unterschieden sich äußerlich, sieht man einmal von ihrer unterschiedlichen Größe ab, kaum. Exportanstrengungen unternahm man nun gezielt, insbesondere in Richtung der Beneluxstaaten, wo Wesseler-Traktoren ab der zweiten Hälfte der 1950er-Jahre durch den Importhändler Roefs Maschinenhandel in Venlo beziehungsweise durch ein in Roermond ansässiges Landmaschinenunternehmen vertrieben wurden.

Trotz der geringen Betriebsgröße hatte die Firma Wesseler in den 1950er-Jahren stets ein umfassendes Schlepperprogramm.

DAS ENDE DER KLEINEN SCHLEPPER IN DEN 60ER-JAHREN

Technische Daten: Eicher Leopard

Bauzeit:	1960 bis 1966
Motor:	1-Zyl./4-Takt-Dieselmotor
Hubraum:	981 Kubikzentimeter
Leistung:	11 kW/15 PS bei 2000 U/min
Antrieb:	6/2-Gang-Getriebe, hinten
Länge:	3550 Millimeter
Gewicht:	1054 Kilogramm (leer)

Eicher: Im Dezember 1959 wurde der kleine, unter der Werksbezeichnung EM 100 geführte 15-PS-Schlepper Leopard präsentiert, der damit das Verkaufsangebot des Unternehmens nach unten hin abrundete. Ab 1960 gab es ihn dann auch zu kaufen. Dieses kleinste Modell der sogenannten Raubtierreihe war ein besonders für kleinere landwirtschaftliche Betriebe oder als Zweitschlepper für größere Bauernhöfe geeigneter Universaltraktor. Dem speziell für Kleinbetriebe vorgesehenen Eicher Leopard haftete der Nachteil der zu späten Geburt an, denn als er erschien, ging die Nachfrage gerade bei Fahrzeugen dieser Leistungsklasse zurück. Der Leopard wurde bis 1966 fabriziert und in immerhin 5371 Einheiten verkauft. Ein Nachfolgemodell gab es nicht.

Güldner: 1965 wurden verschiedene Erweiterungen und Änderungen im Güldner-Schlepperprogramm vorgenommen. Im unteren Leistungsbereich erschien der Kleinschleppertyp G 15. Er war das frühere Europa-Modell A 2 KS Spessart, das eine verbesserte Lenkung und veränderte seitliche Lüftungsschlitze erhielt, ansonsten aber weitgehend unverändert blieb. Das Fahrzeug verkörperte allerdings eine Leistungsklasse, die seit Ende der 50er-Jahre eine stark rückläufige Nachfrage zu verzeichnen hatte. Bestand noch zu Beginn des Jahrzehnts gerade für die Klein- beziehungsweise Tragschlepper als Motorisierungselement für Klein- und Nebenerwerbsbetriebe ein fast unendlich erscheinender Nachholbedarf, hatte sich dieses Bild kaum zehn Jahre später sehr gewandelt. Infolge der erhöhten Anforderungen an Motoren und Getriebe durch neue, leistungsfähigere Anbau- und Zapfwellengeräte verschob sich der Leistungsbedarf immer mehr nach oben. Daneben gaben viele Kleinbauern auf und wandten sich anderen Erwerbsquellen zu. Die landwirtschaftlichen Betriebsgrößen stiegen bei gleichzeitigem

Der Eicher „Leopard" war mit einer besonders leichtgängigen Einzelradlenkung ausgerüstet, um auch in engen und verwinkelten Hofanlagen, die oftmals gerade in kleineren Betrieben anzutreffen waren, wendig zu sein. Durch das starke Einschlagen der Vorderräder konnten auch schwierigere Rangiermanöver bewältigt werden.

Technische Daten: Güldner G 15

Bauzeit:	1965 bis 1969
Motor:	2-Zyl./4-Takt-Dieselmotor
Hubraum:	885 Kubikzentimeter
Leistung:	11 kW/15 PS bei 2590 U/min
Antrieb:	6/2-Gang-Getriebe, hinten
Länge:	2850 Millimeter
Gewicht:	890 Kilogramm (leer)

Technische Daten: Hanomag C 115 Greif

Bauzeit:	1960 bis 1962
Motor:	1-Zyl./2-Takt-Dieselmotor
Hubraum:	511 Kubikzentimeter
Leistung:	10,2 kW/14 PS bei 2350 U/min
Antrieb:	6/2-Gang-Getriebe, hinten
Länge:	2700 Millimeter
Gewicht:	912 Kilogramm (leer)

Rückgang der Betriebe. Diese verlangten nach größeren und leistungsfähigeren Maschinen. Viele Hersteller hatten daraus bereits die Konsequenzen gezogen und boten keine Kleinschlepper mehr an. Erstaunlicherweise konnte sich der kleine G 15 bis zur Einstellung des Güldner-Schlepperbaus im Programm halten.

Hanomag: Als letzter Ausläufer der seit 1953 im Verkaufsprogramm der Hanomag-Werke befindlichen Schlepper mit Einzylinder-Zweitaktmotor erschien 1960 das Modell C 115 Greif. Es war ein Tragschlepper mit einer dem letzten Erscheinungsbild seines Vorgängers, des C 112, entsprechenden stark abgerundeten Formgebung. Den Greif konnte man als eine mittlerweile ausgereifte Konstruktion bezeichnen. In baulicher Hinsicht unterschied er sich grundlegend von seinem Vorgänger. Man war von der Rahmen- zur Blockbauweise übergegangen und verwendete statt des eigenen Getriebes ein solches von der Zahnradfabrik Friedrichshafen (ZF). Mit dem Tragschlepper C 115 Greif kam Hanomags Zweitakt-Experiment zu seinem endgültigen Ende. Der Schlepper hatte mittlerweile die Kinderkrankheiten der Antriebstechnik abgelegt und war ein zuverlässiger, kleiner Universaltraktor geworden, der immerhin in rund 2600 Einheiten verkauft werden konnte.

Hatz: Mit nur 11 PS Motorleistung war der zwischen 1960 und 1963 angebotene Hatz TL 11 der kleinste Hatz-Schlepper im Programm. Auch bei ihm sorgte der Einzylinder E 89 FG für den nötigen Vortrieb. Das Sechsganggetriebe A 4 bezog man von ZF in Passau. Die werkseitige Grundausstattung, aber auch die gegen Aufpreis erhältlichen Teile des Sonderzubehörs unterschieden sich vom stärkeren TL 13 kaum. Dieses Modell war leistungsmäßig aber doch etwas zu schwach geraten, vor allem weil es praktisch über keine Reserven verfügte. So dachten offenbar auch die meisten Kunden, denn der kleine TL 11 verkaufte sich in seiner Baugeschichte ganze 105-mal. 5020 DM musste ein Kunde für dieses Modell auf den Tisch legen, also kaum weniger als für seinen größeren Bruder TL 13.

I.H.C.: Auf der 1962 in München stattfindenden DLG-Ausstellung stellte International Harvester die letzte Schlepperbaureihe mit dem D auf dem Typenschild vor. Dabei zeigte das „D" in den Typenbezeichnungen der unterschiedlichen IH-Traktorenmodelle innerhalb des global operierenden IH-Konzerns das Produktionsland Deutschland an. In Frankreich hergestellte Erzeugnisse trugen im Gegensatz dazu in der Typenbezeichnung ein „F" für France, englische IH-Traktoren ein „B" für Britain. Das Einstiegsmodell war der 14-PS-McCormick-Schlepper D 215, gefolgt von dem Typ D 219 mit 17 PS Dauerleistung, beide ausgerüstet mit Zweizylinder-Dieselmotoren. Während der 17-PS-Schlepper D219 nach durchaus zufriedenstellenden Verkaufserfolgen von 5062 Einheiten erst im Jahr 1966 aus dem Programm genommen wurde, konnte sich das 14-PS-Modell D 215 aufgrund schlechter Abverkäufe nur bis 1964 halten. Denn gerade die relativ leistungsschwachen Kleinschlepper waren zu dieser Zeit in Deutschland die großen Verlierer – und das nicht nur bei International Harvester.

Konnten vom Vormodell D 214 noch 8046 Stück innerhalb von fünf Jahren verkauft werden, so reduzierten sich die Absatzzahlen beim D 215 auf nur noch 2318 Fahrzeuge innerhalb von drei Jahren. International Harvester zog daher schnell die notwendigen Konsequenzen.

Technische Daten: I.H.C. D 215

Bauzeit:	1962 bis 1964
Motor:	2-Zyl./4-Takt-Dieselmotor
Hubraum:	1088 Kubikzentimeter
Leistung:	10 kW/14 PS bei 1800 U/min
Antrieb:	6/1-Gang-Getriebe, hinten
Länge:	2672 Millimeter
Gewicht:	1138 Kilogramm (leer)

PIONIERE DES ACKERBAUS

Die Pöhl-Ackerbaumaschine in einer Seitenansicht.

Heute selbst in Insiderkreisen fast vergessen sind die seinerzeit zu den Pionieren der Landwirtschaftsmotorisierung gehörenden Gustav-Pöhl-Werke in Gößnitz in Thüringen. Dabei zählte die im Jahr 1910 in Glauchau gegründete Maschinen- und Motorpflugfabrik in den 1920er-Jahren zu den bekanntesten Schlepperherstellern im Deutschen Reich. Die Pöhl-Ackerbaumaschine war der erste in Deutschland hergestellte Schlepper, der es leistungsmäßig mit dem berühmten Fordson-Traktor aus Amerika aufnehmen konnte. Dieser in zwei Ausführungen erhältliche Rahmenbauschlepper gehörte zu den fortschrittlichsten Konstruktionen seiner Zeit. Leider kostete der Pöhl-Schlepper in der ersten Ausführung 7000 Goldmark gegenüber nur 1900 Goldmark des Fordson. Die Pöhl-Ackerbaumaschine ersetzte zeitgenössischen Prospekten zufolge zwischen drei und vier Gespanne. Die hohen Pferdepreise und vor allem die laufend anfallenden Futterkosten wurden verständlicherweise als nachvollziehbares Argument für die Anschaffung der Pöhl-Schlepper ins Feld geführt. Die Maschine eignete sich nicht nur zum Pflügen, sondern auch für viele andere Gebiete der Feldbestellung wie zum Kultivieren, Eggen und Walzen.

Raupen und Kettenschlepper

Zu Beginn des 20. Jahrhunderts begannen die Amerikaner Daniel Best und Benjamin Holt nicht nur die Vorteile des

Technische Daten: Pöhl Ackerbaumaschine

Bauzeit:	1920 bis 1929
Motor:	4-Zyl./4-Takt-Vergasermotor
Hubraum:	3560 Kubikzentimeter
Leistung:	22 kW/30 PS bei 800 U/min
Antrieb:	3/1-Gang-Getriebe, hinten
Länge:	3020 Millimeter
Gewicht:	1675 Kilogramm (leer)

Die unterschiedlichen Dimensionen der WD-Kettenschlepper kamen erst dann richtig zur Geltung, wenn sie – wie auf diesem Prospekt der Deutschen Kraftpflug-Gesellschaft – nebeneinander standen.

Technische Daten: Stock „Raupenstock"

Bauzeit:	1927 bis 1929
Motor:	2-Zyl./4-Takt-Vergasermotor
Hubraum:	3167 Kubikzentimeter
Leistung:	20,5 kW/28 PS bei 1000 U/min
Antrieb:	3/1-Gang-Getriebe, vorne
Länge:	2400 Millimeter
Gewicht:	2200 Kilogramm (leer)

Verbrennungsmotors zum Antrieb landwirtschaftlicher Traktoren zu nutzen, sondern sie suchten auch nach einer Möglichkeit, die motorische Antriebskraft besser auf den Boden zu bringen. Dabei entwickelten sie das Kettenlaufwerk, das gegenüber dem Radschlepper unbestreitbare Vorteile, vor allem in unwegsamem Gelände, zu bieten hatte. Diese positiven Eigenschaften blieben auch den Militärs des Ersten Weltkrieges nicht verborgen. In Deutschland am weitesten fortgeschritten war dabei das vom Büro der Deutschen Automobil-Constructionsgesellschaft unter der Leitung von Oberingenieur Joseph Vollmer in Arbeit befindliche Projekt eines Gleiskettenfahrzeugs. Unter großem Zeitdruck wurden bis Ende März 1918 gerade einmal 20 Exemplare des Sturmpanzerwagens A 7 V fertiggestellt. Nach Kriegsende mussten sich Vollmer und seine Gesellschaft nach anderen Tätigkeitsfeldern umsehen. Bereits 1919 war ein 20-PS-Kettenschlepper fertig, dessen Serienbau die Hanomag nach dem Erwerb der Lizenzrechte ab 1920 in Angriff nahm.

Einer der bedeutendsten Pioniere der Landwirtschaftsmotorisierung war der Fabrikant und Gutsbesitzer Robert Stock, der zusammen mit dem Ingenieur Karl Gleiche im Jahr 1907 den ersten Motortragpflug in Deutschland konstruierte. Die Firma Stock stellte diese Bodenbearbeitungsfahrzeuge in ansehnlichen Stückzahlen her und behauptete sich bis weit in die 1920er-Jahre als Marktführer. Der Raupenstock war ein kleiner, sehr vielseitig verwendbarer Kettenschlepper, der durch seine schmale Bauweise nicht nur für wenig tragfähige Böden, sondern auch für Sonderkulturen im Wein- und Obstbau verwendet werden konnte. Auch beim Reisanbau in Italien kam der Raupenstock dank hölzerner Kettenverbreiterungen, die den Bodendruck reduzierten, gut zurecht.

Die in Breslau ansässige Linke-Hofmann-Werke AG brachte erstmals 1926 einen Raupenschlepper auf den Markt. Dieses Kettenfahrzeug, das damit zum Urahn einer ganzen Typenreihe wurde, ging auf die Initiative von Dipl.-Ing. Paul Friedrich Stumpf zurück. Dieses Fahrzeug wurde als Stumpf- oder LHW-Raupe bezeichnet. Für den notwendigen Vortrieb sorgte ein mit Benzin, Benzol oder Petroleum zu betreibender 50-PS-Vierzylinder-Vergasermotor der Kämper-Werke, Berlin-Marienfelde. Noch 1927 wurde im folgenden Typ F ein eigens von den Kämper-Werken entwickelter 50-PS-Leichtdieselmotor eingebaut. Die Stumpf-Raupe besaß ein in den Vorwärtsgeschwindigkeiten von 4,3; 5,8 und 14 km/h abgestuftes Dreiganggetriebe eigener Fertigung. Mit dem 1926 geschaffenen Kettenschlepper der Bauart Stumpf durfte sich die Breslauer Linke-Hofmann AG zu den Pionieren dieser neuartigen, in den 1920er-Jahren so populären Schwerzugmaschinen zählen.

Kettenschlepper – im Volksmund fälschlicherweise auch als Raupenschlepper bezeichnet – kamen überall dort zum Einsatz, wo die Leistungen eines Radschleppers nicht ausreichten.

Technische Daten: Hanomag K 35/40

Bauzeit:	1931 bis 1933
Motor:	4-Zyl./4-Takt-Dieselmotor
Hubraum:	5195 Kubikzentimeter
Leistung:	29,3 kW/40 PS bei 1300 U/min
Antrieb:	3/1-Gang-Getriebe, hinten
Länge:	3180 Millimeter
Gewicht:	4100 Kilogramm (leer)

Das konnte auf weichen, wenig tragfähigen Untergründen wie moorigem Boden oder gar Schlamm, aber auch auf schweren, lehmigen oder lockeren, sandigen Böden bei ausgesprochenen Schwerzugarbeiten der Fall sein. Beim zehnscharigen Tiefpflügen, bei Aufforstungen und beim Holzrücken im Forst, also dort, wo größte Zugleistungen mit entsprechend hohen Motorleistungen erforderlich sind, war der Einsatz eines Kettenschleppers oftmals die einzig mögliche Alternative. So löste bei Hanomag das Modell K 35/40 im Jahr 1931 die vorherigen WD-Kettenschlepper ab, wobei der neue Dieselmotor erstmals in ein Fahrzeug installiert wurde. Nach Besserung der Wirtschaftslage wurde im Jahr 1933 eine als KD 48 bezeichnete Übergangsvariante mit 48 PS Motorleistung gebaut. Dieser folgte noch im gleichen Jahr das endgültige Modell, die Dieselraupe K 50, die neben erneuten Verbesserungen an den Laufwerken mit 50 PS Leistung aufwarten konnte.

Die Famo Fahrzeug- und Motorenwerke in Breslau zählten vor dem Krieg zu den drei führenden Unternehmen im deutschen Kettenschlepperbau. Dieses Unternehmen wurde 1935 durch die Dessauer Hugo Junkers-Flugzeug- und Motorenwerke AG gegründet. Die ursprünglich hauptsächlich mit dem Bau von Lokomotiven und Waggons befassten LHB-Werke waren bereits 1927 mit ihrer ersten sogenannten Stumpf-Raupe, 50-PS-Raupe, hervorgetreten. Der technisch überarbeitete Kettenschlepper wurde ab 1932 unter der Bezeichnung Rübezahl angeboten. Bereits kurze Zeit später entstand mit dem 40/42-PS-Modell Boxer eine kleinere Ausführung eines Kettenschleppers. Der konstruktive Aufbau des größeren Kettenschleppers Rübezahl entsprach im Wesentlichen dem des Boxer. Ab 1942 mussten

Die 55-PS-Bulldog-Raupe im Schnittbild. Ein beeindruckendes Fahrzeug mit unerhört großer Zugkraft.

Boxer und Rübezahl mit Gasgeneratoren nach dem Zweistoffverfahren ausgerüstet werden, nachdem bereits im Spätherbst 1939 die ersten diesbezüglichen Versuche bei Famo angelaufen waren.
Zu Beginn des Jahres 1936 war es gelungen, den Lanz HR-8-Bulldog-Motor durch Anhebung der Nenndrehzahl von 630 auf 750 U/min auf 55 PS Höchstleistung zu steigern. Dieser Motor wurde ab 1937 in die Serienproduktion übernommen. Mit dem starken 55-PS-Glühkopfmotor stand endlich auch ein geeignetes Motoraggregat für den Einbau in die Bulldog-Raupe zur Verfügung. Raupenschlepper waren die idealen Maschinen für sehr schwere Zugarbeiten in großen landwirtschaftlichen Betrieben, wobei sie einige Vorteile gegenüber den Radschleppern aufwiesen. Den Vorteilen der hervorragenden Geländefähigkeit in Verbindung mit großer Zugkraft speziell auf weichen Untergründen und ihrem durch die größere Auflagefläche der Ketten weitaus geringeren Bodendruck standen die Nachteile der geringen Geschwindigkeit und eingeschränkten Manövrierfähigkeit gegenüber. Der Bau der schweren Lanz-Raupe erfolgte in mehreren Entwicklungsschritten, beginnend mit dem Typ D1550 mit einfachem Fahrstand und einer geringeren Kettenbreite von 360 mm. Das Modell D 1560 erhielt breitere Ketten von 400 mm und ein anders abgestuftes Sechsganggetriebe mit geringeren Geschwindigkeiten, die aber eine beachtliche Steigerung der Zugkräfte erwirkten. Das bekannteste Modell war die Bulldog-Raupe D1561 mit elektrischer Beleuchtungsanlage und Anlasszündung. Die Raupen konnten mit einer Vielzahl von Zusatzeinrichtungen bestückt werden.

Entscheidende Meilensteine des Traktorbaus

Nach dem gewaltigen Erfolg von rund 750.000 ab 1917 verkauften Fordson-F-Traktoren zeichnete sich im Herbst 1927 das Ende der Produktion in den Vereinigten Staaten ab. Trotzdem kam die Nachricht, dass der Bau des Modells F in den USA eingestellt werden sollte, für viele ziemlich überraschend. Offiziell, so hieß es, war der Produktionsstopp notwendig, um die Fabrikationsanlagen für das neue Pkw-Modell Ford A frei zu bekommen. Henry Ford aber hatte nicht die Absicht, die Produktion seines bis dato so erfolgreichen Schleppers gänzlich zu beenden. Allein schon wegen der Ersatzteilversorgung für die riesige Menge der weltweit verkauften Traktoren musste die Produktion noch auf längere Sicht aufrechterhalten werden. Bei der Wahl eines neuen Fertigungsstandortes entschied sich Henry Ford, der irischer Abstammung war, sicherlich auch aus den durchaus nachvollziehbaren Gründen des Nationalstolzes für sein Heimatland Irland. Mitte 1928 wurden die Fabrikationsanlagen nach Cork verschifft, um in dem dort bestehenden Ford-Werk nicht nur Ersatzteile, sondern auch ganze Traktoren zu produzieren. Im Sommer 1929 begann die Auslieferung der ersten als Modell N bezeichneten, derart verbesserten Traktoren aus den Werkanlagen in Cork. Angesichts der weltweiten Wirtschaftskrise kam man aber auf keine großen Stückzahlen. Bis Juli 1932 liefen lediglich etwas mehr als 31.000 Traktoren vom Band. Wäre der Krieg nicht ausgebrochen, in dem sich der Fordson noch einmal als unentbehrliche und einfach zu handhabende Zugmaschine bewähren sollte, wäre er schon viel eher in der Versenkung verschwunden.
Das Jahr 1917 markierte mit dem berühmten Fordson-Schlepper einen entscheidenden Meilenstein in der Geschichte des Traktorenbaus. Mit diesem kleinen, einfachen und übersichtlichen Modell – es war weltweit der erste Schlepper, bei dem die rahmenlose Blockbauweise angewandt wurde – hatte man die im Grunde bis heute gültige Bauform des Standardschleppers

Technische Daten: Fordson N

Bauzeit:	1929 bis 1945
Motor:	4-Zyl./4-Takt-Vergasermotor
Hubraum:	4181 Kubikzentimeter
Leistung:	19,8 kW/27 PS bei 1100 U/min
Antrieb:	3/1-Gang-Getriebe, hinten
Länge:	2590 Millimeter
Gewicht:	1632 Kilogramm (leer)

Mit sachlichen Verkaufsargumenten warb Famo 1939 in der Zeitschrift „Das Last-Auto" für die Kettenschlepper Boxer und Rübezahl. Abgebildet ist das Modell Rübezahl mit 60/65 PS.

Technische Daten: WD/Hanomag R 26

Bauzeit:	1924 bis 1925
Motor:	4-Zyl./4-Takt-Vergasermotor
Hubraum:	4252 Kubikzentimeter
Leistung:	19 kW/26 PS bei 1100 U/min
Antrieb:	3/1-Gang-Getriebe, hinten
Länge:	3130 Millimeter
Gewicht:	1950 Kilogramm (leer)

gefunden. Auch in Deutschland fehlte ein leichter, universell verwendbarer, preiswerter Schlepper, nicht zuletzt um den durch den Krieg verursachten großen Fehlbestand an Zugtieren auszugleichen. Doch die deutschen Landmaschinenhersteller hatten ebenfalls unter den Folgen des verlorenen Ersten Weltkrieges zu leiden und konnten mit ihren mehr oder weniger monströsen Motortragpflügen und den vielfach aus Artilleriezugmaschinen entstandenen schweren Ackerbearbeitungsmaschinen diesem Erfolgsmodell zunächst nichts Gleichwertiges entgegenzusetzen. Verschiedene deutsche Hersteller aber reagierten auf diese Herausforderung schon bald mit eigenen, konstruktiv vom Fordson-Modell beeinflussten Entwürfen. Bei den Hanomag-Werken war es der für die Konstruktion der WD-Kettenschlepper Z 25 und Z 50 verantwortliche Ingenieur Josef Vollmer, dem es nach einer relativ kurzen Entwicklungszeit gelang, einen als WD-Radschlepper R 26 bezeichneten Traktor zur Serienreife zu bringen. Auf der im Frühjahr 1924 in Hamburg stattfindenden Wanderausstellung der Deutschen Landwirtschafts-Gesellschaft (DLG) wurde dieser Schlepper erstmals vorgeführt und als Sensation gepriesen. Infolge einiger technischer Verbesserungen an Kolben und Kurbelwelle konnte bei der ab 1927 lieferbaren Ausführung R 28/32 die Motorleistung bei unveränderter Nenndrehzahl gesteigert werden. Der WD-Radschlepper war universell sowohl für Ackerarbeiten als auch als Zugmaschine auf der Straße zu verwenden.

Auch die Mannheimer Heinrich-Lanz-Werke hatten unter den Nachwirkungen des Ersten Weltkrieges zu leiden. Durch verschiedene Maßnahmen gelang es aber, die Talsohle zu überwinden und ab 1925 wieder schwarze Zahlen zu schreiben. Bereits ab 1924 hatte man mit der Entwicklung eines hubraumstarken Glühkopfmotors begonnen, der in ein speziell für größere Höfe konzipiertes Bulldogmodell eingebaut werden sollte. Nach ausgedehnten Erprobungen konnte im Jahr 1926 die Großserie anlaufen. Die zu Anfang verwendete Typenbezeichnung 22-PS-Großbulldog wurde nur kurze Zeit beibehalten, nachdem sich schon bald herausgestellt hatte, dass der Motor wesentlich größere Kräfte aus seinem gewaltigen Zehn-Liter-Hubvolumen freisetzen konnte. Dank moderner Fließbandfabrikation konnte er zu sehr günstigen Preisen – der Ackerbulldog kostete 5800, der Verkehrsbulldog 7000 Reichsmark – angeboten werden. Der Lanz Kühlerbulldog HR 5 war die konsequente Weiterentwicklung des 22/28-PS-Großbulldog der Reihe HR 2. Wie dieser stellte er eine für die damalige Zeit sehr sparsame und wirtschaftliche Lösung für die Ackerarbeit auf großen Bauernhöfen und Gütern dar. Mit seiner Riemenscheibe konnte er Dreschmaschinen, Steinbrecher, Mühlwerke und andere Maschinen antreiben. Dabei war dieser Rohölschlepper mit billigem Schweröl und nahezu allen anderen Kraft- und Abfallstoffen zu betreiben. Er war leicht zu bedienen, robust, unverwüstlich und lief, wenn es sein musste, tagelang ohne

Der ab 1926 in Serie gebaute Großbulldog von Lanz – auf diesem Werbeblatt noch mit 22PS klassifiziert – ließ das Mannheimer Unternehmen zum Marktführer aufsteigen.

Technische Daten: Lanz Typ HR 5

Bauzeit:	1929 bis 1935
Motor:	1-Zyl./2-Takt-Glühkopfmotor
Hubraum:	10.338 Kubikzentimeter
Leistung:	22 kW/30 PS bei 500 U/min
Antrieb:	3/1-Gang-Getriebe, hinten
Länge:	3030 Millimeter
Gewicht:	2650 Kilogramm (leer)

Unterbrechung und fast immer ohne Störung. Besonders stolz war man in Mannheim verständlicherweise darauf, im Jahr 1930 bei einer bedeutenden internationalen Schlepper-Prüfung, dem World Tractor Trial in England, gegen starke, vor allem amerikanische Konkurrenten mit großer Überlegenheit den ersten Preis erringen zu können.
Durch den großen Erfolg des 12-PS-Lanz-Bulldogs HL aus dem Jahr 1923 inspiriert, entschied sich die Motorenfabrik Deutz AG, eine ähnliche Zugmaschine für die heimische Landwirtschaft zu entwickeln. Das Ergebnis war das 1927 vorgestellte Modell MTH 222. Der Deutz MTH 222, der als der eigentliche Beginn des Schlepperbaus bei Deutz angesehen wird, war – nach dem Vorbild des 12er Lanz – ein fahrbarer Stationärmotor. Sein Einsatz erfolgte hauptsächlich durch Lohnunternehmer, die zur Erntezeit mit Schlepper und Dreschmaschine von Hof zu Hof zogen. Für Zugaufgaben, geschweige denn als Ackerschlepper war er allerdings nur wenig geeignet. Nach dem MTH 222 entwickelten die Deutz-Werke mit dem MTZ 120 einen Schlepper, der den Forderungen der Landwirtschaft besser gerecht werden konnte. Die MTZ-Schlepperreihe von Deutz bestand aus seinerzeit recht erfolgreichen und beliebten Konstruktionen. Im Grunde genommen waren sie die ersten vollwertigen Traktoren dieses Herstellers. Sie halfen dem Kölner Unternehmen, sich über den Motorenbau hinaus auch in der Traktorenbranche mit einem guten Namen zu profilieren. Eine sichtbare Anerkennung erhielt beispielsweise der MTZ 120 durch die Verleihung einer silbernen Medaille auf der DLG-Ausstellung des Jahres 1931.
Die Versuche der 1926 zur Daimler-Benz AG zusammengeschlossenen Firmen Daimler-Motoren-Gesellschaft, Berlin-Marienfelde und Benz & Cie in Gaggenau, auf dem Sektor der Landtechnik Fuß zu fassen, lassen sich über lange Zeit zurückverfolgen. Das Daimlerwerk begann seine Aktivitäten mit einer wenig erfolgreichen Konstruktion eines selbstfahrenden Gelenk- und Motorpfluges mit 60 beziehungsweise 80 PS Motorleistung noch vor Ausbruch des Ersten Weltkriegs. Nachfolger der Vorkriegsschlepper wurde der im Mannheimer Werk ab 1928 gebaute und in rahmenloser Blockbauweise ausgebildete Mercedes-Benz-Dieselschlepper OE, der anfangs noch als Benz-Sendling-Schlepper angeboten wurde. Dieser Vierradschlepper war dazu ausersehen, in Konkurrenz zum Lanz-Bulldog zu treten.

Ein Deutz MTH 222 treibt mit seiner Riemenscheibe eine Lanz-Dreschmaschine an.

Technische Daten: Mercedes-Benz OE

Bauzeit:	1928 bis 1935
Motor:	2-Zyl./4-Takt-Dieselmotor
Hubraum:	4239 Kubikzentimeter
Leistung:	19 kW/26 PS bei 800/min.
Antrieb:	3/1-Gang-Getriebe, hinten
Länge:	2360 Millimeter
Gewicht:	2560 Kilogramm (leer)

Lanz und der Glühkopf

Kaum hatte der Lanz-Kühlerbulldog 15/30 des Typs HR 5 im Verkaufsprogramm dieses Herstellers Fuß gefasst, begannen die ersten Versuche, die Leistung dieses Bulldogs zu steigern. Dabei stellte die Motorenversuchsabteilung in Mannheim fest, dass aus dem regulär 540 Touren drehenden Motor dieses Bulldogs bequem 630 U/min herausgeholt werden könnten, ohne dass Überlastungsschäden zu befürchten wären. Auf diese Weise war es möglich, die Dauerleistung auf 38 PS zu steigern. Die eigentliche Serienfabrikation des 38 PS starken Bulldogs innerhalb der HR-6-Typenreihe begann mit dem 22/38-PS-Acker-Bulldog. Dabei erwies sich auch dieser Bulldog als überaus zuverlässig, robust und anspruchslos in Wartung und Bedienung. Im Laufe des Jahres 1934 wurden die Kühler-Bulldog-Typen HR 5 und HR 6 durch eine neue Bulldog-Generation HR 7 und HR 8 abgelöst. Eine Zeit lang kam es zur Parallelproduktion der neuen Fahrzeuge mit den älteren Typen HR 5 und HR 6, die erst 1935 zu Ende ging. Der hauptsächliche Unterschied zu den Kühler-Bulldogs bestand darin, dass die

Der Lanz-Glühkopf des Bulldog-Motors musste mithilfe einer Lötlampe vorgewärmt werden, bevor er angeworfen werden konnte.

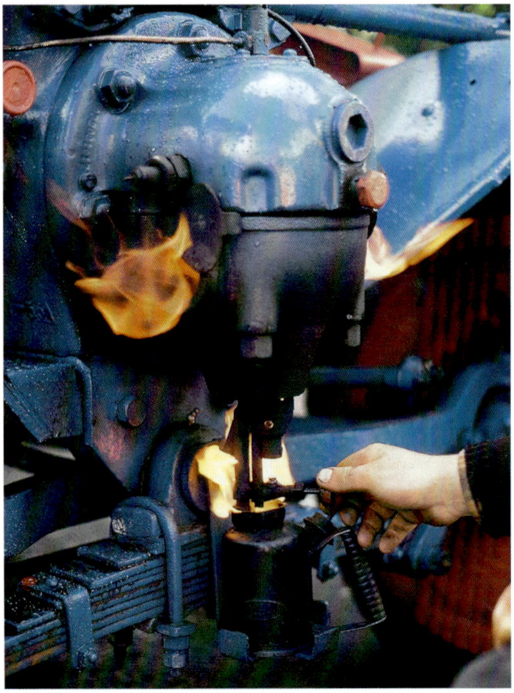

Technische Daten: Lanz HR 7

Bauzeit:	1934 bis 1936
Motor:	1-Zyl./2-Takt-Glühkopfmotor
Hubraum:	10.338 Kubikzentimeter
Leistung:	22 kW/30 PS bei 540 U/min
Antrieb:	6/2-Gang-Getriebe, hinten
Länge:	3300 Millimeter
Gewicht:	3800 Kilogramm (leer)

Lanz-Schlepperprogramm in den 30er-Jahren

Lanz Typ HR 6	1930–1935	1-Zylinder-Glühkopf	10.338 cm³	27,8 kW/38 PS bei 540 U/min	3/1-Gang-Getriebe, Antrieb hinten	3370 mm	3000 kg
Lanz Typ HN	1932–1935	1-Zylinder-Glühkopf	4767 cm³	14,6 kW/20 PS bei 760 U/min	3/1-Gang-Getriebe, Antrieb hinten	2860 mm	2100 kg
Lanz Typ HR 7	1934–1936	1-Zylinder-Glühkopf	10.338 cm³	22 kW/30 PS bei 540 U/min	3(6)/1(2)-Gang-Getriebe, Antrieb hinten	3380 mm	3000 kg
Lanz Typ HN 3	1934–1936	1-Zylinder-Glühkopf	4767 cm³	14,6 kW/20 PS bei 760 U/min	3/1-Gang-Getriebe, Antrieb hinten	2735 mm	2100 kg
Lanz Typ HN 3	1936–1952	1-Zylinder-Glühkopf	4767 cm³	18,3 kW/25 PS bei 850 U/min	3(6)/1(2)-Gang-Getriebe, Antrieb hinten	2735 mm	2200 kg
Lanz Typ HR 7	1936–1953	1-Zylinder-Glühkopf	10.338 cm³	25,6 kW/35 PS bei 540 U/min	3(6)/1(2)-Gang-Getriebe, Antrieb hinten	3380 mm	3050 kg
Lanz Typ HR 8	1936–1943	1-Zylinder-Glühkopf	10.338 cm³	33 kW/45 PS bei 630 U/min	3(6)/1(2)-Gang-Getriebe, Antrieb hinten	3440 mm	3300 kg
Lanz Typ HR 9	1936–1954	1-Zylinder-Glühkopf	10.338 cm³	40,3 kW/55 PS bei 750 U/min	5/1-Gang-Getriebe, Antrieb hinten	3900 mm	4300 kg
Lanz Typ HN 5	1937–1942	1-Zylinder-Glühkopf	4767 cm³	14,6 kW/20 PS bei 760 U/min	3(6)/1(2)-Gang-Getriebe, Antrieb hinten	2625 mm	2000 kg
Lanz Typ HR 8	1937–1955	1-Zylinder-Glühkopf	10.338 cm³	33 kW/45 PS bei 630 U/min	3(6)/1(2)-Gang-Getriebe, Antrieb hinten	3455 mm	3950 kg
Lanz Typ HE	1939–1942	1-Zylinder-Glühkopf	2807 cm³	11 kW/15 PS bei 900 U/min	6/2-Gang-Getriebe, Antrieb hinten	2600 mm	1200 kg

früher übliche doppelte PS-Angabe für Zughaken- und Riemenscheibenleistung der Vergangenheit angehörte. Von nun an erschien auf dem Typenschild nur noch die höhere PS-Zahl, also die Riemenscheiben- oder normale Dauerleistung. Darüber hinaus wurden die offiziellen Typenbezeichnungen nun durch die D-Nummern verkörpert; die Angabe HR 7 bzw. HR 8 diente nur noch internen Zwecken. Die Baureihe HR 8, zu der die Bulldog-Typen D 9500 und D 9506 gehörten und deren Leistung anfangs mit 38, später mit 45 PS klassifiziert wurde, entstand zeitgleich als Parallelentwicklung mit der 30 bzw. 35 PS starken Baureihe HR 7. Zu jener Zeit war die Grundentwicklung der Bulldogs bereits abgeschlossen, sodass sich die spätere Konstruktionsarbeit verstärkt mit Detailverbesserungen befassen konnte. Die leistungsstarke Lanz-Modellreihe HR 8 war zum Einsatz auf großen Höfen vorgesehen. Während der D 9500 als einfacher und preisgünstiger Bulldog mit Eisenrädern ausschließlich für die Feldarbeit verwendet werden konnte, war der Ackerluft-Bulldog mit seiner Luftbereifung ebenso auf der Straße verwendbar. Dabei war der Typ D 9506 stückzahlenmäßig am häufigsten vertreten. Der große Lanz-Eilbulldog HR 9 war eine sehr leistungsstarke Maschine sowohl für Transportaufgaben in der Land- und Forstwirtschaft als auch im Nahverkehr als Zugmaschine für Straßentransporte aller Art. Der Betrieb mit zwei Anhängern – hierfür gab es selbstverständlich eine Druckluftbremsanlage – war das klassische Bild des Eilers im Straßenverkehr. Ebenso häufig sah man den schweren Bulldog im Schaustellergewerbe, bei Umzugsunternehmen und vor Spezialtransporten aller Art. Die Zugkraft des Eilbulldogs war enorm; auf „ebener, guter, fester, trockener“ Straße konnte

Der eisenbereifte, dreigängige D 7500 war eine preiswerte Alternative, die manchem Bauern den Einstieg in die Motorisierung ermöglichte.

er im ersten Gang über 600 Zentner Anhängelast in Bewegung setzen! 1939 lag sein Anschaffungspreis bei etwa 9500 Reichsmark.

Im Laufe des Jahres 1930 wurde der neue Bulldogmotor mit nur 4,7 l Hubvolumen fertiggestellt. Dieser erzeugte bei einer Drehzahl von 760 U/min eine Dauerleistung von 20 PS und eine kurzzeitige Maximalleistung von 25 PS. Zunächst wurde der neue Motor in dem noch im gleichen Jahr fertiggestellten eisenbereiften Dreirad-Hackfrucht-Bulldog des Modells 12/20 installiert. Daraus entstand der sogenannte kleine Kühlerbulldog 12/20 PS HN 1, der ganz im Gegensatz zum Hackfruchtbulldog nach den landläufigen Vorstellungen der Bauern als Zug- und Antriebsschlepper entworfen worden war. Auch bei der nachfolgenden, mit Rücksicht auf den Verkaufspreis in einigen Details vereinfachten Variante HN 2 sah es nicht besser aus; ihre Absatzzahlen konnten noch nicht einmal jene des HN 1 erreichen.

Als einzig praktikable Lösung blieb daher nur noch ein weiteres, noch radikaleres Abspecken, sprich Vereinfachen übrig. So entstand gegen Ende des Jahres 1934 mit dem Baumuster HN 3 die letzte Entwicklungsstufe des 12/20, deren Leistungsangabe sich nun an der Dauerleistung – in diesem Fall 20 PS – orientierte. In jenen Jahren wurden die Schlepperhersteller von der

Technische Daten: Lanz HR 9

Bauzeit:	1936 bis 1954
Motor:	1-Zyl./2-Takt-Glühkopfmotor
Hubraum:	10.338 Kubikzentimeter
Leistung:	40,3 kW/55 PS bei 750 U/min
Antrieb:	5/1-Gang-Getriebe, hinten
Länge:	3920 Millimeter
Gewicht:	4540 Kilogramm (leer)

Technische Daten: Lanz Typ HN 5 (D 3500)

Bauzeit:	1937 bis 1952
Motor:	1-Zyl./2-Takt-Glühkopfmotor
Hubraum:	4767 Kubikzentimeter
Leistung:	14,6 kW/20 PS bei 760 U/min
Antrieb:	6/2-Gang-Getriebe, hinten
Länge:	2540 Millimeter
Gewicht:	2140 Kilogramm (leer)

Technische Daten: Lanz Typ HE 1 (D 4506)

Bauzeit:	1939 bis 1942
Motor:	1-Zyl./2-Takt-Glühkopfmotor
Hubraum:	2807 Kubikzentimeter
Leistung:	11 kW/15 PS bei 900 U/min
Antrieb:	6/2-Gang-Getriebe, hinten
Länge:	2600 Millimeter
Gewicht:	1200 Kilogramm (leer)

Reichsregierung aufgefordert und ermutigt, entsprechende Fahrzeuge in dieser Leistungsgröße zu entwickeln. Ende 1936 wurde die Entwicklung eines solchen Fahrzeugs in Angriff genommen. Der 4,7-l-Motor stammte vom HN 3 und war lediglich in seiner Drehzahl gedrosselt worden. Es entstand der Bauern-Bulldog D 3506 (HN 5), dessen Höchstleistung über eine Stunde 20 PS, seine normale Dauerleistung 17 PS betrug. Für die 20-PS-Bauern-Bulldogs, allen voran die ackerluftbereifte Variante D 3506, bestand von Anfang an eine starke Nachfrage.

Der Motor des D 4506: Eine Besonderheit ist der nicht aus einzelnen Elementen, sondern als einheitliches Bauteil bestehende Kühler.

Der im Juni 1939 erstmals vorgestellte 15 PS starke Lanz Ackerluft-Bulldog war, zusammen mit dem zeitgleich präsentierten Allzweck-Bulldog mit 20 PS, eine bahnbrechende Entwicklung im Hinblick auf die Mechanisierung des Hackfruchtanbaus, aber auch der Motorisierung kleinerer Bauerhöfe. Da er nicht in Serie ging, gehört dieser heute auch unter der Bezeichnung Bauern-Bulldog D 4506 bekannt gewordene unscheinbare kleine Schlepper zu den seltensten Modellen dieses Herstellers. Erst nach dem Krieg erlebte die Konzeption des Bauern-Bulldogs in Form des 16-PS-Allzweck-Bulldogs D 5506 mit Seitenglühkopf eine verbesserte Neuauflage.

Das Dieselross entsteht

Im März 1937 erfolgte die Vorstellung des Dieselross-Schleppers F 18, der äußerlich zwar seine Abstammung nicht verleugnete, bei genauerem Hinsehen aber fast als komplette Neukonstruktion betrachtet werden konnte. Das Fahrzeug besaß ein ZF-Vierganggetriebe des Typs K 30 in den Geschwindigkeitsabstufungen 3, 5, 8 und 15 km/h. Der als Stationär- und Einbaumotor Verwendung findende Verdampfermotor Deutz MAH 814/16 leistete normal 16 und kurzzeitig 18 PS. Dieser kleine und doch zugstarke Universalschlepper bewältigte alle Arbeiten auf einem kleinen Bauernhof. Im Jahr 1938 hatte Fendt den Aufstieg zum Schlepperproduzenten geschafft und wagte sich auch an Entwurf und Bau größerer Fahrzeuge heran. Man entschied sich für einen mittelschweren Bauernschlepper, bei

Technische Daten: Fendt F 22

Bauzeit:	1938 bis 1942
Motor:	2-Zyl./4-Takt-Dieselmotor
Hubraum:	2199 Kubikzentimeter
Leistung:	16,1 kW/22 PS bei 1500 U/min
Antrieb:	4/1-Gang-Getriebe, hinten
Länge:	2640 Millimeter
Gewicht:	1555 Kilogramm (leer)

dessen Blockkonstruktion man bei Fendt Neuland betrat. Erstmals besaß dieser Schlepper eine richtige Motorhaube mit automobilähnlichem Röhrenkühler. Angetrieben wurde das neue Dieselross F 22 durch den bekannten Zweizylinder-Vorkammer-Diesel F 2 M 414 von Deutz, der seit 1937 zur Verfügung stand. Mit Wasserumlaufkühlung, Ventilator sowie Kühlerjalousie und mit Fernthermometer für die Wärmeregulierung verkörperte er den neuesten technischen Entwicklungsstand.

Hanomag-Radschleppertypen

Die Hanomag begann erst relativ spät mit der Entwicklung eines Dieselmotors. Erst 1931 war der neue Dieselmotor fertiggestellt. Er leistete 36 PS. Noch im gleichen Jahr wurde der D-52-Motor im Radschlepper RD 36 sowie im Kettenschlepper K 35/40 verwendet. Der RD 36 löste das Vergasermodell R 28/32 ab, von dem man Dreiganggetriebe, Kupplung und Hinterachse komplett übernahm. Im Jahr 1933 wurde der RD 36 mit der großen silbernen DLG-Preismünze und mit dem Prädikat „Neu und beachtenswert“ ausgezeichnet. Im Jahr 1933 stellten die Hanomag-Werke den weiterhin in verschiedenen Ausführungen gefertigten 36 PS starken Radschleppertypen RD 36 ein Fahrzeug mit 50 PS Motorleistung zur Seite. Dieser für die damalige Zeit ungeheuer starke Hochleistungsschlepper war aus dem Wunsch entstanden, in Zeiten der Weltwirtschaftskrise neue, zusätzliche Käuferschichten zu erschließen und dabei gleichzeitig das noch recht schmale Dieselschlepper-Programm auf eine breitere Basis zu stellen. Dabei handelte es sich aber

Dieselschlepper RD 36 in der Ackerausführung mit Eisenrädern beim Pflügen.

keinesfalls um eine Weiterentwicklung der vorgenannten 36-PS-Modelle, sondern um eine Abwandlung des Kettenschleppers K 50, von dem die gesamte Antriebseinheit stammte. Dem in zahlreichen Versionen mit unterschiedlichen Ausrüstungsmerkmalen gebauten schweren 50-PS-Radschlepper der Hanomag-Werke waren nur sehr mäßige Verkaufserfolge beschieden. Im Jahr 1936 lief die Fertigung des Hanomag-Ackerschleppers RD 36 aus. Mit dem AR 38 setzten die Hanomag-Werke die bewährten Bauprinzipien fort. Zwischen ihm und seinem Vorgänger, dem Ackerschlepper RD 36, gab es – bis auf die höhere Motorleistung – nur wenige Unterschiede. Der AR 38 war, genauso wie sein Vorgänger, an seinem trommelförmigen Kraftstoffbehälter vor der Lenksäule zu erkennen. Unter seiner Haube arbeitete der seit 1931 lieferbare wassergekühlte Vierzylinder-Viertakt-Dieselmotor D 52, der nach dem Vorkammerverfahren betrieben wurde.
Gänzlich neu hingegen war das 45-PS-Modell SR 45, das die Leistungslücke zwischen dem 50-PS-Schlepper R 50 und dem vorgenannten 38-PS-Fahrzeug schließen sollte. Die schweren

Ein ackerluftbereifter Geländeschlepper AGR 50 wird zum Transport von Basalt-Straßenpflastersteinen eingesetzt. Die aus zwei Anhängern bestehende, mit den jeweils rund 10 kg schweren Steinen beladene Fuhre bewältigt der sehr zugstarke Schlepper ohne Mühe.

Technische Daten: Hanomag AR 38

Bauzeit:	1936 bis 1942
Motor:	4-Zyl./4-Takt-Dieselmotor
Hubraum:	5195 Kubikzentimeter
Leistung:	27,8 kW/38 PS bei 1100 U/min
Antrieb:	3/1-Gang-Getriebe, hinten
Länge:	3570 Millimeter
Gewicht:	3200 Kilogramm (leer)

Hanomag-Straßenschlepper der 30er-Jahre waren zuverlässig, robust und bewährten sich hervorragend im täglichen Einsatz. Als preiswerte Alternative zum Lastwagen spielten sie bis in die frühen 50er-Jahre für die Wirtschaft eine große Rolle.

Der aus dem Automobilbau abgeleitete und dadurch in nur kurzer Entwicklungszeit entstandene, eher einem Acker-Pkw gleichende Acker- und Bauernschlepper RL 20 war ein konzeptionelles Novum im Traktorenbau und eine optische Ausnahmeerscheinung in landwirtschaftlichen Betrieben. Er war, um es im Jargon des Dritten Reiches auszudrücken, „ein unermüdlicher Helfer im Kampf um die Nahrungsmittelfreiheit und zur Erfüllung des Vierjahresplans". Im Jahr 1942 musste sein Bau infolge der zunehmenden Knappheit an flüssigen Treibstoffen vorläufig eingestellt werden. Nach dem Krieg wurde sein Bau zwischen 1947 und 1949 nochmals in kleinen Stückzahlen aufgenommen. Insgesamt verließen bis zur Fertigungseinstellung 4320 Einheiten die Fließbänder in Hannover-Linden.

Stahlschlepper für Groß- und Kleinbetriebe

Das Jahr 1934 bedeutete einen wichtigen Meilenstein in der Geschichte des Traktorenbaus bei den Deutz-Werken in Köln. In diesem Jahr wurde mit dem Modell F 2 M 315 das erste Mitglied einer überaus fortschrittlichen und höchst erfolgreichen Schlepperbaureihe aus der Taufe gehoben. Deren wichtigste Merkmale, nämlich eine Blockkonstruktion in Verbindung mit einem wassergekühlten Dieselmotor, eröffneten bei Deutz eine neue Ära, die bis zu Beginn der 50er-Jahre Bestand haben sollte. Dieses und die folgenden, auf den gleichen Bauprinzipien basierenden Modelle ersetzten die sich nicht mehr auf dem neuesten technischen Stand befindlichen Dieselschlepper der MTZ-Baureihe. Der F 2 M 315 war zu seiner Zeit ein sehr wirtschaftlicher, robuster und zuverlässiger Schlepper, dessen Einsatzspektrum sich nicht nur auf die Acker- und

Technische Daten: Hanomag RL 20

Bauzeit:	1937 bis 1949
Motor:	4-Zyl./4-Takt-Dieselmotor
Hubraum:	1910 Kubikzentimeter
Leistung:	14,5 kW/20 PS bei 2000 U/min
Antrieb:	4/1-Gang-Getriebe, hinten
Länge:	3010 Millimeter
Gewicht:	1680 Kilogramm (leer)

Technische Daten: Deutz F2M 315

Bauzeit:	1934 bis 1942
Motor:	2-Zyl./4-Takt-Dieselmotor
Hubraum:	3400 Kubikzentimeter
Leistung:	20,5 kW/28 PS bei 1200 U/min
Antrieb:	3(5)/1-Gang-Getriebe, hinten
Länge:	3280 Millimeter
Gewicht:	2750 Kilogramm (leer)

Ein F 3 M 317 als Zugmaschine eines Kohlenhändlers im September 1979 in Leipzig. Wie man sieht, gehörte dieser Stahlschlepper selbst nach etwa 40 Dienstjahren noch nicht zum alten Eisen. Nichts spricht besser für die Langlebigkeit dieser Maschinen.

Feldarbeit, sondern auch in erheblichem Maße auf Straßentransporte erstreckte. 1935 kam mit dem Modell F2M 317 ein mit 30 PS und größerem Motor geringfügig stärkeres Fahrzeug auf den Markt.

Der seit 1935 bei der Kölner Humboldt-Deutzmotoren AG gefertigte schwere 50-PS-Diesel-Stahlschlepper der Bauart F 3 M 317 basierte auf der Grundlage des 1934 eingeführten 28-PS-Modells F 2 M 315. Dieser grundsolide, starke Schlepper bewährte sich auf Anhieb hervorragend und fand bei den Kunden große Anerkennung und entsprechenden Zuspruch. So konnte die Ackerausführung mit Eisenrädern mit einem Dreischarpflug zwischen 14 und 18 Morgen (ein Morgen entspricht 2500 m^3) Ackerboden in zehn Stunden bei einer Arbeitstiefe von 25 bis 30 cm bewältigen.

Technische Daten: Stock 22 PS

Bauzeit:	1938 bis 1941
Motor:	2-Zyl./4-Takt-Dieselmotor
Hubraum:	2198 Kubikzentimeter
Leistung:	16,1 kW/22 PS bei 1500 U/min
Antrieb:	6/2-Gang-Getriebe, hinten
Länge:	2820 Millimeter
Gewicht:	1610 Kilogramm (leer)

Stock nun mit Vierrad-Dieselschlepper

Mit dem Stock-Dieselschlepper entwarf der Chefkonstrukteur Heinrich Frese bereits 1935 das damals hochmoderne Konzept eines kleinen luftbereiften Dieseltraktors, das in seinen Grundzügen als Bauernschlepper bis gegen Ende der 1950er-Jahre Bestand haben sollte. Dieser erste deutsche Bauernschlepper hätte ohne die vorherige Entwicklung leistungsstarker und wirtschaftlicher Kleindieselmotoren nicht verwirklicht werden können. Der Stock-Dieselschlepper war besonders in seiner verbesserten Ausführung von 1938 ein geradezu vorbildlicher Bauernschlepper, der hinsichtlich Aussehen und technischen Standards die folgenden beiden Jahrzehnte prägen sollte.

Kramer, Normag, Ritscher und Co.

1938 stellten die Güldner-Motoren-Werke auch ihre liegenden Dieselmotoren auf das Wirbelkammerverfahren – von Güldner Wälzkammerverfahren genannt – um. Das führte dazu, dass nun auch bei Kramer die neu entwickelten GW-Motoren die bisherigen GL-Aggregate ab 1939 ablösten. Der Kramer-Diesel – die Sparkasse des Bauern! So und ähnlich warben die Kramer-Werke Ende der 30er-Jahre für die Allesschaffer-Bauernschlepper.

Der Nachholbedarf gerade im Bereich der einfachen Bauernschlepper war Mitte der 30er-Jahre besonders groß. Bereits am

Technische Daten: Normag NG 22

Bauzeit:	1937 bis 1942
Motor:	2-Zyl./4-Takt-Dieselmotor
Hubraum:	2125 Kubikzentimeter
Leistung:	16,1 kW/22 PS bei 1500 U/min
Antrieb:	4/1-Gang-Getriebe, hinten
Länge:	2700 Millimeter
Gewicht:	1800 Kilogramm (leer)

18. September 1936 konnte Normag das erste Serienmodell des Schleppers NG 22 ausliefern. Der NG 22 war ein zuverlässiger Universal- und Bauernschlepper sowohl für den Feldeinsatz als auch im Straßenverkehr für Transportaufgaben.

Technische Daten: Miag LD 20

Bauzeit:	1935 bis 1939
Motor:	2-Zyl./4-Takt-Dieselmotor
Hubraum:	2028 Kubikzentimeter
Leistung:	14,6 kW/20 PS bei 1500 U/min
Antrieb:	4/1-Gang-Getriebe, hinten
Länge:	2700 Millimeter
Gewicht:	1750 Kilogramm (leer)

1938 erhielt der Ritscher-Dreirad-Schlepper N – nun als N 14 bezeichnet – einige Verbesserungen, die in erster Linie aus der vorn abgerundeten Kühlerverkleidung und einem stärkeren Motor bestanden. Ab August 1939 gelangte in das ansonsten kaum veränderte, nun unter N 20 geführte Fahrzeug der Zweizylinder-Deutz-Motor F 2 M 414 mit 22 PS zum Einbau. Beide Typen wurden im Schell-Plan berücksichtigt und durften daher auch nach Kriegsbeginn weitergebaut werden, sie fielen aber dem allgemeinen Produktionsstopp für Dieselschlepper zum Opfer.

Hubert Zettelmeyer, um die Jahrhundertwende als selbstständiger Dampfwalzenführer und Kleinunternehmer tätig, gründete 1902 eine kleine Maschinenfabrik in Konz bei Trier. 1934 fiel schließlich die Entscheidung zum Bau von Acker- und Dieselschleppern. Das als Z 1 bezeichnete Fahrzeug besaß vier gleich große Räder, den wassergekühlten 20-PS-Deutz-Dieselmotor des Typs F 2 M 313 und wurde ab 1935 in Serie gefertigt. 1942 musste auch Zettelmeyer die Produktion seiner Dieselschlepper auf den Holzgasschlepper GZ 1 umstellen.

Die ab 1937 angebotenen Eicher-Schlepper waren zeittypische Fahrzeuge, wobei das 22-PS-Modell der Einheitsbauart entsprach. Die Maschinen konnten mähen und pflügen, aber auch als Zugschlepper oder Stationärantrieb eingesetzt werden. Die Zugkraft des 22-PS-Fahrzeugs betrug 600 kg, die maximale Anhängelast 15 t in der Ebene. Die Fertigungsmenge dieser Fahrzeuge betrug etwa 1000 Einheiten.

1936 wurde entschieden, den Vergaserschlepper Farmall F 12 in Deutschland und Europa einzuführen. Er war ein bewährter und vielseitiger, seit 1922 gebauter Allzweckschlepper, der nicht nur zum Ziehen, sondern auch für Kultur- und Pflegearbeiten universell eingesetzt werden konnte. Während am Bau des neuen Montagewerkes mit Hochdruck gearbeitet wurde, konnte bereits nach Fertigstellung des ersten Bauabschnitts die Montage der F-Serie in Neuss aufgenommen werden. Motor und Getriebe wurden noch aus dem Werk Rock Island in Illinois bezogen. Im März 1937 konnte schließlich der erste komplett in Neuss zusammengebaute Vergaserschlepper F 12 G

Mithilfe der in Fahrtrichtung angebauten Riemenscheibe ließen sich die Eicher-Traktoren insbesondere zum Antrieb von Dreschmaschinen samt Strohpresse hervorragend verwenden.

In den Vereinigten Staaten war der Farmall F 12 auch als sogenannter Row-Crop- oder Hackfruchtschlepper sehr verbreitet. Hier ein schönes Exemplar von 1936.

das Montageband der neu errichteten Fabrikationsanlagen verlassen. Ab 1938 wurden alle Schlepper mit vollständig in Neuss gefertigten Baukomponenten montiert und im September konnte der 1000. Schlepper fertiggestellt werden.

Zur Gruppe der Kleinstanbieter in der Schlepperbranche mit einem nur eng umgrenzten Einzugsbereich zählt auch der im westfälischen Wettringen im Landkreis Steinfurt ansässige kleine Maschinenbaubetrieb Josef Krümpel. Bis etwa 1941 wurde der robuste und solide gefertigte Krümpel-Schlepper fast ausschließlich für den Regionalbereich gebaut. 1949 wurde der Bau dieses Fahrzeugs unter erneuter Verwendung des nun 25 PS starken Deutz-Dieselmotors in ansonsten nahezu unveränderter Form wieder aufgenommen.

Im Jahr 1936 begann sich die zehn Jahre zuvor aus dem Zusammenschluss mehrerer bedeutender deutscher Mühlenbetriebe in Braunschweig entstandene Firma Miag – Mühlenbau und Industrie AG – dem in der Aufschwungphase befindlichen Markt für Zugmaschinen und Ackerschlepper zuzuwenden. Der Miag-Ackerschlepper LD 20 konnte als Universalfahrzeug sämtliche in einem landwirtschaftlichen Betrieb anfallenden Arbeiten verrichten. Er war ein leistungsstarkes Zugfahrzeug für Pflug, Egge, Walzen, Selbstbinder, Düngerstreuer und viele andere Arbeitsgeräte. Mithilfe der vorne oder hinten an der Zapfwelle anzubringenden Riemenscheibe war der LD 20 auch als stationäre Antriebsmaschine, beispielsweise für Sägemaschinen, Wasserpumpen, Dreschmaschinen, Strohpressen und Häckselmaschinen, ähnlich gut verwendbar wie zum Grasmähen im Grünlandeinsatz.

Nachdem Firmengründer Anton Schlüter zu Beginn der 20er-Jahre einen Dieselmotor entwickelt hatte, der nach dem patentierten Schwenkkammerverfahren arbeitete, lag es nahe, sich auch dem Bau von Ackerschleppern zuzuwenden. Die Anfänge des Schlepperbaus bei Schlüter gehen auf das Jahr 1937 zurück. Dadurch entstand der erste Schlüter-Kleinschlepper DZM. Bereits kurze Zeit später steigerte Schlüter die Motorleistung auf 15 PS und bot den Schlepper unter der Bezeichnung DZM 15 an. Bis 1938 entstanden von beiden Varianten lediglich 33 Einheiten, da man in Freising schon bald der in den Modellen DZM 16 und DZM 25 verwirklichten moderneren Blockbauweise den Vorzug gab. Dieses in den Jahren 1938 bis 1939 gefertigte Fahrzeug unterschied sich grundlegend von seinem Vorgänger.

Technische Daten: Krümpel K 22

Bauzeit:	1937 bis 1952
Motor:	2-Zyl./4-Takt-Dieselmotor
Hubraum:	2198 Kubikzentimeter
Leistung:	16,1 kW/22 PS bei 1500 U/min
Antrieb:	4/1-Gang-Getriebe, hinten
Länge:	2750 Millimeter
Gewicht:	1650 Kilogramm (leer)

Technische Daten: Miag LD 20

Bauzeit:	1937 bis 1941
Motor:	2-Zyl./4-Takt-Dieselmotor
Hubraum:	2120 Kubikzentimeter
Leistung:	14,6 kW/20 PS bei 1500 U/min
Antrieb:	4/1-Gang-Getriebe, hinten
Länge:	2850 Millimeter
Gewicht:	1660 Kilogramm (leer)

Technische Daten: Fahr F 22

Bauzeit:	1938 bis 1940
Motor:	2-Zyl./4-Takt-Dieselmotor
Hubraum:	2198 Kubikzentimeter
Leistung:	16,1 kW/22 PS bei 1550 U/min
Antrieb:	5/1-Gang-Getriebe, hinten
Länge:	2800 Millimeter
Gewicht:	1820 Kilogramm (leer)

Eisenbereifter AS 250 in offener Ausführung.

Unter der Leitung von Dr.-Ing. Wilfried Fahr und dem von Hanomag zu Fahr gewechselten Oberingenieur Bernhard Flerlage begann im Jahr 1937 eine Technikergruppe mit den Entwicklungsarbeiten an einem eigenen Dieseltraktor. Man entschied sich dabei für einen 22-PS-Bauernschlepper, eine seinerzeit für die Zielgruppe der landwirtschaftlichen Mittelbetriebe besonders geeignete und von vielen Herstellern gebaute Größe. Als Antriebsaggregat stand der bewährte und weitverbreitete, wassergekühlte 22-PS-Vorkammer-Dieselmotor F 2 M 414 von Deutz zur Verfügung. Im Oktober 1938 konnte das Ergebnis dieser Bemühungen in Form eines ersten Versuchsfahrzeugs auf die Räder gestellt werden. Nach erfolgreicher Erprobung stand der Serienfabrikation des F 22 – so lautete die Bezeichnung dieses Schleppers – nichts mehr im Wege.

Unmittelbar nach der im November 1935 erfolgten Gründung der Famo-Werke durch die Junkers-Flugzeugwerke plante dieser Hersteller, das landwirtschaftliche Produktionsprogramm zu verbreitern. Ähnlich wie bei der MAN und bei Orenstein & Koppel, ebenfalls große und bedeutende Unternehmen der Fahrzeug- und Motorenindustrie, erschienen auch der Famo-Geschäftsführung die Zukunftsaussichten günstig, stärker als bisher in die Branche, in der man ansonsten nur mit Kettenschleppern vertreten war, einzusteigen. Die Famo setzte dabei auf einen schweren Radschlepper der gehobenen Leistungsklasse, dessen Abnehmerkreise insbesondere in der Großlandwirtschaft der östlichen Provinzen gesehen wurden. Es handelte sich um einen solide ausgebildeten Blockbauschlepper, der mit einem Vierzylinder-Wälzkammer-Diesel aus eigener Herstellung ausgerüstet war. Seine normale Drehzahl betrug 1250 U/min, bei der das Aggregat 42 PS zur Verfügung stellen konnte.

Mit seinem Erscheinen des Hela D 40 im Jahr 1939 verzichtete Hermann Lanz auf die jahresgebundenen Typenausweisungen und bezeichnete alle ab 1940 gebauten Traktoren einheitlich als D 40. Auch dieser verfügte über den zweizylindrigen Deutz-Diesel mit Wasserkühlung, ein kugelgeschaltetes Vierganggetriebe mit spiralverzahnten Kegelrädern aus eigener Her-

Der Famo-Ackerradschlepper XL war ein modernes Fahrzeug der gehobenen Leistungsklasse. Da er zu einem äußerst ungünstigen Zeitpunkt auf den Markt kam, blieb er – völlig unverdient – ein Außenseiter. Der rote Winkel „V" im Zulassungskennzeichen bedeutete, dass das Fahrzeug während des Krieges trotz Treibstoffrationierung gefahren werden durfte, was nur rund 15 % des Fahrzeugbestands im Deutschen Reich zugestanden wurde.

Technische Daten: Martin F 22

Bauzeit:	1938 bis 1942
Motor:	2-Zyl./4-Takt-Dieselmotor
Hubraum:	2198 Kubikzentimeter
Leistung:	16,1 kW/22 PS bei 1500 U/min
Antrieb:	4/1-Gang-Getriebe, hinten
Länge:	2640 Millimeter
Gewicht:	1555 Kilogramm (leer)

stellung sowie über eine Pendelvorderachse. Die Bodenfreiheit betrug mindestens 340 mm. Während die Einscheiben-Trockenkupplung wartungsfrei konstruiert war, besaß die nachstellbare Schneckenlenkung eine staub- und öldichte Kapselung. Gemäß einem betriebsinternen Rentabilitätsvergleich war der D 40 in der Lage, vier bis sechs Pferde und zwei Arbeitskräfte zu ersetzen.

Die ersten Ansätze zum Bau landwirtschaftlicher Nutzfahrzeuge reichten bei der Maschinenfabrik Augsburg-Nürnberg AG – MAN – bis zum Jahr 1915 zurück. Im Jahr 1936 beschloss die Generaldirektion, den Schlepperbau alsbald wieder aufzunehmen. Als Nächstes wurde eine Konstruktions- und Versuchsgruppe gebildet, welcher auch die Aufgabe zufiel, die für den Bau geeignetste Leistungsklasse auszuwählen. Nach Auswertung der Marktverhältnisse entschloss man sich, einen Dieselschlepper der gehobenen Klasse mit 50 PS zu bauen. Dieses starke Fahrzeug sollte nicht nur als vielseitiges Zugmittel für Bodenbearbeitungsgeräte, sondern auch als leistungsfähige Straßenzugmaschine zum Einsatz kommen. Mit dem Dieselschlepper AS 250 war es der MAN auf Anhieb gelungen, eine geradezu sensationelle Spitzenleistung auf den Markt zu bringen.

Die Firma Otto Martin wurde im Jahr 1922 in der südlich von Memmingen gelegenen Ortschaft Benningsen gegründet. Nach dem notwendigen Ausbau und der Erweiterung der Fabrikationsanlagen wurde der Prototyp eines zeittypischen 20-PS-Bauernschleppers fertiggestellt. Bereits 1938 ging vom Reichswirtschaftsministerium in Berlin die Initiative aus, eine Zusammenarbeit zwischen den Firmen Martin und Xaver Fendt in Marktoberndorf herbeizuführen. Aus dieser Zusammenarbeit entstand Ende 1938 der neue Martin-Schlepper F 22, der bei Fendt unter der Bezeichnung F 22 Dieselross im Wesentlichen baugleich realisiert wurde.

„Quadratisch, praktisch und gut", so könnte man mit Fug und Recht zumindest die anfangs sehr kantig ausgeführten Diesel-Ackerschlepper des Typs SA751 von Orenstein & Koppel AUS DEM JAHR 1938 bezeichnen. Der O&K-Dieselschlepper SA 751 war – wie schon äußerlich zu erahnen – ein sehr solide gebauter konventioneller Traktor mit beachtlicher, teilweise überdimensionierter Blechstärke. Mit seinen überwiegend geraden Bauteilen wirkte er sehr einfach. Im darauffolgenden Jahr wurde mit dem Typ SB 751 ein weiteres Traktormodell vorgestellt. Dieses Fahrzeug war ein leichter Bauernschlepper in Blockbauart, dessen 15-PS-Motor durch die Halbierung des im 30-PS-Schlepper installierten Zweizylinder-Dieselmotors entstand. Im Gegensatz zum stehend angeordneten Zweizylinder wies dieser niedrig drehende Langhubmotor nur einen Zylinder in liegender Bauart auf. Das Modell SB 751 von Orenstein & Koppel – aus politischen Gründen erfolgte 1939 die Zwangsänderung der Firmierung in Maschinenbau und Bahnbedarf AG, MBA, und das Fahrzeug lief unter der Bezeichnung MBA-Bauernschlepper – gehörte zu den von der damaligen Reichsregierung geforderten und geförderten leichten Bauernschleppern.

Es dauerte bis 1938, bevor Primus mit seinem ersten Ackerschlepper, dem Modell P 22, auf den Markt kam. Der Primus P 22 war ein äußerst fortschrittlicher Bauernschlepper für Acker und Straße. Die Prospekte versprachen nicht zu viel, wenn von einem erneuten Fortschritt im Schlepperbau und von hoher Leistung, sparsamem und wirtschaftlichem Betrieb, denkbar einfacher Handhabung sowie von dauerhaften, zuverlässigen und nahezu unverwüstlichen Eigenschaften die Rede war.

Technische Daten: O & K SA 751

Bauzeit:	1938 bis 1943
Motor:	2-Zyl./4-Takt-Dieselmotor
Hubraum:	3532 Kubikzentimeter
Leistung:	22 kW/30 PS bei 1300 U/min
Antrieb:	4/1-Gang-Getriebe, hinten
Länge:	3100 Millimeter
Gewicht:	2200 Kilogramm (leer)

TRAKTOREN WÄHREND DES KRIEGES

Dieser restaurierte Generatorbulldog D 7506 war ein Versuchsfahrzeug und wurde 1942 auf das Reingasverfahren umgerüstet.

Die Lösung bei Treibstoffknappheit sind Holzgasschlepper

Auf Anordnung des Reichsministeriums für die Herstellung von landwirtschaftlichen Schleppern musste am 30. Juni 1942 der Bau von Dieselmotoren mit flüssigen Brennstoffen eingestellt werden. Damit die deutsche Landwirtschaft die dringend benötigten Erzeugnisse aber auch weiterhin zur Verfügung stellen konnte, wurde die Umrüstung der Motoren auf Holzgas verlangt.

Die Idee dazu, feste Brennstoffe zu vergasen und anschließend das brennbare Gas zu verheizen, stammte bereits aus dem 18. Jahrhundert. Erste funktionsfähige Motoren wurden im Jahr 1884 in England in Automobile eingebaut. Um 1920 boten die großen deutschen Motorenbauer serienmäßig Gaserzeuger für feste Brennstoffe an. Auch in Frankreich, England und Italien wurde an der Entwicklung von Gasgeneratoren weitergearbeitet und in Deutschland wurde 1935 eine große Versuchsfahrt mit heimischen Brennstoffen wie Stein-, Anthrazit- und Braunkohle, Torfkoks, Holzkohle, Holz, Torf und Braunkohlebriketts durchgeführt. Über eine Prüfstrecke von 12.000 bis 14.000 Kilometern zeigten 38 als Generatorfahrzeuge ausgerüstete Lastkraftwagen, die ein Eigengewicht zwischen 4,5 und 13 Tonnen hatten, was in ihnen steckte. Das Ergebnis zeigte klar, dass besonders Holz und Holzkohle für die Generatoren geeignet waren. So beschränkte sich die Weiterentwicklung vor allem auf Holzvergasergeneratoren für Lkws und Busse.

Ab Mitte 1941 wurde von der Forschungsstelle für „Gasschlepper-Entwicklung“ ein Standard-Holzerzeuger zum nach-

Das Imbert-Prinzip

Bei der Teilverbrennung von Holz, Holzkohle und Holzteer durch Luftmangel entsteht ein brennbares Gas. Das erzeugte Gas wird nach der Abkühlung, bei der Wasserdampf und Kohlenwasserstoffe zu Holzgaskonzentrat kondensieren, dem Verbrennungsmotor zugeführt. Vor allem von Georges Imbert wurde solch ein System für den mobilen Verkehrsbereich entwickelt und bereits 1923 in einen Opel eingebaut.

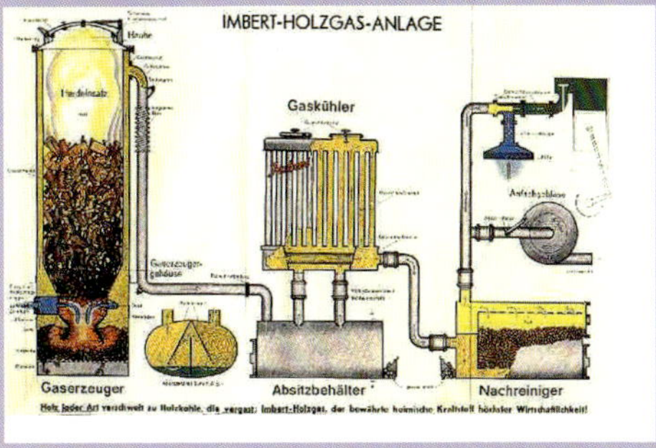

Technische Daten: Schlüter GZV 25

Bauzeit:	1942 bis 1947
Motor:	2-Zyl./4-Takt-Generatormotor
Hubraum:	3982 Kubikzentimeter
Leistung:	20,5 kW/28 PS bei 1500 U/min
Antrieb:	4/1-Gang-Getriebe, hinten
Länge:	3400 Millimeter
Gewicht:	2200 Kilogramm (leer)

träglichen Einbau in landwirtschaftliche Ackerschlepper entwickelt. Dieser Standardgenerator bestand aus Einzelteilen der Firmen Imbert, Zeuch, Wisco, Südgas, Miag und Deutz. Ab 1942 konnten dann die landwirtschaftlichen Betriebe über Bezugsscheine auch neue Ackerschlepper mit Holzgasbetrieb bekommen. Dadurch konnte in Deutschland in den letzten Kriegsjahren die Produktion von landwirtschaftlichen Erzeugnissen einigermaßen aufrechterhalten werden.
Nach dem Zweiten Weltkrieg und dem Ende der Benzinrationierung wurde die Produktion der Holzgasfahrzeuge aufgrund ihrer niedrigen Leistung und ihrer komplizierten wie gefährlichen Handhabung fast vollständig eingestellt. Nur wenige Fahrzeuge und Generatoren haben überlebt. Die ehemaligen Gebäude der Imbert Werke gehören heute zum Werksgelände von Ford und beherbergen u.a. den Vorserienbau. Lediglich die Firma Normag verkaufte bis 1948 einen Schlepper für „heimische Brennstoffe".

Die Wirkungsweise

Holzgas-Generatoranlagen arbeiten als Sauggasanlagen. Der sich nach unten trichterförmig verjüngende Gaserzeuger wird mit Holzkohle und darüber mit trockenen Holzstücken befüllt. Nach dem Entzünden der Holzkohle beginnt die Vergasung der Kohlestücke. Im oberen Füllbereich wird das Holz durch die Verbrennungswärme verschwelt. Durch den Saughub des Motors wird der Generatoranlage brennbares Gas entzogen und gleichzeitig wird Frischluft durch die Feuerzone geleitet. Das entstandene Holzgas mit einem durchschnittlichen Heizwert von 1200 bis 1400 kcal/Nm^3 wird gereinigt, abgekühlt und gefiltert. Über einen Gas-Luft-Mischer wird das Gas mit der zur Verbrennung benötigten Luft vermischt. Die Gemischmenge und somit auch die Drehzahl werden über die Betätigung eines Fußhebels geregelt.

Technische Daten: Fendt G 25

Bauzeit:	1943 bis 1946
Motor:	2-Zyl./4-Takt-Generatormotor
Hubraum:	3979 Kubikzentimeter
Leistung:	18,3 kW/25 PS bei 1500 U/min
Antrieb:	5/1-Gang-Getriebe, hinten
Länge:	3410 Millimeter
Gewicht:	2223 Kilogramm (leer)

WIEDERBEGINN NACH DEM KRIEG

Oben: So sah Feldarbeit in den 50er-Jahren aus. Ein mit einem Seitenmähwerk bestückter Allgaier R 18 zieht einen Zapfwellenbinder.
Rechts: Der Allgaier A 22 war ein kräftiger Schlepper für den Klein- und Mittelbetrieb.

Allgaier und die Verbindung mit Kälble und Porsche

Nach Kriegsende verfolgte Erwin Allgaier den Plan, einen einfachen, robusten und preisgünstigen Ackerschlepper zu bauen. Der Traktor sollte vor allem den vielen kleineren, noch auf Zugtiere angewiesenen Landwirtschaftsbetrieben eine motorische Alternative bieten. Die verwandtschaftliche Verbindung zu der in Backnang ansässigen Carl Kaelble GmbH – Erwin Allgaier war mit einer der Töchter des Senators Carl Kaelble verheiratet – begünstigte diese Pläne sehr. Kaelble beauftragte seinen langjährigen Motorenkonstrukteur, den Ingenieur Paul Strohhäcker, mit Planung und Entwicklung eines einfachen, zum Antrieb eines Ackerschleppers geeigneten Dieselmotors. Schon im Frühjahr 1946 konnten an den ersten Motoren praktische Erprobungen vorgenommen werden.
Bereits im Mai 1946 wurde der erste Allgaier-Schlepper fertiggestellt. Er erhielt die Typenbezeichnung R 18, wobei das „R" für robust, die Zahl „18" für die Motorleistung in PS stand. Am 28. Juli 1949 rollte der 1000. Allgaier-Schlepper aus den Werkhallen.
Anfang 1949 hatten Versuche auf dem Prüfstand ergeben, dass der Allgaier-Motor nicht wie anfänglich gemessen 18 bis 20, sondern bis zu 22 PS Leistung abgab. Was lag näher, als diesen Tatbestand werbewirksam zu nutzen. Daher wurde ab August 1949 unter der Bezeichnung R 22 der alte R 18 als quasi neues Modell offeriert.
Im Juni 1950 stellten die Allgaier-Werke erstmals den Dieselschlepper R 22 mit einer Blechverkleidung vor. Etwa ab Ende August 1950 wurde eine niedrigere Verkleidung gebaut. Ab Oktober 1950 wurde der R 22 mit Motorverkleidung in A 22

umbenannt. Dieser Schlepper war in technischer Hinsicht mit den verdampfungsgekühlten Modellen R 18 und R 22 identisch. Spätestens ab dem Frühjahr 1952 war ein starker Absatzrückgang des A 22 festzustellen, der vor allem durch das Aufholen der Konkurrenz bedingt war. Um den A 22 sowohl leistungsmäßig als auch technisch aufzuwerten, brachten die Allgaier-Werke daher das 24 PS starke Modell A 24 heraus, das neben seiner höheren Motorleistung über eine geschlossene Kondensation verfügte. Der A 24 wurde parallel zum A 22 angeboten und kostete in der Grundausstattung gemäß Preisliste von November 1952 7270 DM.
Zur 40. DLG-Ausstellung im Juni 1950 war der große Allgaier-Schlepper fertig. Er wurde mit zwei unterschiedlichen Hinterradbereifungen als A 30 und A 40 angeboten. Die Fahrzeuge ähnelten durch ihre fast identische Verkleidung dem kleineren R 22/A 22 sehr, nur dass sie viel höher und damit imposanter wirkten. Ein weiterer Schlepper auf dem Firmenstand der Allgaier-Werke sorgte für beträchtliches Aufsehen. Es war das auf dem Volksschlepper von Fedinand Porsche basierende Modell AP 17 (AP = Allgaier, System Porsche). Der kleine AP 17 Volksschlepper war entweder als Alleinschlepper in Kleinbetrieben oder als Zweit- und Pflegeschlepper auf größeren Anwesen für so ziemlich alle Arbeiten einsetzbar, die seiner Gewichtsklasse zugemutet werden konnten.
Über einen kurzen Zeitraum und in maximal 500 Einheiten wurde der A 16 ab August 1951 mit der Motorverkleidung des A 12 ausgeliefert, bevor er sich dann ab Oktober 1952 in seinem endgültigen Erscheinungsbild zeigte. Schließlich erfolgte im Jahr 1954 die Ablösung des A 16 zugunsten des AP 16 mit luftgekühltem Zweizylindermotor.

Technische Daten: Allgaier AP 17

Bauzeit:	1950 bis 1953
Motor:	2-Zyl./4-Takt-Dieselmotor
Hubraum:	1374 Kubikzentimeter
Leistung:	13,2 kW/18 PS bei 2000 U/min
Antrieb:	5/1-Gang-Getriebe, hinten
Länge:	2550 Millimeter
Gewicht:	950 Kilogramm (leer)

Technische Daten: Allgaier A 133

Bauzeit:	1952 bis 1955
Motor:	3-Zyl./4-Takt-Dieselmotor
Hubraum:	2467 Kubikzentimeter
Leistung:	24,2 kW/33 PS bei 2000 U/min
Antrieb:	5/1-Gang-Getriebe, hinten
Länge:	2750 Millimeter
Gewicht:	1840 Kilogramm (leer)

Auf der 42. DLG-Ausstellung in Köln im Juni 1953 wurde die von Anfang an als Übergangslösung betrachtete Ausführung des AP 22 in einem neuen Design mit überarbeiteter Technik vorgestellt. Der auf dem sehr bewährten Konzept des luftgekühlten Volksschleppers basierende AP 22 zeichnete sich wie dieser durch eine Vielzahl positiver Eigenschaften aus. Als Universalschlepper für alle Saat- und Pflegearbeiten und für schweren Zug gleich gut geeignet, war er für alle Einsatzbereiche vorzugsweise auf kleineren und mittleren Höfen verwendbar. Verhandlungen mit der Stuttgarter Porsche AG führten bereits zu Beginn des Jahres 1952 zu einer grundsätzlichen Übereinkunft darüber, von der neu entstandenen Porsche-Arbeitsgruppe für Schlepperkonstruktionen eine aus vier Typen bestehende Traktorenbaureihe entwickeln zu lassen. Die projektierten Modelle sollten von ein- bis vierzylindrigen Motoren mit Leistungen zwischen 12 und 44 PS angetrieben werden. Während bei den Zwei-, Drei- und Vierzylinderschleppern A 122, A 133 und A 144 das neue Porsche-Fünfganggetriebe adaptiert werden sollte, musste lediglich für das Einzylindermodell ein neues Triebwerk entwickelt werden. Es spricht für die Qualität dieser Fahrzeuge, dass deren Bau auch nach Einstellung der Schlepperfertigung bei Allgaier 1955 eine Zeit lang unter der Regie der Porsche-Diesel Motorenbau GmbH nahezu unverändert weitergebaut wurden.

Stärkere Modelle von Bautz

Um auch Traktoren über 12 PS anbieten zu können, entschloss sich Bautz, stärkere Modelle herauszubringen. Da entsprechende eigene Baukomponenten fehlten, entstanden nach kurzer

Für die englischen Nuffield-Traktoren war selbstverständlich auch ein deutschsprachiges Prospektmaterial bei Bautz erhältlich. Auf dem Bild ist ein Universal 3 bei der Rübenernte zu sehen.

Technische Daten: Deutz F 3 L 514

Bauzeit:	1951 bis 1964
Motor:	3-Zyl./4-Takt-Dieselmotor
Hubraum:	3990 Kubikzentimeter
Leistung:	38,1 kW/52 PS bei 1800 U/min
Antrieb:	7/2-Gang-Getriebe, hinten
Länge:	3450 Millimeter
Gewicht:	2600 Kilogramm (leer)

Entwicklungszeit zwei äußerlich fast baugleiche Traktoren aus beinahe vollständig zugekauften Bauteilen, die sich hauptsächlich durch ihre unterschiedliche Motorleistung unterschieden. Der kleinere dieser sogenannten Konfektionsschlepper leistete 17 PS und wurde unter der Bezeichnung AS 170 angeboten. Das größere 22-PS-Modell lief als Typ AS 220. Ab 1954 gab es den 17-PS-Schlepper als Typ AS 171 auch mit MWM-Motor. Vom AS 170/171 entstanden 505, vom AS 220 356 Fahrzeuge. 1955 konnte man endlich die Nachfolgemodelle AS 180 und AS 240 vorstellen. Der AS 180 erreichte in seiner Bauzeit eine Stückzahl von 2122 Einheiten, während der AS 240 insgesamt 2319-mal verkauft wurde. 1958 wurden die grundausgerüsteten Fahrzeuge mit 7490 und 8650 DM in den Verkaufslisten angeboten.

Hart und unvorbereitet wurde das Familienunternehmen von der etwa ab 1956 stark zurückgehenden Nachfrage nach Kleinschleppern getroffen. Die Kunden verlangten stärkere und zugkräftigere Maschinen, um die angebotenen Ackergeräte sinnvoll zum Einsatz bringen zu können. Die ersten Konstruktionsarbeiten an den neuen Schleppern begannen bereits Ende 1956. Während das neu entwickelte Getriebe des Bautz 300 sieben Vorwärtsgänge und einen Rückwärtsgang besaß, verfügte der kleinere Bautz 200 über ein in zwei Schaltgruppen unterteiltes Triebwerk mit acht Vorwärts- und zwei Rückwärtsgängen. Beide entstanden in Zusammenarbeit mit der Ludwigsburger Getriebe- und Zahnradfabrik Getrag.

„Groß in der Leistung – günstig im Preis" und „Für schwerste Arbeiten in Feld und Wald". So und ähnlich lautete die Bautz-Reklame für die von diesem Hersteller für kurze Zeit vertriebenen Nuffield-Traktoren. Mit diesen Aussagen hatten die Werbetexter keineswegs übertrieben, denn die seit Oktober 1958 angebotenen englischen Fahrzeuge waren wirklich äußerst kraftvoll, solide, sehr preiswert und begnügten sich mit einem Minimum an Wartung und Pflege.

Die ernste Krise, in die der Schleppermarkt zu Beginn der 1960er-Jahre geraten war, ging auch an Bautz nicht vorbei. Da die Voraussetzungen für eine rentable Großserienherstellung bei den verhältnismäßig geringen Verkaufszahlen nicht gegeben waren, musste sich Bautz aus dem Schleppergeschäft zurückziehen. Zu Beginn des Jahres 1963 musste daher auch der Bau der beiden neuen Typen eingestellt werden.

Technische Daten: Bautz-Nuffield Universal 4

Bauzeit:	1954 bis 1962
Motor:	4-Zyl./4-Takt-Dieselmotor
Hubraum:	3404 Kubikzentimeter
Leistung:	32,9 kW/45 PS bei 2000 U/min
Antrieb:	5/1-Gang-Getriebe, hinten
Länge:	3090 Millimeter
Gewicht:	2115 Kilogramm (leer)

Ein F 2 L 514 im Stationäreinsatz vor einer Strohballenpresse.

Die luftgekühlten Motoren von Deutz

Die letzten vor dem Krieg gebauten wassergekühlten Deutz-Schlepper waren der F2M 317 mit 30 PS und der um nochmals 20 PS stärkere F3M 317. Im Mai 1951 wurde der neue Dreizylinder-Deutz-Schlepper F 3 L 514/51 vorgestellt. Mit dem Bau luftgekühlter Motoren wurde in der Geschichte des Hauses Deutz eine neue Phase eingeleitet.

Dieser Motor, der zu Kriegszeiten nur noch in kleinen Stückzahlen zum praktischen Einsatz gelangte, war der Urvater aller danach folgenden, auch auf den Schlepperbau zugeschnittenen luftgekühlten Dieselmotoren. Endlich, im Juli 1949, hatte man die Arbeit an dem neuen Mittelklasseschlepper F 2 L 514, bestückt mit dem gleichnamigen Zweizylinder-Diesel mit Luftkühlung, vollendet. Der mittelschwere Deutz-Schlepper F 2 L 514 gehörte einer zu jener Zeit sehr bedeutsamen Leistungsklasse an und wurde bis zum Auslaufen der Fertigung im Jahr 1962 in insgesamt 21.508 Einheiten fabriziert.

Bis 1956 war dieser noch mit dem bewährten, allerdings schon 1934 im Deutz-Stahlschlepper F 2 M 315 (zuletzt F 2 M 417) verwandten fünfgängigen Deutz-Stahlgetriebe bestückt. Der F 3 L 514 war ein starker Dieselschlepper, der in erster Linie für den zu Beginn der 50er-Jahre aufkommenden zapfwellengetriebenen Mähdreschbetrieb geeignet war. Die meisten Schlepper verrichteten über Jahrzehnte hinweg treu und brav ihren Dienst. Als wichtiges Fahrzeug in der Klasse zwischen 20 und 25 PS gab es ab 1954 das mit dem Zweizylinderaggregat aus der FL-612-Serie bestückte Modell F 2 L 612. Dieses Fahrzeug, das sich leistungsmäßig genau in die bei Deutz noch bestehende Angebotslücke einfügte, war mit Vorderachse, Lenkung, Getriebe und Kotflügeln des F 1 L 514/51 bestückt, sodass man diesen neuen Traktor mit einer gewissen Berechtigung als dessen leistungsstärkere Variante bezeichnen konnte.

Im Jahr 1958 wurde das erste Glied der neuen D-Schlepper-Modellreihe von Deutz-KHD vorgestellt. Die gegenüber früheren Modellen wichtigste Errungenschaft dieser Reihe betraf neue, nach dem Baukastensystem konstruierte und gerade erst serienreif gewordene Motoren der FL-712-Typenreihe. Zu dieser Reihe gehörten auch die im Jahr 1958 vorgestellten, leistungsmäßig bereits zur gehobenen Mittelklasse zählenden Dreizylinder-Schleppermodelle D 40 und D 40 S. Diese Traktoren trugen dem Verlangen vieler Kunden nach mehr Leistungsstärke Rechnung. Die zur schweren Mittelklasse zählenden Deutz-Schlepper waren vor allem für mittlere und größere Betriebe, etwa zwischen 15 und 25 ha, als Alleinschlepper oder als Hauptschlepper neben einem kleineren Pflegeschlepper geeignet.

Im Jahr 1960 präsentierten die Deutz-Werke die neuen Modelle D 30 und D 30 S. Beide Fahrzeuge unterschieden sich ausschließlich durch die beim D 30 S vorhandene Motorzapfwelle voneinander. Damit bot Deutz erstmals in dieser Leistungsklasse einen Traktor mit dieser Zapfwelle an. Die beiden Typen

Technische Daten: Deutz D 25

Bauzeit:	1958 bis 1964
Motor:	2-Zyl./4-Takt-Dieselmotor
Hubraum:	1700 Kubikzentimeter
Leistung:	16,1 kW/22 PS bei 2100 U/min
Antrieb:	8/2-Gang-Getriebe, hinten
Länge:	3040 Millimeter
Gewicht:	1290 Kilogramm (leer)

Risszeichnung eines bereits in der neuen Haubenform gestalteten Deutz D 40 S. Bemerkenswert ist neben dem vor der Hinterachse positionierten Fahrersitz der dahinter angeordnete Sitzplatz für den Beifahrer.

ersetzten das Modell D 25.1 S. Beim 1960 erstmals vorgestellten Deutz D 50 handelte es sich um einen leistungsstarken Zug- und Arbeitsschlepper. Einer der wenigen Schwachpunkte des D 50 betraf das noch vom F 2 L 514/6 stammende Deutz-Schaltgetriebe mit sieben Vorwärts- und drei Rückwärtsgängen, das bei der hohen Motorleistung dieses Schleppers an der Grenze der Belastbarkeit angelangt war. 1962 entschloss sich Deutz, das bisherige und reichlich schwache Siebenganggetriebe aus eigener Herstellung durch das hochmoderne ZF-Gruppenschaltgetriebe A 216 mit acht Vorwärts- und vier Rückwärtsgängen zu ersetzen. 1965 wurde die gesamte Deutz-Typenpalette einer gründlichen Überarbeitung unterzogen. Das Ergebnis war die D-05-Baureihe, die durch eine weitgehende Teilevereinheitlichung aus der bisherigen D-Serie entstanden war. Die neue Gebläseluftkühlung brachte einen spürbar niedrigeren Geräuschpegel.

Technische Daten: Deutz D 50

Bauzeit:	1960 bis 1964
Motor:	4-Zyl./4-Takt-Dieselmotor
Hubraum:	3400 Kubikzentimeter
Leistung:	33,7 kW/46 PS bei 2100 U/min
Antrieb:	7/3-Gang-Getriebe, hinten
Länge:	3630 Millimeter
Gewicht:	2125 Kilogramm (leer)

Ein 1966 gebauter D 5505 vor einem zapfwellengetriebenen Hagedorn-Kartoffelvollernter des Typs Wisent RG-RHY aus dem Jahr 1970 bei einer Vorführung bei einer Veteranenveranstaltung.

Technische Daten: Deutz D 4006

Bauzeit:	1968 bis 1981
Motor:	3-Zyl./4-Takt-Dieselmotor
Hubraum:	3400 Kubikzentimeter
Leistung:	25,6 kW/35 PS bei 2150 U/min
Antrieb:	8/2(4)-Gang-Getriebe, hinten
Länge:	3470 Millimeter
Gewicht:	1895 Kilogramm (leer)

Ansonsten baute man überwiegend auf die Vorgängertypen, die sich als solide und robuste Maschinen erwiesen hatten.
Die beiden kleinsten Modelle hießen D2505 und D3005 und besaßen 22 bzw. 28 PS Motorleistung. Sie lösten die Typen D25.2 und D30 bzw. D30S ab. Im Vergleich zu ihren Vorgängern waren sie schwerer und wuchtiger. Das nächste Modell der D-05-Reihenhierarchie war der Typ D4005 – ein Fahrzeug der Mittelkasse, das den sehr erfolgreichen D40L ablöste.
Der D 5005 galt als der direkte Nachfolger des bis 1964 gebauten D 40.1S. In den stärkeren D 5505 gelangte das bolzengeschaltete ZF-Gruppengetriebe A 216 mit acht Vorwärts- und vier Rückwärtsgängen. 1967 wurde der D 5505 durch den stärkeren D 6005 ersetzt.
Anfang Februar 1968 stellte Deutz mit den ersten Modellen der D-06-Reihe ein komplett neues Traktorenprogramm vor. Angesichts der damals in der Branche herrschenden Absatzflaute hielt es die Unternehmensleitung für angebracht, mit einem neuen Typenprogramm in die Offensive zu gehen. Rein äußerlich stachen die neuen Modelle durch ihre markante, eckige Form mit integrierten Scheinwerfern und der lang gestreckten Bauweise hervor. Diese funktional sachliche Linie vermittelte Kraft und lag gleichzeitig aktuell im Trend. Die dunkelgrüne Lackierung, der platingraue Rahmen und Motor, kombiniert mit den roten Felgen, unterschieden sich sehr vorteilhaft von den Vorgängern.

Eicher und seine „Raubtiere“

In den ersten Nachkriegsjahren musste Eicher, um ein einigermaßen komplettes Typenprogramm auf die Beine stellen zu können, auch wassergekühlte Motoren fremder Hersteller verwenden. Damit bestand das erste halbwegs komplette Eicher-Verkaufsangebot nach Kriegsende etwa zu gleichen Teilen aus luft- und wassergekühlten Traktoren. Zur DLG-Messe 1951 in Hamburg ergänzte Eicher das Verkaufsangebot um den L 28 und den 42-PS-Schlepper L 40, in dem der luftgekühlte Deutz-Dreizylindermotor F 3 L 514 wirkte. Ab 1954 baute Eicher den mittelschweren Traktor L 22, den man mit dem luftgekühlten Deutz-Motor F 2 L 612 versah.
Die neue ED-Motorenbaureihe entstand im Jahr 1955. Der einzylindrige ED1b-Motor kam im ED 22 zum Einsatz. Erst 1956 war der erste Eicher-Zweizylindermotor fertiggestellt. Dieses 33 PS starke Aggregat wurde im gleichen Jahr in den Eicher-Schlepper ED 33 eingebaut und schloss eine bestehende Lücke. Während der zur damaligen oberen Mittelklasse zählende ED 30 aufgrund seiner kleinen Stückzahl kaum ins Gewicht fiel und eine nur kurzzeitige Erscheinung war, erlangte der stärkere ED 40 eine größere Bedeutung. Vor allem in der Ausführung mit unabhängiger Zapfwelle war er als leistungsstarker Mähdruschschlepper vielseitig auch mit anderen zapfwellengetriebenen Anhängegeräten einsetzbar.
Mit den seit 1955 angebotenen Allradschleppern ED 22, ED 26, ED 30 und ED 42 war Eicher auch für diejenigen Landwirte gerüstet, für die aufgrund besonderer Einsatzverhältnisse ein Allradfahrzeug unumgänglich war. Da in den 1950er-Jahren der Allradantrieb noch kein allgemein gültiges Thema war, blieb seine Verwendung auf diejenigen Zwecke beschränkt, bei denen sein Einsatz unbedingt notwendig war.
Ende des Jahres 1957 sah sich die Firma Eicher veranlasst, das auf weit mehr als zehn Schlepper im Leistungsbereich zwischen

Technische Daten: Eicher ED 50

Bauzeit:	1957 bis 1959
Motor:	3-Zyl./4-Takt-Dieselmotor
Hubraum:	4671 Kubikzentimeter
Leistung:	36,6 kW/50 PS bei 1450 U/min
Antrieb:	6/1-Gang-Getriebe, hinten
Länge:	3716 Millimeter
Gewicht:	3075 Kilogramm (leer)

Technische Daten: Eicher ED 26/VII

Bauzeit:	1957 bis 1958
Motor:	2-Zyl./4-Takt-Dieselmotor
Hubraum:	2596 Kubikzentimeter
Leistung:	19 kW/26 PS bei 1500 U/min
Antrieb:	5/1-Gang-Getriebe, Allrad
Länge:	3010 Millimeter
Gewicht:	1935 Kilogramm (leer)

13 und 60 PS angewachsene Typenprogramm in erheblichem Umfang zu erneuern. Es entstanden die Eicher-Schlepper Ed 1100, Ed 115, ED 210 und ED 215. Mit diesen Modellen hatte Eicher sehr fortschrittliche und auf dem damaligen technischen Höchststand befindliche Fahrzeuge geschaffen.

Mit den neuen Schleppermodellen Panther und Tiger startete die Firma Eicher ihre gegen Ende des Jahres 1958 vorgestellte Raubtier-Traktorenreihe. Beide Modelle zeichneten sich durch ihre neue, zeitgemäßere Gestaltung und durch die neu entwickelten Eicher-EDK-Motoren aus. Sowohl der Panther mit 19 PS als auch der 25 PS starke Tiger zielten in erster Linie auf das gut belegte und stark nachgefragte Segment der mittleren Leistungsklasse ab. Diese Handlungsweise war durchaus sinnvoll, denn dadurch gelang es, die ersten Mitglieder der neuen Schleppergeneration einer möglichst großen Käuferschicht bekannt zu machen und dadurch neue Kundenkreise zu erschließen. Bereits im folgenden Jahr wurde die Raubtierreihe mit dem 35 PS starken Königstiger EM 300 sowie dem leistungsstarken 45-PS-Schlepper Mammut ED 310 ausgebaut und die zoologische Vielfalt nach oben hin erweitert.

Im Jahr 1962 wurde auch der Eicher Mammut ED 500/EM 500 überarbeitet. Diese gut motorisierten, ausgereiften Eicher-Traktoren waren zugstarke Maschinen für Großbetriebe. Sie waren dort in ihrem Element, wo es galt, besonders große Flächen zu bearbeiten und/oder außergewöhnliche Zugleistungen zu erbringen.

In der zweiten Hälfte der 1960er-Jahre war die ab 1958 angebotene Eicher-Raubtierreihe aufgrund der laufend vorgenommenen Leistungssteigerungen und Detailverbesserungen zwar immer noch aktuell, doch insgesamt ein wenig in die Jahre gekommen. Mit diesen mit zugkräftigen Raubtiernamen bedachten Traktoren war Eicher ein sensationeller Markterfolg gelun-

Der 16-PS-Schlepper ED 110/II vor einem einachsigen Wagen.

Der Mammut E 55 auf einem Werbeprospekt des Jahres 1964.

gen. Bis 1968 hatten insgesamt mehr als 60.000 Schlepper die Werktore verlassen, und dies war ausschlaggebend dafür, dass das Unternehmen seine Position in der Krisenlage der Branche – man hielt sich konstant zwischen dem fünften und sechsten Rang – lange Zeit behaupten konnte. Diese ab dem Frühjahr 1968 neu vorgestellte Schleppergeneration bestand zunächst aus vier Grundmodellen, die leistungsmäßig zwischen 28 und 52 PS angesiedelt waren. Die Eicher-Tiger-Modelle der neuen Serie 3000 waren universell verwendbare Maschinen. Diese bis zu mittleren Betriebsgrößen als Alleinschlepper einsetzbaren Traktoren waren solide verarbeitet und zeichneten sich durch zahlreiche bedienungsfreundliche Verbesserungen aus. Besonders der stärkere Tiger 2 eignete sich für den Einsatz von Vollerntemaschinen, wie Feldhäcksler, gezogene Mähdrescher und Hackfruchternter. Zeitgleich mit der Vorstellung der Eicher-Modelle Tiger I und Tiger II aus der neuen 3000er-Schleppergeneration präsentierte das Werk auch zwei neue Königstiger-Modelle. Während der Königstiger I den ab 1962 gebauten Königstiger aus der Raubtier-Klasse ersetzte, war der stärkere Königstiger II ohne direkten Vorgänger. Im neuen Königstiger I arbeitete ein dreizylindriger 45-PS-EDK-Diesel, während der Königstiger II mit einem 52 PS starken Vierzylinder aus der gleichen Motorenreihe bestückt war.

Technische Daten: Eicher Königstiger I

Bauzeit:	1968 bis 1971
Motor:	3-Zyl./4-Takt-Dieselmotor
Hubraum:	2944 Kubikzentimeter
Leistung:	32,9 kW/45 PS bei 2000 U/min
Antrieb:	8/4-Gang-Getriebe, hinten
Länge:	3383 Millimeter
Gewicht:	2055 Kilogramm (leer)

Technische Daten: Fahr D 177 S

Bauzeit:	1959 bis 1961
Motor:	4-Zyl./4-Takt-Dieselmotor
Hubraum:	1767 Kubikzentimeter
Leistung:	24,9 kW/34 PS bei 3000 U/min
Antrieb:	8/4-Gang-Getriebe, hinten
Länge:	3200 Millimeter
Gewicht:	1650 Kilogramm (leer)

Technische Daten: Fendt FW 237

Bauzeit:	1958
Motor:	2-Zyl./4-Takt-Dieselmotor
Hubraum:	1700 Kubikzentimeter
Leistung:	17,6 kW/24 PS bei 1980 U/min
Antrieb:	6/2-Gang-Getriebe, hinten
Länge:	2945 Millimeter
Gewicht:	1400 Kilogramm (leer)

Zusammenarbeit mit Güldner

Ende 1950 bestand das Fahr-Schlepperprogramm noch aus den Modellen D 15, D 22 und D 30. Durch den großen Nachholbedarf Deutschlands entwickelte die Firma Fahr ab 1951 die zeittypischen und soliden Universalschlepper D 30, D45 und D 55. 1954 traten die Schlepper D 160 H, D 180 H und D 270 ins Fahr-Modellprogramm ein.
Zunächst sahen die losen Übereinkünfte zwischen Fahr und Güldner vor, zukünftig zu entwickelnde Traktoren gemeinsam herzustellen. Aus dieser Übereinkunft entstanden in der Europa-Reihe der Fahr D 66 (Güldner AX) und der Fahr D 88 (Güldner AK). Am 20. Juni 1958 wurde die Kooperation vertraglich besiegelt. Nur wenige Wochen zuvor, im Mai hatte Fahr erstmals den neuen Dieselschlepper D 177 vorgeführt. Der mit einem Daimler-Benz-OM636-Dieselmotor ausgestattete Schlepper hatte sein Güldner-Pendant als A 4 MS Toledo. Trotz guten Absatzes der Europa-Schlepper hatte die Umstellung auf die neuen Traktoren sehr viel Kapital verschlungen. Das Familienunternehmen bekam finanzielle Probleme. Trotz einer Mindestbeteidigung von Deutz musste Fahr die Zusammenarbeit mit Güldner lösen. Im Sommer 1961 liefen die letzten Fahr-Traktoren vom Band.

Fendt mit großem Nachkriegsprogramm

Nach Kriegsende lief die Schlepperfertigung der unter amerikanischer Ordnungsmacht stehenden Fendt-Werke nur langsam wieder an. Der aus dem Vorkriegsprogramm stammende Typ F 18 H zählte zu den Hauptstützen des frühen Fendt-Nachkriegsprogramms. Einer der ersten zur mittleren Klasse zählenden Fendt-Dieselrösser war der 20 PS starke F 20 G (Standard)/F 20 H (Hackfrucht- und Pflegeschlepper). Im Mai 1951 überraschte Fendt die Fachwelt mit der Vorstellung eines 40-PS-Schleppers, der damit das stärkste Dieselross-Modell im Programm dieses Herstellers repräsentierte. Der Fendt F 40, den es in wenigen Einheiten auch mit Allradantrieb gab, war eine ausgesprochen starke Maschine mit hoher Zugleistung, speziell für Großbetriebe, aber auch für den gewerblichen Einsatz.
Zum wahren Renner entwickelte sich das im Jahr 1954 neu ins Programm genommene Dieselross-Modell F 24 L mit 24 PS. Mit ausschlaggebend für die Verkaufserfolge in dieser stark besetz-

Der Fendt Farmer 2 war ein moderner, zugstarker Traktor im gehobenen Mittelklassebereich.

ten Leistungsklasse war das umfassende Ausstattungspaket. Der 1957 vorgestellte FL 236 trat als zuverlässiger Allroundschlepper die Nachfolge des bereits 1951 vertriebenen F 20 an. Leider war ihm kein langes Dasein beschieden, denn bereits 1958 gingen die ersten Fahrzeuge der neuen „ff"-Reihe unter Verzicht auf den Traditionsnamen „Dieselross" in Serie.
Die berühmte „ff"-Baureihe von Fendt begann mit den „Fix"-Schleppern ab dem Jahr 1958. Die Fix-Traktoren waren moderne, zugkräftige und wirtschaftliche Bauernschlepper, die mit zufriedenstellenden Leistungen für kleinere Betriebe aufwarten konnten. Die Schlepper waren mit den Modellen über „Fix 2", „Fix 16", „Fix 1 E" und „Fix 2 E" bis ins Jahr 1970 im Fendt-Programm. Eine spürbare Lücke klaffte in der Leistungsklasse um die 35 PS, die möglichst bald geschlossen werden musste. Auf der 46. DLG-Wanderausstellung in Köln vom 15. bis 22. Mai 1960 war es dann so weit: Unter dem Motto „Triumph der Technik" wurde der Farmer 2 präsentiert. Im Laufe seiner langen Bauzeit wurden 20.002 Fahrzeuge gefertigt. Auf der DLG-Ausstellung des Jahres 1966 in Frankfurt am Main wurde dann erstmals der Fendt Farmer 3 S mit 45 PS vorgestellt. Unter der Bezeichnung Farmer 3 SA gab es auch eine Allradvariante mit unter Last ein- und ausschaltbarer ZF-Fronttriebachse. Ab 1968 wurde der Farmer 3 S in der neuen, kantigen Haubenform ausgeliefert.
Mit dem Fendt Favorit, der schon bald als Favorit 1 bezeichnet wurde, ging die neu konzipierte „ff"-Traktorbaureihe von Fendt gegen Mitte des Jahres 1958 erstmals ins Rennen. Bereits ein Jahr nach dem erfolgreichen Start des Favorit konnte Fendt mit dem Modell Favorit 2 ein noch stärkeres Fahrzeug anbieten. Abgesehen von der höheren Leistung – ab 1962 stieg diese auf 48 PS – verfügte der Favorit 2 jetzt serienmäßig über das Feinstufengetriebe mit zehn Vorwärtsgängen.
Pünktlich zur DLG-Ausstellung des Jahres 1972 traten die Marktoberdorfer Fendt-Werke mit einer komplett neuen Traktorenbaureihe an die Öffentlichkeit. Während das 40-PS-Einstiegsmodell Farmer 102 S als einziges Fahrzeug mit einem luftgekühlten Aggregat ausgerüstet war, verfügten die übrigen Typen, also 103 S, 104 S, 105 S und 106 S, über wassergekühlte Motoren. Über die in zahlreichen Bauvarianten erhältlichen Traktoren der Farmer-100-Reihe ist kaum etwas Negatives bekannt geworden. Sie waren zeitgemäße, gut verarbeitete Maschinen mit einer zweckmäßigen Bestückung, die kaum Wünsche offenließ. Mit mehr als 72.000 gebauten Fahrzeugen wurde diese Reihe für die Fendt-Werke auch wirtschaftlich zu einem großen Erfolg.
Ein Paukenschlag war 1996 die Übernahme von Fendt durch den amerikanischen Agco-Konzern, um auf anderen Märkten weltweit weitere Marktanteile zu gewinnen.

Technische Daten: Fendt Farmer 103 S

Bauzeit:	1972 bis 1984
Motor:	3-Zyl./4-Takt-Dieselmotor
Hubraum:	2550 Kubikzentimeter
Leistung:	35,1 kW/48 PS bei 2400 U/min
Antrieb:	13/4-Gang-Getriebe, hinten
Länge:	3670 Millimeter
Gewicht:	2189 Kilogramm (leer)

Technische Daten: Fendt Farmer 3 SA

Bauzeit:	1966 bis 1967
Motor:	4-Zyl./4-Takt-Dieselmotor
Hubraum:	2000 Kubikzentimeter
Leistung:	32,9 kW/45 PS bei 2000 U/min
Antrieb:	13/4-Gang-Getriebe, Allrad
Länge:	3520 Millimeter
Gewicht:	2655 Kilogramm (leer)

Güldner – die Schlepper mit dem Haifischmaul

Noch bevor den Güldner-Werken ab Mitte 1942 die seit 1943 realisierte Fertigung des holzgasbetriebenen Generatorschleppers AZ 25 von Regierungsseite aufgezwungen wurde, hatte dieser Hersteller schon 1941 einen 30-PS-Dieselschlepper zur Serienreife entwickelt. Dieser Schlepper war es auch, der ab 1946 in den ersten Güldner-Nachkriegsschlepper – es handelte sich um das Modell A 28 – eingebaut wurde.
Er war ein hinterradangetriebener Blockbauschlepper. Der 1948 folgende AF 30 war äußerlich von seinem Vorgänger nicht

Technische Daten: Güldner AF 15

Bauzeit:	1950 bis 1954
Motor:	2-Zyl./4-Takt-Dieselmotor
Hubraum:	1304 Kubikzentimeter
Leistung:	12,4 kW/17 PS bei 1800 U/min
Antrieb:	5/1-Gang-Getriebe, hinten
Länge:	2650 Millimeter
Gewicht:	1225 Kilogramm (leer)

zu unterscheiden. Während das mit nunmehr 30 PS Dauerleistung – die maximale Kurzleistung betrug 32 PS – angegebene Antriebsaggregat dem AF 28 entsprach, gelangte ein von der Maschinenfabrik Fahr bezogenes fünfgängiges Zahnradschubgetriebe zur Verwendung. Bei den ersten Güldner-Schleppern der Nachkriegszeit handelte es sich um eher kantig und gedrungen wirkende, allerdings dauerhaft verarbeitete und zuverlässige Fahrzeuge im typischen Design der Vorkriegsjahre. Der 1949 vorgestellte Güldner A 15 war der erste Kleinschlepper von Güldner und mit dem Vierganggetriebe SG 14-4 der Zahnradfabrik Augsburg (Renk) ausgerüstet. Die Güldner-Typen AF 20 und ADA waren im mittleren Leistungsbereich angesiedelt und wurden im Frühjahr 1951 von der Firma vorgestellt. Der stärkste Güldner-Schlepper der frühen 1950er-Jahre war der AFN, der den AF 30 P ersetzte. Der AFN war mit dem neuen Güldner-Wälzkammer-Diesel 2 FN bestückt. Der Güldner AFN war ein kräftiger und starker Zugschlepper, welcher der damaligen oberen Leistungsklasse angehörte.

Im Jahr 1953 erweiterten die Güldner-Werke ihr Verkaufsangebot um drei neue Modelle, den Kleinschlepper AZK, den ADN und den AFS. Im Zuge der Modellpflege war es auch für Güldner wichtig, möglicherweise im Verkaufsprogramm bestehende Leistungslücken zu schließen. Eine solche Lücke bestand im unteren Bereich zwischen dem ADN mit 16 PS und dem ADA mit 22 PS. Diese schloss man 1954 mit dem neuen Modell ADS. Ebenfalls aus dem Jahr 1954 stammte der 25/27-PS-Schlepper ABN, der mit dem sechsgängigen ZF-Getriebe A 8/6 bestückt war. Dieses war in den Geschwindigkeiten von 1,95 bis 20 km/h abgestuft. Leistungsmäßig unterhalb des ABN angesiedelt, aber mit identischer Ausstattung war der im Jahr 1955 erstmals angebotene Typ ABS mit dem auf 22 PS reduzierten 2-BN-Motor.

Bei der 1956 in Hannover stattfindenden DLG-Ausstellung wurden die ersten Ergebnisse der Entwicklungsgemeinschaft zwischen Fahr und Güldner sichtbar. Im Jahr 1958 überarbeitete die

Technische Daten: Güldner ABN

Bauzeit:	1954 bis 1958
Motor:	2-Zyl./4-Takt-Dieselmotor
Hubraum:	1840 Kubikzentimeter
Leistung:	19,8 kW/27 PS bei 1800 U/min
Antrieb:	6/1-Gang-Getriebe, hinten
Länge:	2960 Millimeter
Gewicht:	1425 Kilogramm (leer)

Der auch für den AFN geltende Güldner-Werbespruch war sicherlich nicht ganz unberechtigt.

Technische Daten: Güldner AB

Bauzeit:	1958 bis 1959
Motor:	2-Zyl./4-Takt-Dieselmotor
Hubraum:	1840 Kubikzentimeter
Leistung:	18,3 kW/25 PS bei 1800 U/min
Antrieb:	6/1-Gang-Getriebe, hinten
Länge:	3115 Millimeter
Gewicht:	1460 Kilogramm (leer)

Firma Güldner ihr Schleppermotorenprogramm. Ein Jahr zuvor war der Bau des Wälzkammer-Dieselmotors 2 FN nach siebenjähriger Bauzeit eingestellt worden. Daher war man bei Güldner gezwungen, für den neuen A 3 P einen britischen Perkins-Motor einzukaufen. Durch die Motorenumstellungen auf Gleitlager wurde der seit 1955 angebotene luftgekühlte 22-PS-Schlepper ALB 1958 in ABL umbenannt und seine Leistung mit 25 PS klassifiziert. Gleiches geschah mit seinem wassergekühlten Pendant ABS, welches zeitgleich durch den AB abgelöst wurde.
Im Jahr 1959 wurden die gemeinsam von Fahr und Güldner entwickelten Schlepper der Europa-Reihe vorgestellt. Optisch waren sie fast nur durch die unterschiedliche Form der Motorhaube und Lackierung zu identifizieren. Güldner-Schlepper waren hellgrün, die Fahr-Schlepper hingegen in Rot lackiert. Bei dem sowohl als Standard- als auch als Tragschlepper angebotenen Modell Burgund handelte es sich um ein Fahrzeug der mittleren Leistungsklasse. Der Burgund in der Normalbauart war ein starker Mehrzweckschlepper für mittlere Betriebsgrößen oder ein Zusatz- und Unterstützungsfahrzeug für große Höfe. Nachstehend werden die von Güldner und Fahr auf diese Weise gemeinsam produzierten Schlepper der Europa-Reihe typenmäßig gegenübergestellt:

Ein mit Frontlader und Mähwerk ausgerüsteter Güldner Burgund T vor einem Düngerstreuer mit angehängter Netzegge.

Gegenüberstellung Güldner/Fahr-Europareihe

	Güldner-Modell	Fahr-Modell
11 PS:	AX	D 66
13 PS:	AK	D 88
15 PS:	A 2 K Spessart	D 88 E
20 PS	A 2 D	D 131 W
20 PS	A 2 DL	D 131 L
20 PS	A 2 W Tessin	D 132 W
20 PS	A 2 L Tessin	D 132 L
25 PS	A 3 K Burgund	D 133 N
25 PS	A 3 KT Burgund T	D 133 T
34 PS	A 4 M Toledo	D 177
34 PS	A 4 MS Toledo	D 177 S

In der Zusammenarbeit zwischen Fahr und Güldner war Fahr für die stärkeren Modelle zuständig. Erstmals kam diese Kooperation für Güldner beim 34-PS-Modell A4M Toledo zum Tragen. Der mit dem Fahr-Modell D 177 weitgehend baugleiche Güldner-Traktor war ein Fahrzeug der oberen Mittelklasse. Die ersten Güldner-Entwicklungen im Rahmen der neuen Europa-Reihe waren der wassergekühlte Pflegeschlepper A2D bzw. der Typ A2DL in der luftgekühlten Ausführung. Während bei der motorischen Bestückung auf Güldner-Motoren zurückgegriffen wurde, stammte das Triebwerk von der Zahnradfabrik Friedrichshafen. Noch im gleichen Jahr änderten sich die Typenbezeichnungen in A 2 W und A 2 L. Beide Fahrzeuge versah man zusätzlich mit der einprägsamen Verkaufsbezeichnung „Tessin“. Ersetzt wurden sie 1963 durch das Modell G 25 aus der neuen G-Reihe.
Noch während der Kooperation mit den „Fahr-Werken“ hatte Güldner nach mehrjähriger Entwicklungsarbeit eine neue, unter der Bezeichnung L 79 laufende, nach dem Baukastensystem konstruierte Dieselmotorenreihe zur Serienreife gebracht. In der ersten Hälfte des Jahres 1962, gerade rechtzeitig, bevor zum Leidwesen von Güldner die erfolgreiche Arbeitsgemeinschaft mit Fahr beendet werden musste, konnte mit dem Serienbau der Güldner G40 Toledo und G 50 Gotland begonnen werden. Diese leistungsstarken Traktoren waren vor allem für größere landwirtschaftliche Betriebe, aber auch für Einsätze in der Forstwirtschaft vorgesehen. Nach der im Jahr 1962 erfolg-

Technische Daten: Güldner G 25 S

Bauzeit:	1963 bis 1969
Motor:	2-Zyl./4-Takt-Dieselmotor
Hubraum:	1570 Kubikzentimeter
Leistung:	17,6 kW/24 PS bei 2300 U/min
Antrieb:	8/4-Gang-Getriebe, hinten
Länge:	3135 Millimeter
Gewicht:	1770 Kilogramm (leer)

ten Vorstellung der ersten Güldner-G-Traktorenmodelle wurde diese Reihe bereits im folgenden Jahr weiter ausgebaut. Hierbei handelte es sich um die zwei neuen Typen G 25 und G 30. Allen Fahrzeugen dieser nach dem Baukastensystem konstruierten Reihe gemeinsam waren zum einen die einheitliche Formgebung und sehr ansprechende „ferrarirote" Lackierung, zum anderen die motorische Ausrüstung mit den neu entwickelten L-79-Dieselmotoren. 1965 wurden verschiedene Erweiterungen und Änderungen im Güldner-Schlepperprogramm vorgenommen. In den verschiedenen Leistungsbereichen erschienen der Kleinschlepper G 15 sowie die stärkeren Modelle G 35 und G 45. Letztere gab es beide auch mit Allradantrieb.

Technische Daten: Güldner G 45 A

Bauzeit:	1965 bis 1969
Motor:	4-Zyl./4-Takt-Dieselmotor
Hubraum:	3140 Kubikzentimeter
Leistung:	32,9 kW/45 PS bei 2000 U/min
Antrieb:	8/4-Gang-Getriebe, Allrad
Länge:	3564 Millimeter
Gewicht:	2405 Kilogramm (leer)

Von Automobilen, Lokomotiven und Schleppern

Hanomag gehörte nicht nur zu den Pionieren im Schlepperbau, sondern baute über viele Jahrzehnte bis 1931 als bedeutendster Produzent auch Lokomotiven in Deutschland. Nachdem im Nachkriegsjahr 1947 die Produktion des Bauernschleppers RL 20 wieder angelaufen war, wurde er zwei Jahre später durch den modernen Nachfolger, die Allzweck-Diesel-Radschlepper R 25 und R 28 ersetzt. Auf der DLG-Ausstellung des Jahres 1951 in Hamburg hatte der neue R 16, zusammen mit dem zeitgleich fertiggestellten R 22 und dem übrigen umfangreichen Schlepperangebot dieses Herstellers seinen großen Auftritt. Gegen Ende des Jahres 1953 erfuhr das Hanomag-Typenprogramm eine erneute Veränderung, indem der Dreizylinderschlepper

Auch der R 22 wurde in das Hanomag-Combitrac-System integriert.

Hanomag-Schlepperprogramm der Mittelklasse bis 1964

R 25 A/B	1949–1950	4-Zylinder-4-Takt-Diesel	1911 cm^3	18,3 kW/25 PS bei 1900 U/min	5/1-Gang-Getriebe, Antrieb hinten	2830 mm	1635 kg
R 25 C/D	1950–1951	4-Zylinder-4-Takt-Diesel	2799 cm^3	18,3 kW/25 PS bei 1500 U/min	5/1-Gang-Getriebe, Antrieb hinten	2830 mm	1720 kg
R 22	1951–1957	3-Zylinder-4-Takt-Diesel	2099 cm^3	16,1 kW/22 PS bei 1500 U/min	5/1-Gang-Getriebe, Antrieb hinten	2850 mm	1520 kg
R 28 A/B	1951–1953	4-Zylinder-4-Takt-Diesel	2799 cm^3	20,5 kW/28 PS bei 1500 U/min	5 (10)/1(2)-Gang-Getriebe, Antrieb hinten	2990 mm	1860 kg
R 19	1953–1957	2-Zylinder-4-Takt-Diesel	2799 cm^3	13,9 kW/19 PS bei 1975 U/min	5/1-Gang-Getriebe, Antrieb hinten	2570 mm	1250 kg
R 27	1953–1957	3-Zylinder-4-Takt-Diesel	2099 cm^3	19,8 kW/27 PS bei 1900 U/min	5/1-Gang-Getriebe, Antrieb hinten	2750 mm	1585 kg
R 35	1953–1957	4-Zylinder-4-Takt-Diesel	2799 cm^3	25,6 kW/35 PS bei 1900 U/min	5(10)/1(2)-Gang-Getriebe, Antrieb hinten	2990 mm	1860 kg
R 24/C 224	1955–1962	2-Zylinder-2-Takt-Diesel	1021 cm^3	17,6 kW/24 PS bei 2200 U/min	6/2-Gang-Getriebe, Antrieb hinten	3100 mm	1440 kg
R 35/45	1955–1957	4-Zylinder-4-Takt-Diesel	2799 cm^3	32,9 kW/45 PS bei 1900 U/min	5(10)/1(2)-Gang-Getriebe, Antrieb hinten	3050 mm	2122 kg
R 18/C 218	1956–1959	2-Zylinder-2-Takt-Diesel	1021 cm^3	13,2 kW/18 PS bei 1790 U/min	6/2-Gang-Getriebe, Antrieb hinten	3100 mm	1375 kg
R 217/E	1957–1959	2-Zylinder-4-Takt-Diesel	1399 cm^3	13,9 kW/19 PS bei 1975 U/min	5/1-Gang-Getriebe, Antrieb hinten	2580 mm	1250 kg
R 324/E	1957–1959	3-Zylinder-4-Takt-Diesel	2099 cm^3	19,8 kW/24 PS bei 1900 U/min	10/2-Gang-Getriebe, Antrieb hinten	2750 mm	1520 kg
R 435	1957–1960	4-Zylinder-4-Takt-Diesel	2799 cm^3	32,9 kW/45 PS bei 1900 U/min	5(10)/1(2)-Gang-Getriebe, Antrieb hinten	2830 mm	2122 kg
R 217 S	1959–1962	2-Zylinder-4-Takt-Diesel	1399 cm^3	13,9 kW/19 PS bei 1975 U/min	10/2-Gang-Getriebe, Antrieb hinten	2680 mm	1300 kg
C 220	1959–1960	2-Zylinder-2-Takt-Diesel	1021 cm^3	14,6 kW/20 PS bei 1870 U/min	6/2-Gang-Getriebe, Antrieb hinten	3100 mm	1370 kg
R 324 S	1959–1959	3-Zylinder-4-Takt-Diesel	2099 cm^3	19,8 kW/27 PS bei 1900 U/min	10/2-Gang-Getriebe, Antrieb hinten	2950 mm	1855 kg
R 422/50 Robust	1960–1962	4-Zylinder-4-Takt-Diesel	2799 cm^3	36,6 kW/50 PS bei 2200 U/min	5(10)/1(2)-Gang-Getriebe, Antrieb hinten	3260 mm	2350 kg
R 442 Brillant	1960–1962	4-Zylinder-4-Takt-Diesel	2799 cm^3	30,7 kW/42 PS bei 2200 U/min	5(10)/1(2)-Gang-Getriebe, Antrieb hinten	3170 mm	2255 kg
R 332 Granit	1961–1962	3-Zylinder-4-Takt-Diesel	2099 cm^3	23,4 kW bei 2200 U/min	5(10)/1(2)-Gang-Getriebe, Antrieb hinten	3300 mm	2190 kg
Perfekt 300	1962–1964	2-Zylinder-4-Takt-Diesel	1400 cm^3	18,3 kW/25 PS bei 2200 U/min	6/2-Gang-Getriebe, Antrieb hinten	3380 mm	1710 kg
Perfekt 500	1962–1966	3-Zylinder-4-Takt-Diesel	2099 cm^3	29,3 kW/40 PS bei 2400 U/min	10/2-Gang-Getriebe, Antrieb hinten	3550 mm	2340 kg
Brillant 600	1962–1967	4-Zylinder-4-Takt-Diesel	2799 cm^3	36,6 kW/50 PS bei 2300 U/min	10/2-Gang-Getriebe, Antrieb hinten	3550 mm	2585 kg
Perfekt 400	1963–1964	4-Zylinder-4-Takt-Diesel	1797 cm^3	23,4 kW/32 PS bei 2400 U/min	6/2-Gang-Getriebe, Antrieb hinten	3380 mm	1650 kg

R 27 als neues Fahrzeug, der R 19 und die kräftigere Variante des R 22 auf dem Markt erschienen. Nach seinem Erscheinen konnte auf den Bau des nahezu gleich starken R 28 verzichtet werden. 1953 erschien mit dem Hanomag R 35 ein – gegenüber seinem Vorgänger R 28 – leistungsmäßig angehobenes Traktormodell von Hanomag. Das Fahrzeug wurde von Beginn an mit der neuen, ab ihrem Erscheinungsjahr verwendeten Kühlermaske mit fünf senkrechten Stäben und dem in der Mitte befindlichen, ebenfalls senkrecht ausgeführten Hanomag-Schriftzug versehen. In technischer Hinsicht entsprach er – bis auf die höhere Motorleistung – weitgehend dem Vormodell. Obwohl der 1952 vorgestellte Hanomag R 35 ein sehr kraftvoller Schlepper war, meinte man werkseitig zu Recht, dem R 35 eine zusätzliche Leistungsspritze verpassen zu müssen. Dies insbesondere im Hinblick auf den Einsatz schwerer Zapfwellengeräte, die Mitte der 50er-Jahre immer stärker in den Vordergrund rückten. Daher kündigte die Hanomag 1954 das Modell R 45 M an, das im folgenden Jahr als R 35/45 in Serie ging. Mit dem Modell R 35/45 bot die Hanomag erstmals ihren Kunden sozusagen zwei Schlepper in einem an. Nun war es möglich, bei Bedarf die Motorleistung durch einfaches Umschalten auf das Roots-Gebläse vom Fahrersitz aus von 35 auf 45 PS zu steigern. Im Zuge der für das Hanomag-Bauprogramm ab 1957 eingeführten neuen dreistelligen Typenbezeichnungen änderte sich diese beim R 35/45 in R435/45. Die üblicherweise rotlackierte Exportvariante erhielt die Bezeichnung R 445.
Im Jahr 1955, genau zwei Jahre nach der Vorstellung des ersten Hanomag-Tragschleppers R 12 mit Einzylinder-Zweitakt-Motor, stellte die Hanomag diesem ein Zweizylindermodell zur Seite. Das Antriebsaggregat des neuen R 24 basierte auf den gleichen

Technische Daten: Hanomag R 35 A

Bauzeit:	1953 bis 1957
Motor:	4-Zyl./4-Takt-Dieselmotor
Hubraum:	2799 Kubikzentimeter
Leistung:	25,6 kW/35 PS bei 1900 U/min
Antrieb:	5/1-Gang-Getriebe, hinten
Länge:	2990 Millimeter
Gewicht:	1860 Kilogramm (leer)

Alle R-324-Modelle wurden im Ausland unter der Bezeichnung R 430 verkauft.

motortechnischen Grundlagen und holte mithilfe des Roots-Gebläses aus dem doppelten Hubraum auch die exakt doppelte Leistung von beachtlichen 24 PS heraus. 1957 führte die Hanomag neue, dreistellige Typenbezeichnungen für das gesamte Fertigungsprogramm ein. So wurde aus dem R 18 der C 218 und aus dem R 24 der C 224. Bei den Exportfahrzeugen stand die Bezeichnung R 223 für den C 218 und R 228 für den auf dem Inlandsmarkt vertriebenen C 224. Nach der Einführung der neuen dreistelligen Typenbezeichnungen im Jahr 1957 begann die Hanomag, ihre nach dem Baukastensystem gefertigten Viertaktmodelle wieder stärker in den Vordergrund zu stellen. Daher entschloss man sich, angesichts der stark rückläufigen Verkaufszahlen den wohl in dieser Lage einzig und allein praktikablen Weg zu gehen. Während die Technik in ihren Grundzügen weitgehend unangetastet blieb, erhielten die Schlepper des neuen Typenprogramms moderne Verkleidungen mit abgerundeten Kühlerhauben. Als Erstes ersetzte der R 217 E den R 19, der im Ausland unter der Typenbezeichnung R 425 geführt wurde. Gleichfalls in moderner Optik löste der R 324 den ehemaligen R 22 ab. Obwohl die beiden Schlepper in technischer Hinsicht eher Durchschnittsware waren, standen viele Fahrzeuge über Jahrzehnte hinweg zuverlässig ihren Mann. Als Nachfolger des zwischen 1953 und 1957 gebauten Hanomag-Modells R 35 erschien im neuen Typenprogramm des Jahres 1957 der Typ R 435. Den R 435 gab es in den Ausführungen A als Hackfrucht- und Allzweckvariante und als Typ B als standardbereiftes Fahrzeug.

Im Jahr 1960 feierten die Hanomag-Werke ihr 125-jähriges Bestehen, und das gleiche Jahr brachte auch einige Neuerungen im Fabrikationsprogramm hervor. So hießen die Traktoren R 442 Brillant und R 442/50 Robust. Brillant und Granit waren technisch verbesserte Drei- und Vierzylinderschlepper mit ausgereifter und solider Antriebstechnik.

Das Jahr 1962 brachte verschiedene Änderungen im Hanomag-Programm. Zunächst einmal lief die Produktion der noch recht jungen Schlepper Greif, Granit, Brillant und Robust ebenso wie die der alten Typen C 220, C 224, R 217 S und R 324 S aus. Äußerlich kam es zu einer erneuten Änderung in den Typenbezeichnungen, die nun aus einem Namen und einer anschließenden Ordnungszahl bestand. Der Perfekt 300 als neuer 25-PS-Schlepper ersetzte alle fortgefallenen Zweizylindertypen (sowohl Zwei- als auch Viertakter). Dabei ähnelte er am meisten dem Zweitaktschlepper C 224, dem er allerdings den vom Markt verlangten Viertaktmotor voraus hatte.

Ab 1963 stellte man diesem Fahrzeug den Perfekt 400 mit 32 PS zur Seite. Erstmals wurde dieses Fahrzeug, das die bestehende Leistungslücke zwischen Perfekt 300 und Granit 500 abdeckte, auf der Internationalen Landwirtschaftsausstellung in Paris gezeigt. Der Hanomag Granit 500 war der Nachfolger des seit 1961 gefertigten Radschleppers R 332 Granit. Sein Dreizylinder-Dieselmotor D 21 CR, der in den Grundzügen vom R 332 übernommen wurde, leistete mit Ricardo-Wirbelkammern nun 38 PS. Er war ein besonders zugstarker Ackerschlepper, der mit Zusatzgewichten maximal 3300 kg Kraft am Zughaken entwi ckeln konnte, und – abgesehen von dem noch um 50 Prozent

Technische Daten: Hanomag R 332 Granit

Bauzeit:	1961 bis 1962
Motor:	3-Zyl./4-Takt-Dieselmotor
Hubraum:	2099 Kubikzentimeter
Leistung:	23,4 kW bei 2200 U/min
Antrieb:	5(10)/1(2)-Gang-Getriebe, hinten
Länge:	3300 Millimeter
Gewicht:	2190 Kilogramm (leer)

Technische Daten: Hanomag Brillant 600

Bauzeit:	1962 bis 1967
Motor:	4-Zyl./4-Takt-Dieselmotor
Hubraum:	2799 Kubikzentimeter
Leistung:	36,6 kW/50 PS bei 2300 U/min
Antrieb:	10/2-Gang-Getriebe, hinten
Länge:	3550 Millimeter
Gewicht:	2585 Kilogramm (leer)

stärkeren Hanomag Robust 800 – das damalige Spitzenmodell der Hanomag-Werke.

Im Oktober des Jahres 1964 ersetzte die Hanomag die erst Ende 1962 bzw. 1963 neu auf den Markt gebrachten Tragschlepper-Perfekt-Typen durch zwei Schlepper in einer völlig neuen, kantig funktionellen Formgebung.

Die neuen Schlepper wurden unter der technischen Bezeichnung Perfekt 301 bzw. 401 geführt. Im Perfekt 400 versah der ursprünglich von der Firma Borgward stammende Vierzylindermotor D 301 R 1 mit 32 PS seinen Dienst. Dagegen löste nun auch im Perfekt 300 eine auf 25, ab 1967 auf 27 PS gedrosselte Ausführung dieses Motors den bisherigen Zweizylinder D 14 CR ab. Der 1966 vorgestellte Granit 500 (seine technische Bezeichnung lautete Granit 500/1) entsprach sowohl optisch als auch im technischen Aufbau als Tragschlepper den Fahrzeugen der Perfekt-Baureihe. Vom Vorgänger, dem alten Granit 500, stammte der Dreizylindermotor aus der D-21-Reihe. Mit den auf Einmannbedienung ausgelegten Hanomag-Tragschleppern Perfekt 300 und 400 konnten überaus vielfältige Einsatzmöglichkeiten realisiert werden.

Technische Daten: Hanomag Granit 500

Bauzeit:	1966 bis 1967
Motor:	3-Zyl./4-Takt-Dieselmotor
Hubraum:	2099 Kubikzentimeter
Leistung:	29,7 kW/40 PS bei 2400 U/min
Antrieb:	9/3-Gang-Getriebe, hinten
Länge:	3420 Millimeter
Gewicht:	2100 Kilogramm (leer)

Hatz mit schönem Traktoren-Design

Der Neuanfang in den von den Amerikanern besetzten Ruhstorfer Werksanlagen gestaltete sich überaus schwierig, da ein Teil des Maschinenparks, Modelle und Gesenke in den Wirren der turbulenten Jahre nicht mehr zur Verfügung standen. Erst 1948 kam die Motorenfertigung langsam wieder in Gang. Im Jahr 1952 wagte Hatz, damals der kleinste Dieselmotorhersteller in der Bundesrepublik, mit einem kleinen Einzylinder-Dieselmotor den mutigen Schritt zum luftgekühlten Aggregat. Bis zum Herbst 1953 waren dann gleich vier vorher ausgiebig getestete Ackerschleppermodelle fertiggestellt, die den Leistungsbereich von 13 bis 32 PS (Hatz T 13, T 16, T 26 und T 32) abdeckten. Probleme hatte dieser kleine Hersteller mit dem Vertrieb seiner Produkte, sodass der Einzugsbereich eher regional begrenzt blieb. Im Jahr 1957 war das aus insgesamt acht unterschiedlichen Modellen (TL 11, TL 13, TL 28, TL 38, H 113, H 220, H 222, H 332, H 340) bestehende Hatz-Typenprogramm im Verhältnis zur Größe des Herstellers sehr weit gefächert. Leistungsmäßig umfasste es Traktoren zwischen 10 und

Trotz seiner geringen Unternehmensgröße gelang es diesem Hersteller, auch auf Märkten in Übersee Fuß zu fassen.

Technische Daten: Hatz H 340

Bauzeit:	1963 bis 1964
Motor:	3-Zyl./4-Takt-Dieselmotor
Hubraum:	2988 Kubikzentimeter
Leistung:	29,3 kW/40 PS bei 2000 U/min
Antrieb:	8/4-Gang-Getriebe, hinten
Länge:	3330 Millimeter
Gewicht:	1700 Kilogramm (leer)

33 PS. Da die Firma Hatz in erster Linie Motoren herstellte, waren die Fahrzeuge ausschließlich mit werkseigenen, und zwar ausschließlich luftgekühlten Antriebsaggregaten bestückt. Doch blieb die neue Reihe fast ohne Resonanz; nur sehr wenige Fahrzeuge wurden verkauft. In Anbetracht der Tatsache, dass der Hatz-Motorenbau weiterhin gute Zuwächse erwirtschaften konnte, zog man sich 1964, nachdem insgesamt 7201 Traktoren gefertigt worden waren, ganz aus der Branche zurück.

Die Aulendorfer Lanz-Werke

Die Aulendorfer Hermann-Lanz-Werke hatten zwar den Krieg unbeschadet überstanden, allerdings wurde noch im Jahr 1945 alles, was nicht niet- und nagelfest war, von den französischen Besatzern demontiert und als Reparationsgut abtransportiert. Damit war die Fabrik völlig lahmgelegt, sodass an eine Fortsetzung der Bautätigkeit zunächst nicht zu denken war. In dieser Zeit hatten Schwarz- und Tauschhandel Hochkonjunktur. Vermutlich auch auf diesem Wege und mit vieler Mühe konnte der zu einer erneuten Produktionsaufnahme notwendige Maschinenpark in gebrauchtem Zustand zusammengetragen werden. Damit gelang es ab Herbst 1946, die allerersten unter der neuen Modellbezeichnung D 47 geführten, in manchen Teilen noch recht improvisiert wirkenden Nachkriegsschlepper in kleinsten Stückzahlen zu bauen. Eine Änderung dieses Zustandes trat erst nach der Währungsreform am 1. Juli 1948 ein. Der eher für größere Betriebe vorgesehene D 28 fand nicht nur in der Landwirtschaft, sondern auch als Verkehrsschlepper und im Forsteinsatz seine Verwendung. Bleibt noch über das damalige Hela-Spitzenmodell, den D 40, zu berichten. Dieses starke

Ein Produkt der ersten Nachkriegsjahre ist dieser 20-PS-Lanz-Dieselschlepper mit US-amerikanischer Militärbereifung.

Fahrzeug mit 1600 kg Zugkraft und mehr als 22 t Anhängelast war hierzulande kaum verbreitet, obwohl sich Werbung und Zubehör nicht nur an Landwirte, sondern auch an Gewerbe, Industrie und Bauwirtschaft richteten. Für die zahlreichen Anhänger der luftgekühlten Antriebstechnik gab es ab 1955 das Modell D 16 mit dem entsprechenden MWM-Diesel AKD 311 Z. Gegen Ende des Jahres 1952 stieß der Einzylinderschlepper D 20 zur Hela-Angebotspalette hinzu. Gerade rechtzeitig zum 25-jährigen Jubiläum des Aulendorfer Schlepperbaus serienreif geworden, war das im Frühjahr präsentierte Modell D 24. Es war ein moderner 22-PS-Traktor, der unter dem Slogan „Unser

Technische Daten: Hela D 38

Bauzeit:	1959 bis 1964
Motor:	3-Zyl./4-Takt-Dieselmotor
Hubraum:	3246 Kubikzentimeter
Leistung:	22 kW/30 PS bei 1650 U/min
Antrieb:	6/2-Gang-Getriebe, hinten
Länge:	3300 Millimeter
Gewicht:	1870 Kilogramm (leer)

Schlager 1954“ mit einem für das Unternehmen ungewöhnlich großen Reklameaufwand vorgestellt wurde. Ende 1952 erschien auch das wassergekühlte Zweizylindermodell D 32, dessen MWM-KD-715-Z-Diesel mit dem Hela-D-47-Schaltgetriebe verblockt war.
Im Jahr 1955 hatte Hermann Lanz erstmals die Zahl von 2000 Neuzulassungen in der Bundesrepublik übersprungen. Es waren genau 2348 Traktoren, die damit einen Marktanteil von 2,4 Prozent und den 13. Platz in der Jahresstatistik darstellten. Nach wie vor lagen die Absatzschwerpunkte des Unternehmens in den leichteren bis mittleren Leistungsklassen zwischen 15 und 25 PS. Die Hela-Schlepper der leichteren bis mittleren Klasse waren gut verarbeitete, robuste und technisch durchaus konkurrenzfähige Allroundmaschinen für ebensolche Betriebsgrößen. Zu der neu entwickelten Traktorreihe von Hermann Lanz zählten Anfang der 60er-Jahre sowohl die Mittelklassemodelle D 225 und D 230 als auch die der gehobenen Leistungsklasse angehörenden Traktoren D 38 und D 45. Allen Fahrzeugen gemeinsam waren die neue abgerundete Haubenform sowie die Ausrüstung mit zwei- oder dreizylindrigen Hela-Motoren.
Mitte der 1960er-Jahre hatten sich die schon lange am Horizont erkennbaren dunklen Wolken über dem Schlepperhimmel der Aulendorfer Hermann-Lanz-Werke weiter verdichtet. Der unbefriedigende Geschäftsverlauf ließ dem vergleichsweise kleinen Unternehmen auf Dauer keine Chancen, zumal sich das Vertriebsgebiet hauptsächlich auf den Regionalbereich Baden-Württembergs beschränkte. Man konnte das unvermeidliche Ende nur noch hinauszögern.

Die International Harvester Company

Bald nach dem Krieg hatten die Geschäftsleitung des I.H.C-Werks in Neuss und – was noch wichtiger war – die letztendlich verantwortliche Konzernzentrale in Chicago klar erkannt, dass mit den eigentlich auf den amerikanischen Markt zugeschnittenen Vergasertraktoren in Deutschland und Europa kein Blumentopf mehr zu gewinnen war. Nach der kurzen übergangsweisen Verwendung eines MWM-Dieselmotors in einem IHC-Schlepper war es Ende 1951 endlich so weit, dass mit dem Modell DF 25 der erste Dieselschlepper mit einem eigengefertigten Motoraggregat vorgestellt werden konnte. Der Deutsche Einheits-Diesel - DED - gehörte zu den mittelschweren Traktoren. Er war das zweitstärkste Fahrzeug innerhalb der neuen Schlepperbaureihe, die von International Harvester ab 1953 im Fertigungswerk Neuss produziert wurde. Das Spitzenmodell der 1953 vorgestellten neuen Farmall-Schlepperreihe war der „Deutsche Groß-Diesel“ DGD4, wobei die Ziffer die Anzahl der Zylinder angab. Der ruhige, elastische Dieselmotor gab eine Leistung von 30 PS ab. Die im Februar 1956 von International Harvester in Neuss neu vorgestellte Farmall-D-Schlepperbaureihe bestand aus insgesamt drei Fahrzeugen bei dem mittleren Schleppern, den D 320, den D 324 und den D 430.
Mit dem Jahr 1958 verabschiedete sich die IH beim 50-jährigen Firmenjubiläum vom traditionsreichen Namen Farmall. Mit Einführung der neuen Typen veränderten sich die Beschriftungen an den Motorhauben. Neben den beiden leichten Typen D 214 und D 217 waren es die beiden wesentlich stärkeren Schlepper D 436 und D 440, die neu auf den Markt kamen. Zu dem im Jahr 1962 neu vorgestellten IH-Typenprogramm der

Technische Daten: I.H.C. DED 3

Bauzeit:	1953 bis 1956
Motor:	3-Zyl./4-Takt-Dieselmotor
Hubraum:	1631 Kubikzentimeter
Leistung:	14,6 kW/20 PS bei 1750 U/min
Antrieb:	5/1-Gang-Getriebe, hinten
Länge:	2732 Millimeter
Gewicht:	1230 Kilogramm (leer)

Die Exact-Regelhydraulik wurde, obwohl nicht serienmäßig vorhanden, in der IH-Schlepperwerbung – hier beim D 326 – in den Vordergrund gerückt.

D-Modell-Reihe gehörten auch die beiden McCormick-Traktoren D 322 und D 326. Leistungsmäßig waren dies Schlepper der damaligen Mittelklasse, deren Motorleistung wie bei allen 1962er-Modellen nunmehr nach der in den Vereinigten Staaten üblichen SAE-Norm (SAE = Society of Automotive Engineers = Vereinigung der fahrzeugtechnischen Ingenieure) statt nach DIN-PS klassifiziert waren. Aber auch zwei leistungsstärkere Traktoren kamen neu ins Neusser Bauprogramm, der D 432 und der D 439. Der sehr modern konzipierte D 514 war eine aus der Not geborene Zwischenlösung. Seine Verbreitung hielt sich mit 1199 verkauften Einheiten in Grenzen, da die Kunden aufgrund der Herkunft erhöhte Reparatur- und Ersatzteilkosten befürchteten. 1966 erschienen zunächst die Modelle 353 mit 26 PS und 423 mit 40 PS. Im folgenden Jahr kam der 34-PS-Schlepper 353 hinzu. Von den Typen 323 und 423 gab es auch schmalspurige Bauvarianten. Die seit 1965 am Markt befindliche „IH-Starserie" wurde 1971 durch das 45-PS-Modell 453 ergänzt.
Mit Einführung der Modelle 523 und 624 wurde die Zusammenarbeit der IH-Werke im damaligen EWG-Geltungsbereich auf eine neue Basis gestellt. Während das Werk in Neuss Motoren, Hydraulik, Vorderachsträger und Blechteile produzierte, stellte das Werk in St. Dizier/Frankreich die Getriebe her. Gleichzeitig wurden an beiden Standorten die Schlepper auch komplett montiert.
Auf der DLG-Ausstellung des Jahres 1972 in Hannover präsentierte International Harvester seine insgesamt von 26 bis 100 PS reichende Modellpalette in einem jetzt einheitlichen Design. Dabei hatte man das werksintern als „Alugrill" bezeichnete Styling von den bereits im Vorjahr herausgebrachten großen Sechszylindermodellen 946 und 1046 übernommen. Im Januar 1975 gingen bei International Harvester die Modelle 433, 533 und 633 an den Start. Sie lösten die Typen 353, 423 und 453 ab. So trat für den ab 1967 mit großem Erfolg angebotenen 34 PS starken 353 nun das Modell 433 mit einem geringfügig auf 35 PS angehobenen Motor die Nachfolge an.

Technische Daten: Kramer K 28

Bauzeit:	1948 bis 1950
Motor:	2-Zyl./4-Takt-Dieselmotor
Hubraum:	2850 Kubikzentimeter
Leistung:	22 kW/30 PS bei 1500 U/min
Antrieb:	4/1-Gang-Getriebe, hinten
Länge:	2850 Millimeter
Gewicht:	2000 Kilogramm (leer)

Kramer-Prospektblatt von 1951.

Kramer überlebt bis 1973

Der Kramer K 28, besonders aber der zeitgemäßere K 33 waren kräftige und solide verarbeitete Zugschlepper der Nachkriegsjahre, die dazu beitrugen, dass Kramer sich von dem Image des Kleinschlepper-Herstellers zu lösen vermochte. Am 17. Januar 1950 war es dann so weit. Rechtzeitig zum 25-jährigen Firmenjubiläum verließ das erste Fahrzeug des neuen Modells K 22 Th die Werkstore.
Als neuer 22-PS-Allesschaffer wurde das seit Mai 1951 von den Kramer-Werken in Serie gefertigte Modell KB 22 bezeichnet. Technisch optimiert wurde das Kühlsystem, denn im Gegensatz zur Thermosyphonkühlung beim Modell Th verfügte der Güldner-Diesel des KB 22 über ein wesentlich wirksameres Wasserumlaufsystem. In der Klasse der 22- bis 25-PS-Schlepper war Kramer ab Mai 1952 gleich mit mehreren Modellen vertreten, die bis 1957 gebaut wurden.
Mitte der 1950er-Jahre war der Verkauf des seit 1951 angebotenen schweren Kramer-Schleppers K 33 vor allem auf den Exportmärkten gut angelaufen. Ab April 1955 nahm man mit dem 45-PS-Traktor K 45 den damals stärksten Kramer-Schlepper der 1950er-Jahre ins Lieferprogramm. Vom Aufbau her war er mit dem Fahr D 45/D 400 sowie mit dem Eicher L 40 weitgehend identisch. Aber auch im kleineren Leistungsbereich setzte Kramer auf eine breite Produktpalette mit luft- und wasserge-

Technische Daten: Kramer KL 450 S

Bauzeit:	1967 bis 1970
Motor:	3-Zyl./4-Takt-Dieselmotor
Hubraum:	2826 Kubikzentimeter
Leistung:	32,9 kW/45 PS bei 2500 U/min
Antrieb:	10/5-Gang-Getriebe, hinten
Länge:	3400 Millimeter
Gewicht:	2300 Kilogramm (leer)

kühlten Fahrzeugen von elf bis 45 PS Motorleistung. In der Zeit ab 1956 waren die Kramer-Werke bemüht, einen weiteren Teil des Traktorenprogramms auf die aus eigener Herstellung stammenden Getriebe umzustellen. Die Bemühungen, eigene Getriebe zu fertigen, gingen bei Kramer auf die frühen 1950er-Jahre zurück. Zu dieser Zeit bezog man den benötigten Bedarf überwiegend von der Zahnradfabrik Friedrichshafen (ZF), vereinzelt aber auch von der Zahnradfabrik Augsburg (ZA/Renk). Zu Beginn der 1960er-Jahre befanden sich die Kramer-Schleppermodelle in der Umstellungsphase auf die neue, erstmals mit dem Pionier eingeführte Motorhaube. Im April 1960 wurde diese Maßnahme auch auf das Erfolgsmodell KL 200 ausgedehnt. Von geringfügig abweichenden Maßen und einigen Verbesserungen blieb bei Motor und Getriebe alles beim Alten. Ab Mai 1961 erschien das Modell KL 150 als neuer Kleinschlepper im Kramer-Verkaufsprogramm. Im Juli 1961 tauschte man die Blechhaube des bereits im Serienbau befindlichen KL 200 gegen eine aus schalldämpfendem Durelastik-Kunststoff.
Seit der zweiten Hälfte der 1960er-Jahre begannen sich vermehrt dunkle Wolken am Schlepperhimmel der Kramer-Traktorenwerke zusammenzuballen. Die technisch und optisch neu gestalteten Kramer-Traktoren waren gut durchkonstruiert, robust und daher kaum mit Mängeln behaftet. Durch die allgemeine Zurückhaltung der Landwirte beim Traktorenkauf bedingt, entstanden von diesen hochwertigen Schleppern nur 88 bzw. 65 Fahrzeuge. Der Bau beider Traktoren endete – zeitgleich mit der Aufgabe der Schlepperfertigung bei Kramer – im Februar 1973.

Lanz wird „Grün"

Bereits im Sommer 1945 wurde den Mannheimer Lanz-Werken von den Besatzungsbehörden eine Produktionserlaubnis erteilt. Nun begann der mühselige Neuaufbau der Werksan-

Allzweck-Bulldog D 5506 bei einer Pflugvorführung.

lagen. Ab 1950 war der Allzweck-Bulldog D 5506 die erste Nachkriegsentwicklung des Hauses Lanz, in der zugleich die letzte Entwicklungsstufe des hauseigenen Glühkopfmotors verkörpert wurde. 1955 wurden die Lanz-Typen D 1706 und D 2206 – die Markteinführung der Volldiesel-Bulldogs stand kurz bevor – durch die technisch weitgehend identischen Halbdiesel-Modelle D 1906 und D 2216 ersetzt. Als es schon fast zu spät war, reagierte man entsprechend und stellte auch die ersten schweren Halbdieselmodelle vor. Zunächst handelte es sich um die Typen D 4806, D 4816, D 5806 und D 5816. Daneben gab es in kleinen Stückzahlen Umbauten von Glühkopf-Bulldogs D 8506, D 9506 und D 1506 auf neue Halbdieseltechnik.

Zu den zur Münchener DLG-Ausstellung des Jahres 1955 vorgestellten, heute allgemein als Volldiesel bezeichneten vier Lanz-Modellen gehörten als stärkste dieser Reihe die Typen D 2416 und D 2816. Mit ihrem Erscheinen lösten sie die noch mit Benzin zu startenden Halbdiesel-Bulldogs D 2206 und D 2806 ab. Für mittlere bis größere Betriebe konzipiert waren die beiden stärkeren Modelle D 2416 und D 2816 aus der neuen Volldiesel-Bulldog-Baureihe von Lanz. Als leistungsstärkstes Modell einer bereits im Mai 1955 auf der Münchener DLG-Ausstellung vorgestellten neuen Volldiesel-Bulldog-Reihe konnte das Mannheimer Unternehmen im Jahr 1957 mit dem Volldiesel-Großbulldog D4016 seine letzte auf eigener Entwicklungsarbeit basierende Neuentwicklung präsentieren. Die Vorstellung dieser Maschine erfolgte nahezu zur gleichen Zeit, in der der große amerikanische Landmaschinenkonzern John Deere die Aktienmehrheit der infolge des zu langen Festhaltens am veralteten Glühkopfmotor schon seit Jahren in den roten

Restaurierter Lanz D 4016 in grün-gelber John-Deere-Lackierung, Baujahr 1960.

Zahlen arbeitenden Heinrich Lanz AG übernahm. Noch während der Übergangsphase wurde fieberhaft, aber in aller Stille an neuen, zeitgemäßeren Traktoren mit neuen Motoren gearbeitet, die möglichst bald die alte Bulldog-Technik ablösen sollten. Die Produktionsumstellung auf die ersten beiden John-Deere-Lanz-Typen 300 und 500 erfolgte im April 1960, und wenig später wurden sie auf der DLG-Ausstellung in Köln vorgestellt. Die unter dem Slogan „Schlepper mit Zukunft" präsentierten Traktoren waren formschön, modern und besaßen nach dem Baukastensystem konstruierte leistungsstarke, sehr laufruhige, elastisch aufgehängte Viertakt-Dieselmotoren. Mit den

Technische Daten: Lanz D 2416

Bauzeit:	1955 bis 1960
Motor:	1-Zyl./2-Takt-Dieselmotor
Hubraum:	2617 Kubikzentimeter
Leistung:	17,6 kW/24 PS bei 1050 U/min
Antrieb:	6/2-Gang-Getriebe, hinten
Länge:	2587 Millimeter
Gewicht:	1490 Kilogramm (leer)

Technische Daten: John-Deere-Lanz 310

Bauzeit:	1964 bis 1967
Motor:	3-Zyl./4-Takt-Dieselmotor
Hubraum:	2490 Kubikzentimeter
Leistung:	23,4 kW/32 PS bei 1950 U/min
Antrieb:	10/3-Gang-Getriebe, hinten
Länge:	3400 Millimeter
Gewicht:	2100 Kilogramm (leer)

Typen 100 und 700 erweiterte John-Deere-Lanz bereits 1962 das Schlepperprogramm um zwei weitere Modelle dieser Reihe.

Mit der 10er-Serie wurde 1964 ein vollständig neues Typenprogramm in Angriff genommen. Diese komplett in Mannheim entwickelte Serie bestand aus drei Modellen mit 32 (310), 40 (510) und 50 PS Motorleistung (710).

In den 1980er Jahren geriet John Deere in den Sog der schweren Rezession in der Landwirtschaft, blieb aber als einziger großer Hersteller im Bereich der Landtechnik unabhängig. Bei einem Umsatz von 13,8 Milliarden US-Dollar erwirtschaftete John Deere 1998 einen Rekordgewinn von 1,021 Milliarden US-Dollar.

2005 beschäftigte das Unternehmen John Deere weltweit etwa 47.400 Mitarbeiter in 70 Fabriken und 35 Verkaufshäusern auf fünf Kontinenten, davon alleine 5310 Mitarbeiter in Deutschland (Stand 2004, in Mannheim 2.520).

Der Reingewinn belief sich im Geschäftsjahr 2006 auf 1,69 Mrd. US-Dollar Umsatz.

Die schweren, zugstarken MAN-Traktoren eigneten sich – wie auf diesem zeitgenössischen Prospektblatt treffend dokumentiert – hervorragend für Straßentransporte aller Art.

Technische Daten: MAN AS 330 A

Bauzeit:	1950 bis 1955
Motor:	4-Zyl./4-Takt-Dieselmotor
Hubraum:	2930 Kubikzentimeter
Leistung:	22 kW/30 PS bei 1500 U/min
Antrieb:	5/1-Gang-Getriebe, Allrad
Länge:	3015 Millimeter
Gewicht:	2000 Kilogramm (leer)

MAN – der Allradspezialist

Für die Nürnberger MAN-Werke hatte der Krieg weitgehend zerstörte Fertigungsanlagen hinterlassen. Ungeachtet dieser großen Schwierigkeiten wurden die Aufräumungs- und Instandsetzungsarbeiten und die Behebung der Kriegsschäden zügig in Angriff genommen.

Mit der Weiterentwicklung eines bereits im Jahr 1941 auf der Wiener Messe unter der Modellbezeichnung AS 325 vorgestellten Prototyps eines 25-PS-Schleppers schien man auf dem richtigen Weg zu sein. Der AS325 wurde in der Allradausführung bereits gegen Ende des Jahres 1950 durch das stärkere Modell AS 330 A ersetzt. Die Modelle AS 330 bzw. 430 basierten konstruktiv auf dem AS 325 und entstanden durch Einbau eines leistungsstärkeren Motors mit größerem Hubvolumen. Zusätzlich entstand 1952 das Modell AS 440 A+H, also wahlweise mit Allrad- oder Hinterradantrieb.

Im Frühjahr 1953 lief die Entwicklung des Allradschleppers AS 542 A an. Die beiden Ausführungen AS 440 und AS 542 A waren zu ihrer Zeit sehr zugstarke und ausgereifte Konstruktionen in hervorragender Verarbeitungsqualität, die vor allem von Großbetrieben geschätzt wurden. Ihnen konnten nicht nur außergewöhnliche Leistungen bei der Arbeit in Feld und Forst, wie zum Beispiel mit unabhängiger Zapfwelle vor schweren Anhängegeräten, zugemutet werden, sie fanden auch im Nahverkehr für schnelle Straßentransporte mit fester Fahrerkabine Verwendung.

Der MAN B 45 A war ein moderner Allradschlepper mit M-Motor.

Unter Verwendung dieses Motors und des neuen siebengängigen klauengeschalteten ZFA-20/18-Getriebes präsentierten die MAN-Werke zu Beginn des Jahres 1955 das Modell A 45 A. Seit Mai 1955 wurde mit größter Beschleunigung an der Instandsetzung von Gebäuden und maschinellen Anlagen in München-Allach gearbeitet, sodass es gelang, die Schlepperfertigung bereits am 6. September 1955 dort anlaufen zu lassen. Durch diese notwendigen Aktivitäten musste manches andere in den Hintergrund treten. Trotzdem konnte man dem Publikum im Mai 1955 zur Münchener DLG-Ausstellung den Allradtraktor B 45 A vorstellen. Ebenfalls im Jahr 1955 erschien der kleine MAN-Ackerdiesel B 18 A. Er war ein gut durchkonstruierter, solider und in seiner Klasse sehr leistungskräftiger Allradschlepper, der alle auf kleineren oder mittelgroßen Höfen anfallenden Arbeiten zuverlässig erledigen konnte.

Alle Schlepper, die ab September 1955 in München vom Band liefen, waren mit den neuen M-Motoren ausgerüstet. Der sowohl mit Allrad- als auch mit Hinterradantrieb angebotene Dieselschlepper A 32 A + H war ein sehr kräftiges Fahrzeug im Bereich der oberen Mittelklasse. Im Februar 1956 begann der Bau mehrerer Versuchsschlepper, zu denen auch ein Fahrzeug mit 25 PS zählte. Die Serienfabrikation dieses für den mittelbäuerlichen Betrieb vorgesehenen Schleppers begann unter der Bezeichnung A 25 A im April des gleichen Jahres. Die 1956 vorgestellten „mittelschweren“ MAN-Traktoren C 40 und A 40, die im Marktvergleich eigentlich schon zur oberen Leistungsklasse gezählt werden konnten, wurden auch mit Hinterradantrieb angeboten. Diese Leistung wurde durch den „großen“ MAN-Allradschlepper A 50 A noch weit in den Schatten gestellt.

1956 rüstete man den neuen, mit 50 PS bis dahin leistungsstärksten MAN-Schlepper, den Allradtraktor A 50A mit dem Vier-Zylinder-M-Motor D 9624 M115 mit 3473 cm³ Hubraum und dem erst im Jahr zuvor von der Zahnradfabrik Friedrichshafen (ZF) entwickelten klauengeschalteten A20/18-Siebenganggetriebe aus. Bereits im folgenden Jahr verschwand der A 50 A aus dem Verkaufsprogramm und tauchte unter den neuen Typenbezeichnungen 2 S 1 (mit Hinterradantrieb) und 4 S 2 (mit Allradantrieb) unverändert wieder auf. Bereits 1957 erfolgte eine erneute Änderung bei den schweren MAN-Schleppern. Jetzt stand der hubraumstärkere D-0024-M-221-Motor gleicher Leistung zur Verfügung, der zusammen mit dem ZF-Getriebe in die nun als 2 S2 bzw. 4 S 2 bezeichneten Schlepper eingebaut wurde. Der im Jahr 1957 eingeführte allradgetriebene Schlepper 4 N 1 entstand aus dem Versuchsschlepper A 30 H/A. Der MAN-Allradtraktor 4 N 1 war besonders für mittelbäuerliche Betriebe geeignet.

Ebenfalls 1957 stellte die MAN jeweils einen 18 und 24 PS starken Schlepper mit Hinterradantrieb vor und gesellte sich damit zu denjenigen Schlepperherstellern, bei denen sich Tragschlepper im Programm befanden. Mit diesen beiden Traktoren gedachten die MAN-Werke, ihre bis dahin nur sehr ungenügende Marktpräsenz im Bereich der leichteren PS-Klasse zu verbessern. In ihrem Erscheinungsbild waren beide auch optisch aktualisierten Modelle nahezu identisch. Angetrieben wurden die Traktoren durch die erst kurz zuvor auf Gleitlager umgestellten Güldner-Motoren 2 DN (beim 2 K 1) und 2 BN (beim 2 L 1).

Als ZF im Jahr 1956 das nach dem gleichen Prinzip arbeitende kleinere Triebwerk A 16 fertiggestellt hatte, griff die MAN erneut darauf zurück und entwickelte daraus den 40-PS-Schlepper 2 R 1 mit Hinterrad- und 4 R 1 mit Allradantrieb, der damit die durch den B 45 A hinterlassene Leistungslücke schloss. 1957 erhielten diese Fahrzeuge einen hubraummäßig vergrößerten Motor, der allerdings weiterhin 40 PS lieferte. Diese Traktoren

Technische Daten: MAN A 32 A

Bauzeit:	1955 bis 1956
Motor:	4-Zyl./4-Takt-Dieselmotor
Hubraum:	3880 Kubikzentimeter
Leistung:	23,4 kW/32 PS bei 1500 U/min
Antrieb:	6/2-Gang-Getriebe, Allrad
Länge:	3135 Millimeter
Gewicht:	2260 Kilogramm (leer)

Technische Daten: MAN 2 K 1

Bauzeit:	1957 bis 1958
Motor:	2-Zyl./4-Takt-Dieselmotor
Hubraum:	1304 Kubikzentimeter
Leistung:	13,2 kW/18 PS bei 1800 U/min
Antrieb:	6/2-Gang-Getriebe, hinten
Länge:	2940 Millimeter
Gewicht:	1250 Kilogramm (leer)

wurden nun unter den Bezeichnungen 2 R 2 und 4 R 2 eingereiht. Zu Beginn des Jahres 1958 bestand das serienmäßige MAN-Schlepperprogramm aus sechs verschiedenen Grundtypen allrad- und hinterradgetriebener Traktoren von 14 bis 50 PS Motorleistung. Ein Teil der angebotenen Fahrzeuge glänzte bereits in der erstmals beim Typ 2 F 1 verwirklichten, überarbeiteten und aktualisierten Optik mit der verrundeten Motorhaube. Eine neu gestaltete, formal aber von dieser abweichende Motorhaube besaßen auch die im Jahr zuvor vorgestellten Tragschlepper 2 K 1 und 2 L 1. Als man beide Modelle bereits 1958 durch die Tragschleppertypen 2 K 2 und 2 L 2 ablöste, nahm man dies gleich zum Anlass, sie mit der dem 2 F 1 angeglichenen, wesentlich gefälliger und moderner wirkende Haubenform auszustatten. Ebenfalls im Jahr 1958 wurden diesen Tragschleppern mit den Typen 2 K 3 und 2 L 3 zwei identische Fahrzeuge in Standardbauweise zur Seite gestellt. Diese ursprünglich für das Exportgeschäft entstandenen Hinterradschlepper unterschieden sich von den vorgenannten Traktoren nur durch ihre kürzeren Radstände. Die bei der MAN im Jahr 1958 erstmals mit dem kleinen Tragschleppermodell 2 F 1 begonnene neue, wesentlich gefälligere und modernere Baulinie wurde in der Folgezeit fortgeführt. Dieses traf auch auf den im Jahr 1959 erstmals angebotenen Allradschlepper des Typs 4 K 1 ohne Einschränkung zu. Zeitgleich erschien mit dem Modell 4 L 1 auch eine 25 PS starke Allradvariante des hinterradgetriebenen, bereits am Markt befindlichen 2 L 3.

Im Zuge der Neuordnung des Verkaufsprogramms wurde der Bau der Modelle 4 K 1 und 4 L 1 im Jahr 1960 eingestellt. Während der 18-PS-Allradschlepper ohne Nachfolger blieb, trat noch im gleichen Jahr der 25-PS-Typ 4 L 2 in die Fußstapfen des 4 L 1. Das Jahr 1960 brachte bei der MAN zwei neue Schleppermodelle hervor. Es handelte sich um den Standardschlepper 2 L 4 sowie um den Tragschlepper 2 L 5, die beide mit 25-PS-M-Motoren bestückt waren. Im Rahmen der bei diesem Hersteller laufenden Programmbereinigung ersetzten sie die seit 1958 im Angebot befindlichen Typen 2L2 und 2 L 3, deren Fertigung auslief. Mit den beiden im Jahr 1960 vorgestellten 35-PS-

Niedrige Bauweise mit tiefer Schwerpunktlage und eine lang gestreckte, zeitlos schöne Bauform waren die Hauptmerkmale der neuen 35-PS-MAN-Traktoren der MAN. Daher verwundert es nicht, dass sie von Jung und Alt bestaunt wurden. Ebenso groß war auch die Akzeptanz seitens der Landwirte. Hier das Hinterradmodell 2 P 1 (großes Bild). In diesen Schleppern arbeitete ein laufruhiger Dreizylinder-M-Motor mit direkter Kraftstoffeinspritzung (kleines Bild).

Technische Daten: Nordtrak Stier Typ 241

Bauzeit:	1955 bis 1957
Motor:	2-Zyl./4-Takt-Dieselmotor
Hubraum:	1810 Kubikzentimeter
Leistung:	17,6 kW/24 PS bei 2000 U/min
Antrieb:	5/1-Gang-Getriebe, Allrad
Länge:	2865 Millimeter
Gewicht:	1800 Kilogramm (leer)

Traktoren 2 P 1 mit Hinterrad- und 4 P 1 mit Allradantrieb wurden zwei nahezu identische Dreizylinder-Modelle angeboten. Sie waren zugstarke Fahrzeuge, die nach den allerdings erst im folgenden Jahr herausgebrachten Spitzenmodellen 2 R 3 und 4 R 3 die nächstfolgende Rangstufe im neuen Typenprogramm der MAN einnahmen. Die 1961 vorgestellten mittelschweren Halbrahmenschlepper 2 N 1 und 4 N 2 zählten zu den letzten von der MAN realisierten Entwicklungen. Es waren Fahrzeuge mit langer Lebensdauer, die ihre Bediener nur äußerst selten im Stich ließen. Die Spitzenmodelle waren ab 1961 die Typen 2 R 3 mit Hinterrad- sowie der 4 R3 mit Allradantrieb. Beide Fahrzeuge besaßen Vierzylinder-45-PS-Motoren und bis auf die nicht angetriebene Vorderachse des 2 R 3 waren sie vollkommen baugleich. Bereits 1963 wurde der MAN-Schlepperbau aufgegeben, was auch das Ende für diese letzten schweren MAN-Typen bedeutete.

Hamburger Stiere

Die von dem Maschinenbau-Ingenieur Georg R. Wille überwiegend aus Teilen überzähliger US-amerikanischer Militärfahrzeuge seit 1948 entstandenen Traktoren hatten sich mit der Zeit zu richtigen Ackerschleppern gemausert. Zielstrebig begann er das Nordtrak-Verkaufsprogramm in Richtung leistungsstärkerer Fahrzeuge auszuweiten. Vor allem ins Ausland ging ein großer Teil der Produktion. An der Spitze standen die skandinavischen Länder, in denen sie in der Forstwirtschaft ein besonders erfolgreiches Betätigungsfeld fanden. Sozusagen der krönende Abschluss war ein 1952 erfolgter Großauftrag über 250 Schlepper für Argentinien, was ungefähr der Baukapazität eines Jahres entsprach. Im Juni 1951 stellte das Unternehmen die ersten Nordtrak-Stier-Allradschlepper mit neuer Motorverkleidung

Einer der Vorläufer des NG 23 K war der 22-PS-Typ NG 23, hier ein eisenbereiftes Fahrzeug von 1947 mit Sonnendach und angehängtem Kartoffelroder. Der Motor war noch ohne Verkleidung; das Rohrstück zwischen Getriebe und Motor war aber bereits vorhanden.

und Zweifarbenlackierung vor. Das kleinste Modell war der Stier 18 mit einem 16-PS-Einzylinder-Zweitakt-Hatz-Diesel. Im Stier 30 gelangte erstmals ein MWM-Motor zum Einbau. 1953 ging im Verkaufsprogramm der 40-PS-Allradschlepper Stier 45 in Führung. Ihm folgte 1955 das Spitzenmodell St 480. Als Mitte der 1950er-Jahre die Exportzahlen dramatisch einbrachen, musste Willes Nachfolger Franz Westermann schweren Herzens das Handtuch werfen und 1956 Konkurs anmelden.

Nordhausener Schönheiten

Als im April 1945 amerikanische Truppen die Stadt Nordhausen am Harz besetzten, kam die Schlepperproduktion der Normag GmbH zunächst zum völligen Erliegen. Da aber die Produktionsanlagen den Krieg – ganz im Gegensatz zu der schwer von Bomben zerstörten Stadt – nahezu unversehrt überstanden hatten, konnte die Montage der aus Restmaterialien zusammengebauten Holzgasschlepper NG 25 wieder aufgenommen werden. Grundlage der Fertigung war zunächst der bereits 1944 als Weiterentwicklung des NG 22 entstandene NG 23. Zu Beginn der 1950er-Jahre erfreuten sich die formschönen Traktoren der Normag GmbH mit dem stilisierten NZ auf der Motorhaube einiger Beliebtheit. Da die Fabrikationsanlagen im neu erworbenen Hattinger Betriebsteil auf ausreichende Kapazitäten ausgebaut worden waren, konnte noch im gleichen Jahr das Bauprogramm um drei zusätzliche Fahrzeuge erweitert werden. Hierbei handelte es sich um den 15-PS-Kleinschlepper Faktor I, das Modell Faktor II mit 20 PS und den Typ NG 35 M mit 35 PS. Das mittlerweile fünf Typen im Leistungsbereich zwischen 10 und 35 PS umfassende Fahrzeugangebot der Normag-Werke sollte alsbald durch einen Großschlepper erweitert werden. Der ab dem Mai 1952 erhältliche NG 45 war der stärkste Normag-Schlepper mit 1950 kg Zugkraft bei Mindestlieferumfang und 2480 kg mit Zusatzgewichten.

Ein Porsche für die Landwirtschaft

Im Juni 1955 gab es bei Allgaier Anlass zum Feiern, denn der 50.000. Schlepper verließ die Fertigungsbänder der Werksanlagen in Friedrichshafen. Doch bei diesem unüblicherweise in recht bescheidenem Rahmen abgehaltenen Jubiläum mochte bei Geschäftsleitung und Mitarbeitern keine rechte Freude aufkommen. Zu sehr hatten sich die Gerüchte verdichtet, dass sich Allgaier aus dem Schleppergeschäft zurückziehen wolle. In der Mannesmann AG fand man schließlich einen interessierten und zahlungsfähigen Abnehmer. Am 1. Januar 1956 wurde die neu gegründete Porsche-Diesel Motorenbau GmbH Friedrichshafen mit einem Stammkapital von zunächst 100.000 DM in den Mannesmann-Konzern integriert. Mit der Übernahme der Schlepperfertigung durch Mannesmann war Allgaier alle finanziellen Sorgen um den Schlepperbau los und konnte sich mit ganzer Kraft dem Werkzeugmaschinenbau widmen. Das bisherige Allgaier-Fertigungsprogramm wurde zunächst fast unverändert fortgeführt. Die beiden Modelle P 122 und P 133 waren Universalfahrzeuge für mittlere bis größere Betriebe. Ihre Verkaufspreise betrugen 8155 DM beim P 122 und 9760 DM beim P 133, jeweils in der Grundausrüstung. Obwohl das im Herbst 1957 vorgestellte neue Porsche-Typenprogramm eigentlich nur noch die drei Grundtypen Junior, Standard und Super vorsah, gab es in Wirklichkeit fünf unterschiedliche Typen und diese mit verschiedenen Untergliederungen. Zusätzlich waren die Modelle Standard AP mit 20 oder 22 PS Motorleistung verfügbar.

Technische Daten: Porsche Standard AP

Bauzeit:	1957 bis 1958
Motor:	2-Zyl./4-Takt-Dieselmotor
Hubraum:	1531 Kubikzentimeter
Leistung:	14,6 kW/20 PS bei 2000 U/min
Antrieb:	5/1-Gang-Getriebe, hinten
Länge:	2835 Millimeter
Gewicht:	1332 Kilogramm (leer)

Mit diesem Prospektblatt stellte Porsche den neuen Master im Frühjahr 1958 vor.

Obwohl das im Herbst 1957 vorgestellte neue Porsche-Typenprogramm eigentlich nur noch die drei Grundtypen Junior, Standard und Super vorsah, gab es in Wirklichkeit fünf unterschiedliche Typen und diese mit verschiedenen Untergliederungen. Zusätzlich waren die Modelle Standard AP mit 20 oder 22 PS Motorleistung verfügbar. Der Porsche-Diesel Super war eine bewährte und ausgereifte Maschine für den hohen Leistungsbedarf mittlerer und größerer Landwirtschaftsbetriebe. Als ein zum Betrieb schwerer Zapfwellengeräte besonders geeigneter sogenannter „Mähdrescher-Schlepper" war der Dreizylinder-Super Ende der 50er-Jahre sehr verbreitet und beliebt.
1957 wurde die gesamte Typenreihe im Interesse des Großserienbaus und der Absatzbündelung gestrafft und technisch optimiert, wobei nur noch nach drei Grundtypen unterschieden wurde. So entstand der neue Dieselschlepper Typ 218 Standard, dessen Motor nun 25 PS hervorbrachte. Der Porsche Standard gehörte zu den erfolgreichsten Bauernschleppern auf dem deutschen Markt. Bereits Ende 1957 stellte Porsche den 38 PS starken Baustellen-Schlepper Super B vor, der ab 1958 in Kleinserie gefertigt wurde. 1961 kam die Variante B 309 auf den Markt, die sich vom vorangegangenen Modell durch die serienmäßig vorhandene Servolenkung, stärkere Hydraulikanlage, seine etwas höhere Motorleistung und die zweigeteilte Motorhaube unterschied. Im Frühjahr 1958 konnte der unter der Baumusterbezeichnung N 408 geführte Porsche-Dieselschlepper Master als ein leistungsgesteigertes, technisch verbessertes Nachfolgemodell des vorherigen P 144 vorgestellt werden. Ab Frühjahr 1960 wurde das Modell Super L 318 produziert, das sich vom Super N 308 in erster Linie durch die serienmäßig vorhandene Motorzapfwelle mit Doppelkupplung und das moderne ZF-A-216-Getriebe mit acht Vorwärtsgängen und vier Rückwärtsgängen anstelle des fünfgängigen Getriebes aus eigener Fertigung unterschied. Mit dem Porsche-Diesel Super Export 329 ergänzte ab Juni 1961 eine komplette Neuentwicklung das Verkaufsprogramm dieses Herstellers.
Bereits mit Hochdruck wurde seit dem Frühjahr 1960 an der Fertigstellung der Neuentwicklungen Standard T 217 mit 20 PS und des 30-PS-Schleppers Standard Star 219 gearbeitet. Anfang Mai 1960 präsentierte Porsche-Diesel auf der DLG-Ausstellung in Köln die neuen Schlepper. Der Serienbau lief nach den Werksferien Ende August an. Der Standard Star 219 wurde erstmals am 14. September 1960 auf dem Landwirtschaftsfest in Stuttgart der Öffentlichkeit vorgestellt. Zwei Monate später lief die Serienfertigung an. Da der Rückgang des Schlepperabsatzes nicht zu stoppen und auch das Zusammengehen mit der MAN nur von kurzer Dauer war, verlor der Mannesmann-Konzern das Interesse an einer weiteren Tätigkeit als Hersteller von Traktoren. Mit der am 1. Juni 1963 gegründeten Porsche-Diesel-Renault Vertriebsgesellschaft mbH, welche Vertrieb und Ersatzteilversorgung übernahm, war das Ende von Porsche-Diesel gekommen.

Technische Daten: Porsche Standard Star 238

Bauzeit:	1961 bis 1962
Motor:	2-Zyl./4-Takt-Dieselmotor
Hubraum:	1629 Kubikzentimeter
Leistung:	19 kW/26 PS bei 2300 U/min
Antrieb:	8/2-Gang-Getriebe, hinten
Länge:	3050 Millimeter
Gewicht:	1340 Kilogramm (leer)

Der Primus im Schlepperbau

Angesichts der Luftangriffe auf Berlin hielt es Johannes Köhler von den Primus-Werken für geraten, einen Teil der Produktion und so viele Fertigteile wie möglich in das bereits bestehende Zweigwerk im oberbayerischen Miesbach zu verlagern. Die nach Miesbach ausgelagerten bzw. in der Umgebung vor den Alliierten verborgen gehaltenen zahlreichen Schlepper-Ersatzteile bildeten die Grundlage für einen zunächst zaghaften Neubeginn. Schaute man aber genauer hin, musste man feststellen, dass die in Miesbach gebauten Traktoren zwar die alte Typenbezeichnung P 22 trugen, die Motoren aber durch MWM-Aggregate ersetzt worden waren. Noch im Jahr 1949 wurde der P 22 durch das Modell P 24 ersetzt. Im September 1950 brachte der Primus-Ingenieur Schmuck erstmals einen eigenen Primus-Motor zum Laufen. Unmittelbar darauf wurde er im neuen Ackerschlepper P 28 verwendet. Ab 1950 wurde bei Primus eine grundlegende Änderung der Modellbezeichnungen vorgenommen. Es war ein ausgeklügeltes, gut verständliches System, bei dem am Anfang einer jeden Typenbezeichnung die Buchstaben PD für Primus-Diesel, gefolgt von der Zahl 1, 2, 3, 4 oder 6, welche die jeweilige Motorleistung über 10, 20, 30, 40 oder 60 PS verdeutlichte, standen. Im Jahr 1958 verließ das letzte Fahrzeug die Werkhallen.

Qualität aus Sprötze

Nahezu parallel zu dem Ritscher-15-PS-Einzylinder-Modell 515 entstand 1950 der Typ 525 als 25-PS-Schlepper, ausgerüstet mit einem Zweizylindermotor aus dem Hause MWM. Er trat die Nachfolge des Typs 420 an. Gegen Ende des Jahres 1951 profitierte der Ritscher-Typ 525 von der Umstellung des MWM-Zweizylinder-Motors auf das Wirbelkammerverfahren. In dem

Im Jahr 1956 wurde der Ritscher-Schlepper 832 Junior als Repräsentant der gehobenen Leistungsklasse vorgestellt. Da dieser mit dem noch stärkeren, zur gleichen Zeit neu angebotenen 936 Super äußerlich nahezu identisch war, gab es für sie einen gemeinsamen Prospekt, deren Titelseite hier zu sehen ist.

als KDW 415 Z bezeichneten Aggregat standen nunmehr 28 PS zur Verfügung, was zu der neuen Verkaufsbezeichnung 528 führte.

Das Jahr 1951 stand bei Ritscher im Zeichen eines weiteren Ausbaus der Angebotspalette. Der im Zuge der Abrundung des Bauprogramms entstandene Ritscher-Dieselschlepper 540 war ein Fahrzeug ausschließlich für größere Höfe. Die jeweils mit wasser- und luftgekühlten Motoren erhältlichen Modelle 524 und 536 waren Fahrzeuge für mittlere bis gehobene Leistungsansprüche und dienten der Abrundung des Ritscher-Bauprogramms, das bis Mitte der 1950er-Jahre im Bereich von 20 bis 36 PS auf insgesamt vier verschiedene Typen angewachsen war. Im Jahr 1953 bestand das Ritscher-Grundprogramm aus sechs Modellen, mit denen der Leistungsbereich von 18 bis 40 PS abgedeckt werden konnte. 1955 erfuhr das bestehende Ritscher-Traktorenprogramm eine Überarbeitung und Ergänzung. Zunächst wurde der Bau des Typs 517 aufgenommen. 1959 wurde der 517 durch das Modell 620 ersetzt.

Technische Daten: Ritscher 536 W

Bauzeit:	1954 bis 1956
Motor:	3-Zyl./4-Takt-Dieselmotor
Hubraum:	2552 Kubikzentimeter
Leistung:	26,4 kW/36 PS bei 2000 U/min
Antrieb:	5/1-Gang-Getriebe, hinten
Länge:	3120 Millimeter
Gewicht:	1660 Kilogramm (leer)

Gemäß Preisliste vom Mai 1959 kostete der 517 7.640 DM in der Grundausführung. Doch die Verkäufe gestalteten sich absolut unbefriedigend, sodass die Fahrzeuge bereits nach drei Jahren aus dem Programm genommen wurden.

Recht früh schien Karl Ritscher das Nachlassen des Schlepperbooms zu erkennen. Wo andere Betriebe mit Zusammenschlüssen versuchten, sich über Wasser zu halten, ergriff er die Chance und verkaufte seinen Betrieb 1961 an die „Berliner Maschinenbau AG“.

Prospekttitelblatt des AS 18.

Graue und rote Schleppertypen

Mit Nachdruck arbeiteten die Schlüter-Konstrukteure daran, als Ersatz für den DSU 25 ein komplett neues, von vornherein als Dieselschlepper entworfenes Fahrzeug auf die Beine zu stellen. Ab Mai 1948 konnte schließlich der neue DS 25 in Serie gehen. Um auch Kleinbetrie-

Technische Daten: Schlüter AS 241

Bauzeit:	1958
Motor:	2-Zyl./4-Takt-Dieselmotor
Hubraum:	2512 Kubikzentimeter
Leistung:	17,6 kW/24 PS bei 1500 U/min
Antrieb:	6/1-Gang-Getriebe, hinten
Länge:	2845 Millimeter
Gewicht:	1700 Kilogramm (leer)

ben ein entsprechendes Fahrzeug anbieten zu können, nahmen die Schlüter-Werke ab Februar 1950 den Bau eines Schleppers mit Einzylindermotor auf. Der DS 15 mit 15, später 17 PS, erschien rechtzeitig in der gerade zu Beginn der 50er-Jahre für die Landwirtschaftsmotorisierung wichtigsten Leistungsklasse. Vom AS 15 wurden 4212, vom DS 25 insgesamt 4085 Einheiten verkauft. Das Jahr 1953 stand bei der Freisinger Motorenfabrik Anton Schlüter GmbH ganz im Zeichen der dringend notwendig gewordene Verbreiterung des Typenprogramms. Der AS 15, der sich vom DS 15 vor allem durch das neu entwickelte fünfgängige G-85-Getriebe von Hurth unterschied, war eine rahmenlose Blockkonstruktion in der bekannt massiven Bauausführung dieses Herstellers. Ebenfalls seit Juni 1953 wurde der Zweizylinder-Schlepper AS 22 fabriziert, der dazu ausersehen war, die bestehende Leistungslücke zwischen DS 15 und DS 25 zu schließen. Zusammen mit den stärkeren Modellen AS 30 und AS 45 konnten die Schlüter-Werke der Kundschaft gegen Ende des Jahres 1954 ein aus fünf Typen bestehendes Bauprogramm in den Leistungsklassen zwischen 15 und 45 PS offerieren.

Die bisher in sehr ruhigen und übersichtlichen Bahnen verlaufene Typenentwicklung des Schlüter-Schlepperprogramms sollte sich in den folgenden Jahren ab 1957 in das genaue Gegenteil kehren. Begonnen hatte alles mit den ab März 1957 gefertigten luftgekühlten Modellen ASL 130 und 160, und der neue 16-PS-Schlepper AS 160 ersetzte den bisherigen AS 15. Während der 18 PS starke AS 180 an die Stelle des AS 18 trat, nahmen der AS 240 mit 24 und AS 320 mit 32 PS die Plätze der bis dahin produzierten Modelle AS 22 und AS 30 ein. Nur ganze 39 Fahrzeuge wurden von dem nur ein Jahr in den Verkaufslisten präsenten AS 350 bzw. 40 PS starken AS 400 gebaut. Das Frühjahr 1958 begann bei den Schlüter-Werken mit erneuten Überarbeitungen des erst kurz zuvor erstellten Typenprogramms. Zunächst erschienen die folgenden Schlepper mit den neuen Motoren:

- AS 181 (ersetzte den Typ AS 180
- AS 241 (ersetzte den Typ AS 240 N)
- AS 321 (ersetzte den Typ AS 320)
- AS 351 (ersetzte den Typ AS 350)

Zwischen Juli und September 1958 kam es bei Schlüter zu einer weiteren Neuordnung des Bauprogramms. Dabei ersetzten die luftgekühlten Einzylinder ASL 141 und ASL 161 ihre Vorgänger ASL 130 und ASL 160. In dem Ende der 1950er-Jahre präsentierten Schlüter-Traktorenprogramm war man bemüht, ständig neue Verbesserungen zu zeigen. Das Verkaufsangebot war zwar mit etwa acht verschiedenen Fahrzeugen mit Motorleistungen zwischen 14 und 60 PS, zu denen teilweise noch luft- und wassergekühlte Varianten gezählt werden mussten, außergewöhnlich gut und zweckmäßig abgestuft, dafür aber durch den geradezu hektischen Modellwechsel mit unterschiedlichen Bezeichnungssystemen mehr als unübersichtlich geworden.

Das Jahr 1959 stand bei Schlüter im Zeichen einer neuen Traktorenreihe, deren Mitglieder zwischen April und Juli des gleichen Jahres in die Produktion gingen. Das Programm bestand aus insgesamt sechs Modellen, die den Leistungsbereich von 15 bis 45 PS (ab März 1961 bis 50 PS) abdeckten.

Das Jahr 1961 stand bei Schlüter ganz im Zeichen der Modellumstellung auf ZF-Triebwerke. Das bis Juni 1962 zu komplettierende Bauprogramm sah nach erfolgter Umstellung auf ZF-Triebwerke wie folgt aus:

Technische Daten: Schlüter S 25

Bauzeit:	1959
Motor:	2-Zyl./4-Takt-Dieselmotor
Hubraum:	2512 Kubikzentimeter
Leistung:	18,3 kW/25 PS bei 1650 U/min
Antrieb:	6/1-Gang-Getriebe, hinten
Länge:	2865 Millimeter
Gewicht:	1525 Kilogramm (leer)

Schlüter Super 500 V mit einem zapfwellengetriebenen Mengele-Transportwagen mit Lader bei der Grünfutteraufnahme.

- S 15 und SL 15: 17 bzw. 16 PS
- S 20 (SF 201): 20 PS, ersetzte den bisherigen S 20
- S 25 (SF 202): 24 PS
- S 30 (SF 303): 32 PS, ersetzte den bisherigen S 30
- S 35 (SF 353): 38 PS, ersetzte den bisherigen S 35
- S 50 (SF 503): 50 PS, ersetzte den bisherigen S 45
- S 60 (SF 603): 60 PS

Mit dem Typ S 450 erschien im August 1962 der erste Schlüter-Traktor einer völlig neuen, auf dem aktuellen technischen Stand befindlichen „roten" Fahrzeuggeneration. Gleichzeitig stellte dieser Traktor bei Schlüter den eigentlichen Beginn der „bärenstarken" Epoche dar. Im Juli 1966 stellten die Schlüter-Werke ein neues Schlepperprogramm vor, das unter der Bezeichnung „Super" geführt wurde. Der ab November 1967 angebotene, 35 PS starke Super 350 als das Einstiegsmodell füllte die Leistungslücke, die durch die Fertigungseinstellung des 34 PS starken S 350 und die Leistungsanhebung des Super 400 von ursprünglich 38 auf 42 PS entstanden war.

VEB-Konstruktionen

Der Radschlepper RS 01/40, die erste Radschlepperkonstruktion in der DDR, basierte auf dem bekannten, seit 1938 bei den FAMO Fahrzeug- und Motorenwerken GmbH, Breslau, gefertigten schweren 45-PS-Ackerradschlepper XL. Nach Kriegsende wurde anhand der vorhandenen Konstruktionsunterlagen der überarbeitete Nachbau dieses Ackerradschleppers vorbereitet. Infolge eines erheblichen Material- und Maschinenmangels kam die ab dem 21. Mai 1949 angelaufene Produktion dieses zunächst als „IFA-Schlepper 40 PS" bezeichneten Traktors nur langsam in Gang. Der IFA-Radschlepper Brockenhexe war im Prinzip ein typisches Exemplar des Einheitsackerschleppers aus der Zeit vor 1945. Infolge der großen Dringlichkeit blieb keine Zeit zur Neukonstruktion der erforderlichen Baukomponenten. Daher griff man ab 1949 fast ausschließlich auf bereits erprobte und bewährte Bauteile zurück. Somit entstand ein Schlepper in solider und bewährter Bauart, ohne technische Besonderheiten. Auch dem RS 03/30 Aktivist war ab 1949 im Rahmen „der hohen Aufgabe, die Ernährung des Volkes aus eigenen Mitteln zu sichern", eine wichtige Rolle zugedacht. Nach zwei Produktionsjahren hatten bis 1952 3761 Schlepper die Werkstore verlassen.

Technische Daten: VEB RS 02/22 Brockenhexe

Bauzeit:	1949 bis 1952
Motor:	2-Zyl./4-Takt-Dieselmotor
Hubraum:	2198 Kubikzentimeter
Leistung:	16,1 kW/22 PS bei 1500 U/min
Antrieb:	4/1-Gang-Getriebe, hinten
Länge:	2980 Millimeter
Gewicht:	1775 Kilogramm (leer)

Im Jahr 1953 stand fest, dass das Schlepper-Neubauprogramm in der sowjetischen Besatzungszone (SBZ) bzw. der DDR zu einem großen Teil Schiffbruch erlitten hatte. Der Vielzweckschlepper RS 04/30 war 1953 die erste eigenständige Entwicklung eines Radtraktors in der früheren DDR. Der RS 14/30 Favorit entstand als Weiterentwicklung des erst 1953 entstandenen Diesel-Vielzweckschleppers RS 04/30, als zur Mitte der 1950er-Jahre eine allgemeine Erneuerung der in der DDR produzierten Rad- und Kettenschlepper anstand. Der als Nachfolger des mittlerweile recht betagten „Pionier" vorgesehene Radschlepper „Harz" konnte kaum als Neuentwicklung, sondern nur als ein im Rahmen der Modellpflege verbessertes Fahrzeug gelten. Zumal sich Motor, Getriebe und Abmessungen praktisch nicht änderten. Doch eine lange Lebenszeit war dem RS 01/40 II Harz nicht mehr vergönnt. 1958 lief die Baureihe aus. 1956 wurde auch der motorisch unveränderte RS 04/30 äußerlich dem Harz angeglichen und unter der Typenbezeichnung RS 14/30 Favorit geführt. 1958 musste der Namenswechsel auf Famulus erfolgen, weil Rechtsstreitigkeiten seitens der tschechischen Skoda-Werke, die diesen Namen bereits früher einmal als Pkw-Namen belegt hatten zu befürchten waren. Diese 1960 durchgeführten Versuche brachten den Technikern eine Ausbeute von 36 PS, daher hieß der Traktor nun RS 14/36 Famulus 36. Nach dem Auslaufen der Produktion des luftgekühlten 36-PS-Radschleppers RS 14/36 Famulus 36 im Schlepperwerk Nordhausen im Jahr 1964 wurde die wassergekühlte Variante seither als Famulus 40 mit 40 PS geführt. Hierbei wurde der auf eine Drehzahl von 1800 U/min reduzierte Motor des RS 14/46 Famulus 46 eingebaut.

GIGANTEN FÜR DIE LANDWIRTSCHAFT

Oben: Der Lanz Felddank war ungemein zugkräftig. Sein Motor war auch über die angegebene Leistung hinaus sehr starken Belastungsschwankungen gewachsen.
Rechts: Eine Pöhl-Ackerbaumaschine mit Eisenrädern, die mit Stahlgreifern besetzt waren.

Die großen Pöhl-Ackerbaumaschinen waren Anfang der 20er-Jahre zusammen mit dem Lanz Acker-Felddank und dem Lanz Feldmotor eine der ersten fortschrittlichen Großschlepper. Sie konnten laut zeitgenössischen Prospekten zwischen drei und vier Pferdegespanne ersetzen. Da die Pferdepreise in jenen Jahren sehr hoch waren und die laufend anfallenden Futterkosten stark ins Gewicht fielen, war es verständlicherweise nachzuvollziehen, das vor allem große landwirtschaftliche Betriebe beim Pflügen, Eggen, Kultivieren und Walzen vermehrt auf diese neue Schleppergeneration setzten. Für den direkten Zapfwellenantrieb von Mähbindern waren schon damals passende Vorgelege erhältlich. Ein kurzes Engagement hatte auch die Backnanger Firma Kaelble auf dem Ackerschlepper-Sektor. Mitte 1928 war ein neuer, 30 PS starker Zweizylindermotor fertiggestellt worden, der in die Dieselzugmaschine Z 2 eingebaut wurde. Mit dem Erscheinen eines neuen Dreizylindermotors im Frühjahr 1929 wurden die Typenbezeichnungen bei Kaelble geändert. Es entstand der Typ Z 3 S und 1932 der Z 4 S mit Vierzylinder-Dieselmotor. 598 Fahrzeuge wurden bis 1941 gefertigt.

Die „Lokomotive auf dem Acker" wurde nicht ohne Grund der schwere Diesel-Radschlepper R 40 von Hanomag genannt. Mit diesem grundsoliden und überaus zugkräftigen Fahrzeug gelang es diesem Hersteller, einen entscheidenden Durchbruch auf dem Schleppermarkt zu erzielen. Auch heute noch, mehr als 50 Jahre nach seinem Produktionsende, gilt der R 40 als Inbegriff des klassischen Hanomag-Schleppers. Mit dem R 40 war der Hanomag ein ganz großer Wurf gelungen, und nur der Krieg verhinderte, dass dieser Radschlepper zu einem noch größeren Erfolg werden konnte. So konnte die Serienfertigung des R 40 erst zu Beginn des Jahres 1942 – aufgrund der Reifenknappheit überwiegend mit Eisenbereifung – anlaufen. Ab Juli 1940 gab es im Deutschen Reich Ackerschlepper nur noch auf

Technische Daten: Hanomag R 40 A

Bauzeit:	1942 bis 1951
Motor:	4-Zyl./4-Takt-Dieselmotor
Hubraum:	5195 Kubikzentimeter
Leistung:	29,3 kW/40 PS bei 1200 U/min
Antrieb:	5/1-Gang-Getriebe, hinten
Länge:	3535 Millimeter
Gewicht:	3200 Kilogramm (leer)

Bezugsschein und bereits von Mitte des Jahres 1942 an musste der Bau von Dieselschleppern gemäß einer Anordnung der Reichsregierung zugunsten solcher mit Generatorantrieb weitgehend eingestellt werden.

Erste Großschlepper in den 50ern

Gegen Ende des Jahres 1950 erschien mit dem schweren Diesel-Radschlepper Hanomag R 45 ein stärkerer und überarbeiteter Nachfolger des erfolgreichen R 40. Mit dem weiterentwickelten R 45 entsprachen die Hanomag-Werke dieser Forderung des Marktes. Der R 45 wurde erstmals 1951 auf der DLG-Ausstellung in Frankfurt der breiten Öffentlichkeit präsentiert. Er war ein Großschlepper mit hoher Zugleistung, der vor allem in land- und forstwirtschaftlichen Großbetrieben zu finden war.
Als im September 1952 der große Vierzylinder-Deutz-Schlepper F 4 L 514 mit 60 PS sozusagen als krönender Abschluss dieser neuen luftgekühlten Baureihe erschien, war die Serie dieses Herstellers zunächst einmal abgeschlossen. Der große F 4 L 514 von Deutz war zur Zeit seines Erscheinens der stärkste Radschlepper im Produktionsprogramm des Kölner Schlepperherstellers.
Der ebenfalls ab 1952 in Serie gegangene schwere Schlepper Fahr D 60 L war eine außerordentlich starke Maschine, die für schwerste Arbeiten auf großen Flächen vorgesehen war. Daneben erreichte sie eine ungewöhnlich hohe Spitzengeschwindigkeit von 32,3 km/h.
Hatte man bei Eicher bereits 1951 mit dem starken L 40 Neuland betreten, so gab es im Jahr 1954 mit dem 60-PS-Traktor L 60 eine weitere Steigerung. Schon äußerlich konnte man erahnen, welche Kräfte er mobilisieren konnte. In ihm arbeiteten der luftgekühlte Deutz F-4-L-514-Motor sowie das ZF-A-26-Getriebe mit fünf Vorwärts-, zwei Rückwärts- und zwei Kriechgeschwindigkeiten.
Um die Jahreswende 1953/54 hatte Fahr damit begonnen, die Typenbezeichnungen am Hubvolumen der eingebauten Motoren auszurichten. Davon waren auch die schweren Maschinen betroffen, deren Bezeichnungen sich ab August 1954, ohne dass technische Änderungen vorgenommen wurden, beim D 45 L in D 400 und beim D 60 L in D 540 wandelten. Die Fahr-Modelle D 400 waren außerordentlich zugkräftige Maschinen in der oberen Leistungsklasse. Dies galt vermehrt für den noch stärkeren D 540, der damals der absoluten Leistungsspitze angehörte.
Mehr als mutig war der kleine Landshuter Schlepperhersteller Röhr, als er zur Jahreswende 1953/54 die Fachwelt mit dem 60-PS-Großtraktor R 60 R überraschte. Der Dieselschlepper R 60 von Röhr war einer der schwersten und spektakulärsten deutschen Radschlepper seiner Zeit und entsprechend seinem hauptsächlichen Einsatzzweck in der Forstwirtschaft und für das Exportgeschäft sehr solide konzipiert. Diesem mächtigen Boliden konnten bedenkenlos alle außergewöhnlich schweren Zugarbeiten anvertraut werden.
Die beiden Eicher-Spitzenmodelle ED 50 und ED 60 waren ab 1957 zu haben. Der ED 60 war derzeit nicht nur das Flaggschiff im Eicher-Programm, sondern mithin einer der stärksten einheimischen Traktoren überhaupt, die es zu kaufen gab.
Im Jahr 1955 entsprachen die Hanomag-Werke den vielfach im Exportgeschäft geäußerten Kundenwünschen nach einem

Technische Daten: Röhr R 60 R Titan

Bauzeit:	1953 bis 1957
Motor:	2-Zyl./4-Takt-Dieselmotor
Hubraum:	5540 Kubikzentimeter
Leistung:	43,9 kW/60 PS bei 1500 U/min
Antrieb:	5/1-Gang-Getriebe, hinten
Länge:	3630 Millimeter
Gewicht:	3300 Kilogramm (leer)

Der ED 60 von Eicher gehörte zu den stärksten Traktoren, die es damals zu kaufen gab.

noch stärkeren Radschlepper, als es der R 45 schon war. Dieses neue Fahrzeug war der Typ R 55, der bis auf die um 10 PS höhere Motorleistung mit dem weiterhin angebotenen R 45 technisch weitgehend identisch war. Ab 1957 führte die Hanomag neue, dreistellige Typenbezeichnungen ein. Aus dem R 55 wurde nun der R 455, welcher sich wiederum in die Variante E mit Fünfgang-Standardgetriebe und die Schnellgang-Ausführung S unterteilte. Die Exportversion wurde als R 545 (5 = Viertakter mit D-57-Motor, 4 = Anzahl der Zylinder, 5 = starke Viertaktausführung) bezeichnet. Mit dem R 460 erhielt der R 450 im Jahr 1960 einen noch stärkeren Nachfolger. Abgesehen von der zur Verfügung stehenden Mehrleistung besaßen die Getriebegänge vier und fünf nunmehr Klauenschaltung. Das verlängerte Getriebegehäuse gab es nun serienmäßig. Das ebenfalls mit Untersetzung lieferbare Getriebe war anders abgestuft und ließ den R 460 nun eine Maximalgeschwindigkeit von 30 km/h erreichen. Mit den Modellen R 450 und R 460 setzte die Hanomag die bereits über Jahre bewährte Tradition ihrer schweren Radschlepper fort.

Die Traktoren werden immer stärker

Eicher: Im Jahr 1962 wurden einige neue „Raubtiere" aus dem Eicher-„Schlepperzoo" auf die Kundschaft losgelassen. Darunter auch der mit dem neuen Vierzylinder-Antriebsaggregat ausgestattete Eicher Mammut 2. Der neue Mammut 2 war ein zu seiner Zeit außerordentlich leistungsstarker Traktor. Der allradgetriebene Mammut 2 (EA 600) – ab 1967 leistete sein Motor 62 PS – war das Spitzenmodell dieses Anbieters. Mit stufenlosem hydrostatischem Fahrantrieb befassten sich die Eicher-Werke bereits ab 1964. Nach einigen Versuchsmustern wurde ab 1966 das Vierzylindermodell Mammut HR in Serie gefertigt. Damit konnte Eicher den Ruhm in Anspruch nehmen, der ein-

Technische Daten: Hanomag R 460

Bauzeit:	1960 bis 1964
Motor:	4-Zyl./4-Takt-Dieselmotor
Hubraum:	5702 Kubikzentimeter
Leistung:	43,9 kW/60 PS bei 1350 U/min
Antrieb:	5(10)/1(2)-Gang-Getriebe, hinten
Länge:	3810 Millimeter
Gewicht:	3600 Kilogramm (leer)

Technische Daten: Eicher Wotan II

Bauzeit:	1968 bis 1973
Motor:	6-Zyl./4-Takt-Dieselmotor
Hubraum:	5890 Kubikzentimeter
Leistung:	69,5 kW/95 PS bei 2000 U/min
Antrieb:	16/7-Gang-Getriebe, Allrad
Länge:	4080 Millimeter
Gewicht:	4200 Kilogramm (leer)

Der Eicher-Allradschlepper Mammut 2 konnte sowohl unter außerordentlichen Arbeitsbedingungen als auch bei schwerem Gelände kaum überfordert werden. Er ging buchstäblich durch dick und dünn.

zige Hersteller zu sein, der eine, wenn auch kleine Serienproduktion vorweisen konnte. Kein Gangschalthebel und keine Fahrkupplung, das waren die auffallenden Merkmale dieses neuen Schleppers. Anstelle des üblicherweise vorhandenen Zahnrad-Stufengetriebes war er mit einem reversierbaren hydrostatischen Wandler ausgerüstet. Der Eicher Mammut HR war ein gutes Beispiel für eine interessante Idee, zu deren erfolgreicher Umsetzung die damaligen technischen Möglichkeiten nicht ausreichten. Einen besonders starken Auftritt hatten die beiden großen, im Rahmen der 3000er-Serie vorgestellten Wotan-Modelle von Eicher, als sie im Jahr 1968 präsentiert wurden. Mit ihrer Motorleistung zählten diese Großschlepper zweifelsohne zum Stärksten, was es damals auf dem deutschen Schleppermarkt zu kaufen gab. Mit den verschiedenen Wotan-Großschleppervarianten konnte Eicher technisch und leistungsmäßig den Anschluss an die Konkurrenz herstellen bzw. diese teilweise übertreffen.

Deutz: Im Jahr 1964 standen die weiterentwickelten Deutz-Motoren der FL-812-Baureihe mit bis zu sechs Zylindern zur Verfügung. Der neue Sechszylindermotor eröffnete den Weg zu einer echten Superlative. Es war das neu ins Programm aufgenommene Modell D 80, das mit diesem Aggregat bestückt wurde und damit gleichzeitig das stärkste Fahrzeug dieser Reihe war. Mit diesem Traktor vollzog das Kölner Unternehmen den Einstieg in die Riege der Großtraktorenhersteller und setzte sich an die Spitze. Die beiden Spitzenmodelle der D-05er-Reihe von Deutz waren die Typen D 8005 und D 9005. Sie waren ausgesprochene, mit Sechszylinderaggregaten ausgerüstete Großtraktoren, die für ebensolche Betriebsgrößen mit ausgedehnten Anbauflächen vorgesehen waren. Dies war eine Leistungsklasse, in der die Firma Schlüter mit ihrem 80-PS-Modell S 900 kurz zuvor die Vorreiterrolle übernommen hatte. Deutz war der erste deutsche Großserienhersteller, der auf diesem Segment nachzog. Der D 8005 kam 1965 auf den Markt, der D 9005 folge 1967. Der D 8005 trat die Nachfolge des bereits 1964 vorgestellten Modells D 80 an, dem er im Wesentlichen entsprach. Beide Schlepper waren auch als Allradausführung zu haben.

Mit dem einprägsamen Slogan „Premiere der neuen Kraft“ und einem erheblichen Werbeaufwand hatte Deutz die Traktorreihe D 06 zu Beginn des Jahres 1968 vorgestellt. Der 52 PS starke D 5506 löste den ab 1965 angebotenen D 5505 mit gleicher Leistung ab. Der D 6006 war mit 62 PS der zunächst größte Vierzylinder im Deutz-Typenprogramm. Er trat an die Stelle des erst ab 1967 gefertigten D 6005. Erst 1970 erschien der D 7006 mit 67 PS, sodass die durch Fortfall des D 7506 und seine

Technische Daten: Deutz D 10006 A

Bauzeit:	1970 bis 1972
Motor:	6-Zyl./4-Takt-Dieselmotor
Hubraum:	5652 Kubikzentimeter
Leistung:	73,2 kW/100 PS bei 2300 U/min
Antrieb:	16/7-Gang-Getriebe, Allrad
Länge:	4210 Millimeter
Gewicht:	4015 Kilogramm (leer)

Aufwertung zum D 8006 entstandene Leistungslücke zwischen diesem und dem D 6006 geschlossen werden konnte. Der D 7506 – im Grunde ein modernerer und leichterer D 8005 – war ein Sechszylinder-Traktor der ersten Stunde.

Technische Daten: Deutz D 16006

Bauzeit:	1972 bis 1975
Motor:	V8-Zyl./4-Takt-Dieselmotor
Hubraum:	11.290 Kubikzentimeter
Leistung:	87,8 kW/120 PS bei 2300 U/min
Antrieb:	4/14-Gang-Getriebe, Allrad
Länge:	6250 Millimeter
Gewicht:	9000 Kilogramm (leer)

Zu der 1968 neu vorgestellten D-06-Schlepperreihe gehörte auch das Modell D 9006. Dieser nunmehr 92 PS starke Großtraktor war sowohl mit Hinterrad- als auch mit Allradantrieb erhältlich. 1970 kam es zu den ersten Modelländerungen innerhalb der D-06-Schlepperreihe.

Mit dem D 7006, dem D 8006, dem D 10006 und dem D 12006 wurden vier neue Modelle vorgestellt. Eine Besonderheit stellte der nur mit Allradantrieb lieferbare D 12006 dar. Ein ganz ungewöhnlich interessantes Fahrzeug, das im Übrigen gar keine technische Verwandtschaft zur Baureihe D 06 aufwies, war der D 16006. Als Einzelgänger hatte man diesen gewaltigen Boliden, der konstruktiv aus einem neu entwickelten, aber nicht in Produktion gegangenen Radlader stammte, dieser Reihe zugeschlagen. Zur Verminderung des enormen Bodendrucks konnte der D 16006 auch mit Doppelbereifung ausgerüstet werden.

Hanomag: Im Jahr 1964 präsentierte die Hanomag den gewaltigen Radschlepper Robust 800. Dieser kraftvolle Bolide setzte den Schlusspunkt dieser im Grundkonzept noch auf den legendären R 40 zurückgehenden Konstruktion. Gleichzeitig verkörperte dieses Fahrzeug den letzten klassischen schweren Hanomag-Radschlepper.

Beim Holzrücken im schweren Forsteinsatz zeigt bereits der Brillant 600 A als kleinster Allradschlepper seine außerordentlichen Qualitäten. Für diese Einsätze war die Ausrüstung mit einer aus dem Zusatzprogramm erhältlichen Heckseilwinde obligatorisch.

Technische Daten: Hanomag Robust 900 A

Bauzeit:	1967 bis 1971
Motor:	6-Zyl./4-Takt-Dieselmotor
Hubraum:	4712 Kubikzentimeter
Leistung:	67,3 kW/92 PS bei 2600 U/min
Antrieb:	12/3-Gang-Getriebe, Allrad
Länge:	3990 Millimeter
Gewicht:	4030 Kilogramm (leer)

„Kraftvoller denn je“ – mit diesem Werbespruch präsentierte die Rheinstahl-Hanomag im Herbst 1967 ihre neuen schweren Schlepper. Es waren die Modelle Brillant 600, Brillant 700 und Robust 900. Die beiden erstgenannten Modelle werden im Folgenden besprochen. Diese starken Traktoren bildeten die obere Klasse des nunmehr aus elf Typen bestehenden fortschrittlichen Hanomag-Schlepperprogramms, das damit den Bereich von 25 bis 85 PS Motorleistung abdecken konnte. Mit der neu eingeführten Schlepperreihe war der Hanomag noch einmal ein großer Wurf gelungen. Es war – leider – die letzte Traktorserie, mit der dieser Hersteller seine Bauqualitäten beweisen konnte.

Das Spitzenmodell war der Robust 900. Der Robust 900 als das Flaggschiff im Hanomag-Verkaufsprogramm war als starker Zugschlepper für landwirtschaftliche Großbetriebe ausgelegt. Für besonders anspruchsvolle land- und forstwirtschaftliche Schwerarbeiten, die eine erhöhte Zugkraft benötigten, bot Hanomag dieses Modell auch mit Allradantrieb an.

Schlepperwerk Schönebeck: Als der 7. Bauernkongress im März 1962 die Forderung nach der baldigen Einführung eines modernen Radtraktors mit mindestens 55 PS stellte, griff man erneut auf das mittlerweile überholte Antriebsaggregat des Famulus zurück. Da die angestrebte Leistung mit dem vorliegenden Zweizylindermotor nicht erreichbar war, wurde dieser mithilfe eines neu entwickelten steiferen Kurbelgehäuses zu einem Dreizylinder mit 60 PS erweitert. Insgesamt aber zeigten sich derart gravierende technische Mängel, dass das Projekt des Dieselschleppers RT 330/Famulus 60 im Mai 1964, nach Fertigstellung von nur 20 Stück, eingestellt wurde. Ab dieser Zeit setzte man auf eine komplett neue Schleppergeneration. Früher als erwartet, wurde am 24. Februar 1964 das erste Funktionsmuster des IFA-Zugtraktor ZT 300 fertiggestellt. Bis

Der im VEB Traktorenwerk Schönebeck produzierte ZT 300 entsprach zur Zeit seines Erscheinens dem damaligen Entwicklungsstand. Deutlich ist auf dieser Phantomzeichnung die Enduntersetzung des Getriebes in Form von Planetengetrieben in der Mitte der Antriebsräder zu erkennen.

Technische Daten: IFA-Zugtraktor ZT 300

Bauzeit:	1967 bis 1978
Motor:	4-Zyl./4-Takt-Dieselmotor
Hubraum:	6560 Kubikzentimeter
Leistung:	66 kW/90 PS bei 1850 U/min
Antrieb:	9/6-Gang-Getriebe, hinten
Länge:	4889 Millimeter
Gewicht:	4950 Kilogramm (leer)

Technische Daten: Schlüter Super 950 V

Bauzeit:	1971 bis 1974
Motor:	6-Zyl./4-Takt-Dieselmotor
Hubraum:	6871 Kubikzentimeter
Leistung:	69,5 kW/95 PS bei 1800 U/min
Antrieb:	16/8-Gang-Getriebe, Allrad
Länge:	4355 Millimeter
Gewicht:	4415 Kilogramm (leer)

zum Jahresende waren es durch Sonderschichten bereits 1000 Stück. Landwirtschaft in der DDR endlich ihren ersten im eigenen Land hergestellten Radschlepper mit ausreichender Motorleistung und wesentlich höherer Zugkraft.

Fendt: Ende Oktober 1966 präsentierten die Fendt-Traktorenwerke mit dem Modell Favorit 4 S das erste Glied einer völlig neuen Schlepperreihe. Die Favorit-Traktoren der „modernen Serie" galten als ausgereift, zuverlässig und sehr betriebssicher. Sie umfassten die Typen 3 S, 4 S, 5 S, 10 S, 11 S und 12 A. Es waren leistungsstarke Traktoren mit hoher Zugkraft, die sich besonders gut für Mittel- und Großbetriebe eigneten.

Schlüter: Der Super 650 bzw. sein allradgetriebenes Pendant Super 650 V war 1966 mit 62 PS der kleinste Schlüter-Traktor mit Sechszylindermotor. Er trat die Nachfolge des vierzylindrigen S 650 an. 1967 wurde seine Motorleistung auf 65 PS und ab September 1969 nach Einbau eines neuen Direkteinspritz-Diesels auf 72 PS gesteigert. Der im August 1966 vorgestellte Super 750 konnte mit 75 und ab 1970 sogar 80 PS aufwarten. Ab Januar 1968 vervollständigte der noch mit einem Vierzylindermotor ausgerüstete Super 550 das Schlüter-Programm. Im Zuge des Ausbaus der Super-Baureihe erschien im Juli 1968 das Modell Super 850, welches in der Ausführung als Allradschlepper unter der Bezeichnung Super 850 V geführt wurde. Der in insgesamt 437 Exemplaren gefertigte Super 850 erhielt ab 1970 eckige Hinterradkotflügel und wurde im Laufe seiner Bauzeit in oftmals wechselnder Motoren- und Getriebeausstattung angeboten. Der ab September 1966 im Verkaufsprogramm befindliche Super 900 bzw. Super 900 V als Allradvariante unterschied sich von seinem Vorgänger S 900 durch den größeren und zugleich stärkeren Motor. Er war der damals größte in Serie hergestellte Schlüter-Schlepper. Im Dezember 1967 ersetzte Schlüter im Rahmen der Super-Traktorenbaureihe den Super 900 durch das Modell Super 950 bzw. Super 950 V als deren Allradvariante. Ab November 1968 ging der mit einem neuen Direkteinspritz-Diesel ausgerüstete Super 1250 in Serie. Die Super-1250-Modelle gehörten zu den meistverkauften großen Schlüter-Traktoren.

Deutz, Fendt und I.H.C. in den 70er-Jahren auf dem Vormarsch

Schlüter: Im August 1970 wurde bei Schlüter der Super 1500 TV vorgestellt. Dieser 135-PS-Schlepper war mit dem ZF-Triebwerk T 338 II ausgerüstet. Die Regelhydraulik besaß eine Hubkraft von 5600 kg. Der Super 1500 TVL war bis Anfang 1974 mit 145 PS, dann bis August 1984 mit 150 PS Motorleistung ausgestattet. Die letzten 40 Exemplare wurden in den folgenden acht Jahren verkauft, zum Schluss sogar mit 155 PS. Die gefertigte Gesamtstückzahl kam auf beachtliche 1262 Traktoren. Danach wurde es für das Familienunternehmen von der Größe Schlüters zunehmend schwerer, den Anschluss zu den anderen Schlepperherstellern zu halten.

I.H.C.: Nachdem sich International Harvester aus Neuss bereits in den 60er-Jahren einen guten Namen bei den schweren Traktoren gemacht hatte, hatte die Firma im Mai 1971 bedeutende Neuigkeiten zu vermelden. Der Grund war der Beginn des Serienbaus der beiden ersten Sechszylinder-Schleppermodelle 946 und 1046, mit denen der Hersteller in die Offensive ging. Während der 946 mit 85 PS Dauerleistung aufwarten konnte, ging der 1046 mit glatten 100 PS ins Rennen. Noch eine Nummer größer war das ab August 1972 in Serie gegangene neue IH-Flaggschiff 1246. Im Gegensatz zu den vorherigen Modellen besaß der DT-358-Motor einen Abgas-Turbolader und schaffte damit 120 PS Dauerleistung, was einer Maximalleistung von 132 PS entsprach. Im April des Jahres 1974 brachte International Harvester eine neue Traktorenbaureihe auf den Markt. Es waren die unter der Gruppe der sogenannten „B-Familie" zusammengefassten Typen 554 mit 54 PS, 644 mit 60 PS, 744 mit 67 PS und 844 mit 75 PS. Sie traten die Nachfolge der ab 1967, mehrheitlich aber erst ab 1972 angebotenen Modelle 553, 654, 724 und 824 an. Der bis zum Februar 1980 in 5669 Einheiten gefertigte Typ 844 wurde in dieser Hinsicht schon bald durch das ab April 1975 lieferbare Modell 844 S überflügelt.

Schlepperwerk Schönebeck: Bei ungünstigen Geländeverhältnissen wie auf nassen und schweren, wenig tragfähigen Böden sowie im hügeligen Gelände war das Zugvermögen des hinterradgetriebenen ZT 300 oftmals an seiner Leistungsgrenze angelangt. Immer lauter ertönte der Ruf nach einem Fahrzeug, das diese Bedingungen besser bewältigen könnte. Daher entwickelte der VEB Traktorenwerk Schönebeck eine Bauvariante mit Zusatzfrontantrieb, die ab 1972 unter der Typenbezeichnung ZT 303 geführt und angeboten wurde. Eine weitere Variante aus der ZT-Modellreihe entstand in Form des Hangtraktors ZT 305, befanden sich doch bedeutende Grünlandflächen im Lande an den Hängen der Mittelgebirge. Schon äußerlich fielen bei ihm seine markanten Zwillingsräder an der Hinterachse und die kräftige Bereifung ins Auge. Diese Fahrzeuge wurden insbesondere für Flächen mit Hangneigungen von mehr als 25 Prozent benötigt. Im Jahr 1984 lösten die neuen Schleppermodelle ZT 320 und ZT 323 die ab 1967 bzw. 1972 gebauten ZT-Modelle 300 und 303 ab. Hersteller war wiederum das nun zum Landmaschinenkombinat Fortschritt gehörende Schlepperwerk Schönebeck, das bereits ab Mitte der 1970er-Jahre mit den ersten Versuchen für einen Nachfolger des ZT 300 und seiner allradgetriebenen Variante ZT 303 begonnen hatte.

Deutz: Im Jahr 1972, gerade einmal zwei Jahre nach der ersten vorgenommenen Modellpflege, wurde bei den Kölner Deutz-Werken die D-06-Schlepperreihe erneut überarbeitet und ergänzt. Da war zunächst der bereits seit 1968 angebotene 62 PS starke D 6006, der in verschiedenen Details modifiziert worden war. Von den Verbesserungen nicht ausgenommen war auch der D 8006. Bleibt noch über den D 13006 A, den stärksten Schlepper dieser Reihe, zu berichten. Das 120 PS starke Modell trat als Nachfolger des D 12006 an.

Technische Daten: Deutz D 13006 A

Bauzeit:	1972 bis 1978
Motor:	6-Zyl./4-Takt-Dieselmotor
Hubraum:	5652 Kubikzentimeter
Leistung:	87,8 kW/120 PS bei 2400 U/min
Antrieb:	16/7-Gang-Getriebe, Allrad
Länge:	4450 Millimeter
Gewicht:	4760 Kilogramm (leer)

Getreideernte mit einem allradgetriebenen 844-S-Schlepper und einem IH-953-Mähdrescher mit 4300 mm Schnittbreite.

KLEINE UND GROSSE SPEZIALISTEN

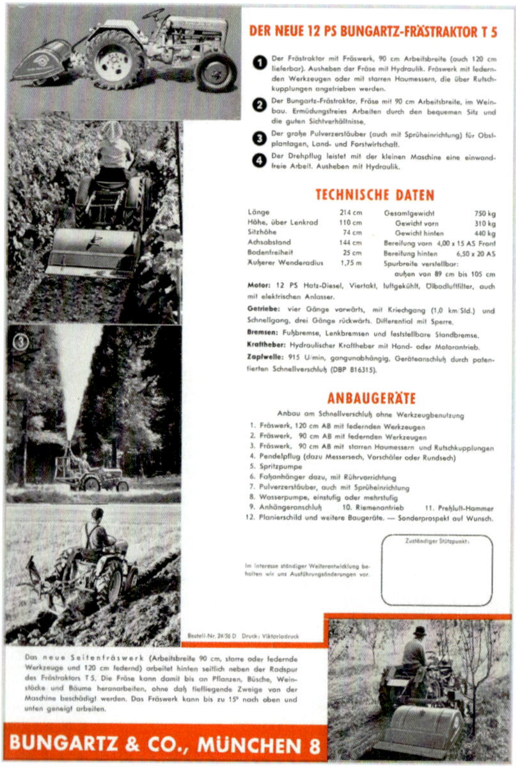

In diesem ausführlichen Firmenprospekt wird die ungewöhnlich große Wendigkeit des Bungartz-Kleinschleppers T 5 eindrucksvoll demonstriert.

Zu Beginn der 50er-Jahre gab es nur wenige Anbieter, die sich mit dem Bau von Schmalspurschleppern befassten. Hier sind zuallererst die Firmen Agria, Bungartz, Holder und Hummel zu nennen, die teilweise Pionierarbeit auf diesem Betätigungsfeld leisteten. In der zweiten Hälfte dieses Jahrzehnts stießen zu diesen weitere und auch größere Hersteller wie Deutz, Fahr und Heinrich Lanz mit von Standardtraktoren abweichenden Fahrzeugen hinzu.

Kleinschlepper von Bungartz

Die in München ansässige Maschinenfabrik Bungartz & Co., ein bekannter Spezialhersteller für einachsige Bodenfräsen, wurde im Jahre 1933 gegründet. Ein Jahr später übernahm dieser Betrieb die gesamte Fräsenfabrikation der zum Elektrokonzern Siemens & Halske zählenden Siemens-Schuckert-Werke in Berlin-Tempelhof. Bungartz übernahm nicht nur die gesamte Produktion, sondern auch die Ersatzteilversorgung und sämtliche Vertretungen. Während die übernommenen Siemens-Fräsen technisch weiterentwickelt wurden, kam im Jahr 1938 noch eine Motorhacke hinzu. Bis 1945 betrug die Gesamtproduktion mehr als 10.000 Einheiten. Nach Kriegsende stellte Bungartz zwei neue Modelle mit 4 und 6 PS Motorleistung vor. Den Schritt zum Vierradtraktor vollzog Bungartz im Jahre 1953. Auf der DLG-Ausstellung in Köln präsentierte dieser Hersteller

Der Bungartz-Kleinschlepper T 5 war das mit Abstand erfolgreichste Traktormodell dieses Herstellers.

Technische Daten: Eicher ES 201 Puma

Bauzeit:	1962 bis 1964
Motor:	2-Zyl./4-Takt-Dieselmotor
Hubraum:	1963 Kubikzentimeter
Leistung:	20,5 kW/28 PS bei 2000 U/min
Antrieb:	6/1-Gang-Getriebe, hinten
Länge:	2370 Millimeter
Gewicht:	1410 Kilogramm (leer)

Technische Daten: Eicher ES 202 Puma

Bauzeit:	1965 bis 1970
Motor:	2-Zyl./4-Takt-Dieselmotor
Hubraum:	1963 Kubikzentimeter
Leistung:	22 kW/30 PS bei 2000 U/min
Antrieb:	6/1-Gang-Getriebe, hinten
Länge:	2370 Millimeter
Gewicht:	1200 Kilogramm (leer)

das Halbrahmenmodell T 3, das wahlweise mit einem jeweils luftgekühlten Bungartz-Vergasermotor oder einem Dieselaggregat der Maschinenfabrik Stihl, Waiblingen, geliefert werden konnte. Nach Experimenten mit verschieden bestückten T-4-Modellen folgte 1956 der mit einem 12-PS-Hatz-Motor ausgerüstete T 5. 1958 wurde der in insgesamt etwa 2800 Exemplaren gebaute T 5 für 6295 DM als 13-PS-Traktor angeboten. Für enge Reihenkulturen wurde für kurze Zeit das Modell T 5 E angeboten.

Auch Eicher sah in diesem Segment der Klein- und Schmalspurschlepper durchaus vorhandene Marktchancen. Die ab 1957 in diese Richtung betriebenen Entwicklungen führten zu einem Prototyp, der den Konstruktionsprinzipien eines blockkonstruierten Ackerschleppers entsprach. Zu Beginn des Jahres 1959 war der Schmalspurtraktor mit Namen Puma im Rahmen der Raubtierserie fertiggestellt. Seine Erstvorstellung gab der unter der technischen Bezeichnung ES 200 geführte Puma im März 1959 auf der Ausstellung „Salon de la Machine Agricole (SIMA)" in Paris, wo ihm ein sehr reges Interesse entgegengebracht wurde. Nach Fertigung von 989 Einheiten kamen ab 1962 im Puma I, ES 201, verschiedene Verbesserungen zum Tragen. In erster Linie betraf dies das nun installierte ZF-Getriebe A 6/6, das stärkeren Belastungen gewachsen war. Da manchen Kunden die Motorleistung von 28 PS immer noch zu gering war, stockte Eicher im Jahr 1963 das Programm mit dem Puma II auf. Dieser in der Firmenwerbung als „Zwerg mit Riesenkraft" herausgestellte Schlepper war mit seinem 38 PS starken Dreizylindermotor in der Tat eine sehr zugstarke Maschine.

Nach dem Auslaufen des kleinen Puma ES 201 mutierte dieser 1965 zum Modell ES 202. Dabei unterschied sich dieser von seinem Vorgänger durch seine auf 30 PS gesteigerte Motorleistung, die neue Motorhaube mit innen liegenden Scheinwerfern und einen vergrößerten Radstand, was bessere Fahreigenschaften um den Preis einer verringerten Wendigkeit ergab. Bis 1970 fanden 3680 Fahrzeuge ihre Käufer.

Eicher-Spurweitenverstellung

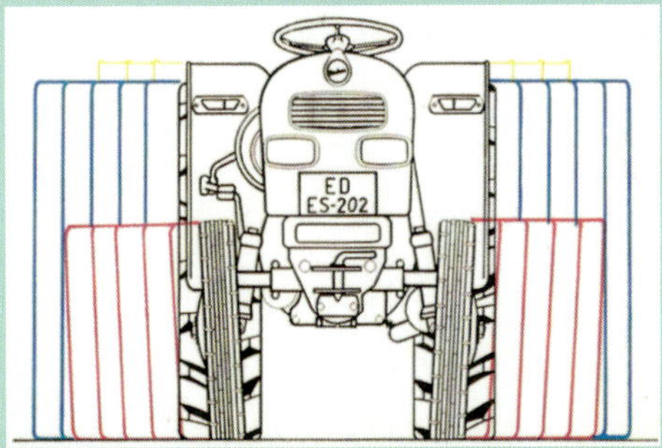

Die Spurweiten der Eicher-Schmalspurtraktoren konnten jeweils den speziellen Einsatzverhältnissen entsprechend sechsfach verstellt werden. Dabei erreichten sie bei ihrem größtmöglichen Auszug die Weite eines Standardschleppers. Im Falle des hier gezeigten ES 202 konnte die Hinterradspur von 71 bis 122 mm, die Vorderachse von 65 bis 111 mm verstellt werden.

SONDERENTWICKLUNGEN DER LANDTECHNIK

Das Chassis des Deutz-RS-1500-Waldschleppers. Das Bild verdeutlicht die einfache und übersichtliche Frontlenkerbauweise.

Wehrmachtsschlepper wird zum Traktorenersatz

Zwischen 1946 und 1948 wurde im Werk Ulm der Klöckner-Humboldt-Deutz AG (KHD) der als Halbkettenfahrzeug ausgebildete Waldschlepper Typ RS 1500 für die Land- und Forstwirtschaft gefertigt. Angesichts der im Russlandfeldzug gemachten Erfahrungen wurde bereits während des Krieges die Forderung nach einfach zu fertigenden Halbkettenzugmaschinen erhoben, die hauptsächlich bei Infanterieverbänden zur Verwendung kommen sollten. Nach Kriegsende befanden sich in den Ulmer Werksanlagen noch umfangreiche Materialbestände für dieses Kettenfahrzeug. Unter dem Gesichtspunkt, ein geländegängiges Fahrzeug für die Land- und Forstwirtschaft bereitzustellen, entschloss sich die Werksleitung, den früheren RSO umzugestalten, um die vorhandenen Teile sinnvoll nutzen zu können. Im September 1945 stand der Entwurf und im Januar 1946 war das unter der Typenbezeichnung RS 1500 geführte Fahrzeug für friedliche Nutzung fertiggestellt. Auf dem Fahrgestellrahmen waren Motor und Getriebeblock federnd gelagert. Der Aufbau bestand aus dem Fahrerhaus und einer Ladebrücke für 1,5 t Nutzlast. Der RS 1500 war ein aus der Not der Nachkriegszeit improvisiert entstandenes Fahrzeug, das sich gut bewährte. Durch sein Halbkettenlaufwerk war er für Bergland und schwieriges Gelände prädestiniert und entwickelte eine beachtliche Zugkraft. Mit Zapfwelle und Riemenscheibe war er auch für die Landwirtschaft geeignet; gleichwohl aber scheinen überwiegend Forstwirtschafts- und Spezialaufgaben die hauptsächlichen Einsatzgebiete gewesen zu sein. Es wurden 802 Einheiten gefertigt.

Das Universal-Motor-Gerät

Der Zweite Weltkrieg war gerade zu Ende gegangen und über den drei westlichen Besatzungszonen Deutschlands hing als

Technische Daten: Deutz RS 1500

Bauzeit:	1946 bis 1948
Motor:	4-Zyl./4-Takt-Dieselmotor
Hubraum:	5320 Kubikzentimeter
Leistung:	47,6 kW/65 PS bei 2100 U/min
Antrieb:	4/1-Gang-Getriebe, Kette
Länge:	4600 Millimeter
Gewicht:	3800 Kilogramm (leer)

Technische Daten: Mercedes-Benz Unimog U 25

Bauzeit:	1951 bis 1956
Motor:	4-Zyl./4-Takt-Dieselmotor
Hubraum:	1767 Kubikzentimeter
Leistung:	18,3 kW/25 PS bei 2350 U/min
Antrieb:	6/2-Gang-Getriebe, Allrad
Länge:	3520 Millimeter
Gewicht:	1775 Kilogramm (leer)

Damokelesschwert der Plan des US-amerikanischen Finanzministers Henry Morgenthau, die gesamte Industrie zu demontieren und das Land in einen reinen Agrarstaat zu verwandeln. Unter dem Eindruck dieser letztendlich zwar nicht realisierten Pläne gingen dem früher langjährigen und nun beschäftigungslosen Daimler-Benz-Konstruktionsleiter für Flugmotoren, Dipl.- Ing. Albert Friedrich, einige Überlegungen zu einem allradgetriebenen Allzwecktraktor, der die bäuerliche Arbeit grundlegend rationalisieren sollte, durch den Kopf. Aus den zunächst noch vagen Vorstellungen des Projekts Universal-Motor-Gerät entstanden zu Beginn des Jahres 1946 die ersten konkreten Entwürfe eines Allzwecktraktors. Bereits sieben Monate später, am 9. Oktober 1946, stand das erste Fahrgestell zur Erprobung bereit. Namenlos sollte dieses Fahrzeug natürlich nicht bleiben. Nach einiger Überlegung fand sich das aus Universal-Motor-Gerät abgeleitete Kürzel Unimog - knapp, prägnant und einprägsam. Leider stellte sich heraus, dass der Serienbau bei Erhard & Söhne aus verschiedenen Gründen nicht möglich war. Nach langem Suchen erklärte sich die Göppinger Werkzeugmaschinenfabrik Gebrüder Boehringer GmbH - ein gleichfalls branchenfremder Hersteller - bereit, Fertigung und Vertrieb des Unimog zu übernehmen.

Im August 1948 begann Boehringer mit dem Serienbau. Zwischen Herbst 1948 und Herbst 1950 verließen etwa 600 Einheiten die Göppinger Werksanlagen. Im Herbst 1950 trat Daimler-Benz auf den Plan und kurzerhand übernahm das bereits als Motorlieferant in einer Schlüsselrolle fungierende Stuttgarter Unternehmen mit Wirkung zum 27. Oktober 1950 das komplette Unimog-Paket mit Produktion, Vertrieb und allen Patenten. Während sich Boehringer damit sämtlicher Sorgen dieses Teilbereichs entledigen und zu seinem ursprünglichen Tätigkeitsfeld, dem Werkzeugmaschinenbau, zurückkehren konnte, bedeutete dies für Daimler-Benz den Eintritt in einen Markt, den man jahrelang den Mitbewerbern überlassen hatte. Leider verliefen die Verkäufe anfangs enttäuschend und blieben weit hinter den Erwartungen zurück. Bis 1956 wurden von der Unimog-Baureihe 2010 (U 25) insgesamt 4804 Einheiten gebaut. Zeitgleich mit dem Erhalt des Mercedes-Sterns wurde die interne Typenbezeichnung 2010, die der Unimog seit der Übernahme durch Daimler-Benz führte, durch 400er-Nummern ersetzt. Die nur wenig veränderte Nachfolgebaureihe erhielt für den kurzen Radstand von 1720 mm die Bezeichnung 401. Mit dem längeren Radstand von 2120 mm wurde sie als Typ 402 bezeichnet. Um zusätzliche Kundenkreise im gewerblichen, industriellen und kommunalen Bereich besser erschließen zu können, konnten ab September 1953 alle Unimog-Modelle der Baureihen 2010 und 401/402 anstelle des Faltverdecks wahlweise

Oben: Mithilfe der vorderen Zapfwelle konnte der Unimog auch mit Frontgeräten – hier mit einem Schwadleger – arbeiten.
Unten: Arbeit mit einem Heulader. Dieser wird von einem zwischen Unimog und Wagen befindlichen Bodenrad angetrieben.

Technische Daten: Allgaier P 312

Bauzeit:	1952 bis 1954
Motor:	2-Zyl./4-Takt-Vergasermotor
Hubraum:	1820 Kubikzentimeter
Leistung:	22 kW/30 PS bei 2200 U/min
Antrieb:	5/1-Gang-Getriebe, hinten
Länge:	2900 Millimeter
Gewicht:	1275 Kilogramm (leer)

mit einem geschlossenen Ganzstahl-Fahrerhaus bezogen werden.

Der stromlinienverkleidete Schmalspurschlepper

Zu den formschönsten, aber auch technisch interessantesten deutschen Traktoren zählt ohne Zweifel der Allgaier-Porsche-Schlepper P 312. Dieses Fahrzeug wird man auf hiesigen Veteranenveranstaltungen nie zu sehen bekommen, denn es war ein schmalspuriger Spezialschlepper mit Vergasermotor und angebauter Bodenfräse, der für den Einsatz in brasilianischen Kaffeeplantagen entwickelt worden war. Aus den Bemühungen heraus, auch auf dem südamerikanischen Markt mit Allgaier-Traktoren Fuß zu fassen, kamen vor allem mit Brasilien entsprechende Kontakte zustande. Der unter der Bezeichnung P 312 geführte Traktor entsprach im Wesentlichen dem mit ölhydraulischer Kupplung und einem Fünfganggetriebe bestückten Volksschlepper AP 17. Die Erstvorstellung des P 312 erfolgte auf der DLG-Ausstellung 1952 in Köln. Eingehende, in Brasilien durchgeführte Erprobungen brachten gute Ergebnisse. Zu den wenigen erforderlichen Änderungen gehörte insbesondere die Erhöhung der Motorleistung, was zu veränderten Abmessungen führte. Schließlich gingen im Frühjahr 1954 200 in hölzerne Überseekisten verpackte Schlepper per Seeweg nach Santos in Brasilien. Zu Folgeaufträgen ist es leider nicht gekommen.

Alle Trümpfe in der Hand hatte der Wein- und Hopfenbauer mit dem allradgetriebenen Schmalspurschlepper Varimot von Hermann Lanz.

Varimot – das Ass unter den Schmalspurschleppern

Im Jahr 1955 nahm die Schlepperfabrik Hermann Lanz in Aulendorf Produktion und Vertrieb des Spezialschleppers Varimot auf. Die Idee zu dieser winzigen Arbeitsmaschine hatte der Winzer, Lohnunternehmer, Tüftler und Praktiker Adam Rodach aus Edesheim in der Pfalz. 1948 war seine Idee bereits zu realistischen Vorstellungen gereift, sodass er sich das technische Prinzip dieses winzigen Schleppers patentieren lassen konnte. Im darauffolgenden Jahr präsentierte Rodach die ersten Exemplare seines fortschrittlichen Gefährts auf der Südwestdeutschen Gartenbauausstellung in Landau. Bei der anschließend aufgenommenen Serienfertigung wurde die bei den Prototypen bewährte Blockkonstruktion beibehalten. 1956 erschien der Typ 08 als ein von Hela überarbeitetes Modell mit 11 PS Motorleistung, Fünfganggetriebe und geänderter Bereifung. 1959 brachte der Motorhersteller Farny & Weidmann ein luftgekühltes 14-PS-Aggregat auf den Markt, sodass der Kunde zwischen diesem und dem bisherigen wassergekühlten 11-PS-Motor wählen konnte. Zwischen 1957 und 1960 wurden etwa 650 wassergekühlte und rund 100 luftgekühlte Maschinen gefertigt.

Landwirtschaftliche Kleintransporter

Zu den vielen, heute nahezu vergessenen kleinen Marken, die im Zuge der Motorisierungswelle in den 50er-Jahren als Hersteller landwirtschaftlicher Fahrzeuge wie Pilze aus dem Boden schossen, gehört auch die in Bad Peterstal-Griesbach ansässige Firma Huber & Wössner oHG, Kraftfahrzeugwerke und Fahrzeugbau. Dieses bereits 1952 gegründete Unternehmen nahm fünf Jahre später die Fabrikation leichter Transportfahrzeuge auf. Diese mit einer Ladepritsche in Rahmenbauweise ausgebildeten Frontlenker-Fahrzeuge wurden unter der Modellbezeichnung MULAG (Motor-, Universal-, Lasten-, Arbeitsgerät) angeboten. Obwohl der MULAG einen durchaus interessanten Beitrag zur Entwicklung des Geräteträgers für bäuerliche Kleinbetriebe lieferte, blieb seine Verbreitung gering. 1962 wurde sein Bau eingestellt.

Die Fertigung des Einzelgängers „Farmobil" wurde bald an die Zweigstelle in Saloniki, Griechenland, abgegeben.

Zur Frankfurter Landwirtschaftsausstellung im Jahr 1959 stellte die Firma Fahr ein kleines, offenes Fahrzeug für verschiedene Einsatzgebiete vor. Das „Farmobil" war selbsttragend ausgelegt und hatte einen großen Laderaum.
Auf der 47. DLG-Ausstellung des Jahres 1962 in München stellte Eicher den neuen Farm-Express als landwirtschaftlichen Schnelltransporter vor. Dieses Fahrzeug mit einer Kurzladepritsche in den Maßen 2050 x 1750 x 420 mm, einer Nutzlast von 1500 kg und geschlossenem, dreisitzigem Fahrerhaus entstand als Weiterentwicklung einer bereits etwa 1958 in der Versuchswerkstatt Josef Eichers entstandenen Konstruktion. Ursprünglich bildete der Triebblock des Ackerschleppers ED 26 das tragende Rückgrat dieses Entwurfs, sodass der Farm-Express seine Herkunft aus dem Traktorenbau nicht verleugnen konnte. Ab 1963 gab es den Eicher-Express wahlweise mit 60 PS und Fünfganggetriebe. Noch im gleichen Jahr stellte Eicher das aus dieser Zugmaschine entwickelte Modell Transexpress als richtigen Frontlenker-Lastwagen vor.

Technische Daten: MULAG D 22

Bauzeit:	1959 bis 1962
Motor:	2-Zyl./4-Takt-Vergasermotor
Hubraum:	1020 Kubikzentimeter
Leistung:	16,1 kW/22 PS bei 3000 U/min
Antrieb:	6/1-Gang-Getriebe, hinten
Länge:	3120 Millimeter
Gewicht:	1215 Kilogramm (leer)

Der geniale MB-trac

Mit sinkenden Absatzzahlen des Unimogs in der Landwirtschaft verlor Mercedes-Benz Marktanteile im Schleppersegment. A60 hieß der erste Prototyp, der bereits die wesentlichen Merkmale des MB-tracs hatte: Rahmenbauweise, gefederte Vorderachse, Sitzplatz mittig und drei Anbauräume. Interne Differenzen und eine Aktionärsversammlung verhinderten eine produktive

Die Tauglichkeit des Farm-Express wurde werkseitig auch bei winterlichen Verhältnissen in den Alpen getestet.

Technische Daten: Mercedes-Benz MB-trac 65/70

Bauzeit:	1972 bis 1975
Motor:	4-Zyl./4-Takt-Dieselmotor
Hubraum:	3782 Kubikzentimeter
Leistung:	48 kW/65 PS bei 2550 U/min
Antrieb:	4/4-Gang-Getriebe, Allrad
Länge:	4170 Millimeter
Gewicht:	3000 Kilogramm (leer)

Technische Daten: Mercedes-Benz MB-trac 800

Bauzeit:	1978 bis 1982
Motor:	4-Zyl./4-Takt-Dieselmotor
Hubraum:	3780 Kubikzentimeter
Leistung:	55 kW/75 PS bei 2550 U/min
Antrieb:	16/8-Gang-Getriebe, Allrad
Länge:	4150 Millimeter
Gewicht:	3500 Kilogramm (leer)

Entwicklung, bis sie letztendlich gestoppt wurde. Als bekannt wurde, dass KHD einen Konkurrenzschlepper auf den Markt bringen wolle, wurde die Entwicklung des MB-tracs wieder aufgenommen. Man konnte auf die vergangenen und versteckten Ergebnisse zurückgreifen. Erfolgreiche Tests in Holland und am Herstellungsort Gaggenau motivierten die Entwicklermannschaft, die viele Überstunden und Energie in das Projekt investierte. In den Farben Kieselgrau und Feuerrot wurde der MB-trac auf der DLG-Ausstellung 1972 vorgestellt. Die Resonanz war überwältigend und bereits auf der Ausstellung konnten rund 350 Bestellungen entgegengenommen werden. Die genaue Bezeichnung war MB trac 65/70, „65" für DIN-PS und „70" für SAE-PS. Dies diente der besseren Vergleichsmöglichkeit. Bei seinem Erscheinen sorgte der MB-trac mit seinen vier gleich großen Rädern und der Kabine zwischen den beiden Achsen für Aufsehen. Der MB-trac war damals mit seiner Ausstattung den meisten anderen Traktoren weit überlegen, so zum Beispiel mit der serienmäßigen Druckluftanlage und einer sehr preisgünstigen Front- und Heckhydraulik mit Frontzapfwelle.

Der MB-trac wurde hauptsächlich in der Landwirtschaft eingesetzt. Weiter waren diese Schlepper auch in der Forstwirtschaft vorzufinden sowie bei Kommunen (für Winterdienst, Straßenunterhaltung) und Bauunternehmen (mit Plattenverdichter oder zur Straßenreinigung). Ferner gab es MB-trac für spezielle Zwecke. Einige dieser Traktoren fanden Verwendung beim Militär (z.B. als Flugzeugschlepper oder bei Standortverwaltungen), im Bergbau, als Zweiwegefahrzeug oder in anderen speziellen Bereichen, oft verbunden mit teils erheblichen Umbauten des Serienfahrzeuges.

Im April 1972 verlässt bereits der 10.000 MB-trac das Montageband. 1987 wird die Typenreihe komplett überarbeitet und daraufhin am 5. April vorgestellt. Im Jahr 1990 wird auf der Nordagrar in Norwegen er stärkste MB-trac vorgestellt, der MB-

Technische Daten: Mercedes-Benz MB-trac 1000

Bauzeit:	1982 bis 1987
Motor:	6-Zyl./4-Takt-Dieselmotor
Hubraum:	5675 Kubikzentimeter
Leistung:	70 kW/95 PS bei 2400 U/min
Antrieb:	16/8-Gang-Getriebe, Allrad
Länge:	4450 Millimeter
Gewicht:	4500 Kilogramm (leer)

Technische Daten: Deutz Intrac 2002

Bauzeit:	1972 bis 1974
Motor:	3-Zyl./4-Takt-Dieselmotor
Hubraum:	2826 Kubikzentimeter
Leistung:	37,3 kW/51 PS bei 2300 U/min
Antrieb:	12/4-Gang-Getriebe, Allrad
Länge:	3575 Millimeter
Gewicht:	3050 Kilogramm (leer)

trac 1800 Intercooler mit einer Leistung von 180 PS. Am 17. Dezember 1991 läuft der letzte MB-trac in Gaggenau vom Band. Bis 1991 wurden 41.000 MB- trac verkauft. Heute sind noch ca. 30.000 dieser Fahrzeuge im Einsatz.

Das Deutz-Intrac-System

Auf der im Jahr 1972 in Hannover stattfindenden 52. DLG-Ausstellung präsentierte Deutz mit dem Intrac-System 2000 ein völlig neues Fahrzeugkonzept. Bei diesem Systemfahrzeug, das in Zusammenarbeit mit mehreren namhaften deutschen Landmaschinenherstellern entwickelt worden war, handelte es sich sozusagen um eine Mischung aus Geräteträger und Standardtraktor, den Intrac 2002. Trotz Verwendung vieler Baukomponenten des Standardschleppers gab es beim Intrac 2002 preisliche Probleme. Der kleinere Intrac 2002 bestand aus Baugruppen des D 5006 aus der D-06-Traktorenreihe von Deutz.
Der zeitgleich vorgestellte Intrac 2005 hingegen war eine maßgeschneiderte Neukonstruktion. Sein Fünfzylindermotor erzeugte 80 PS und war mit einem Linde-Hydrostatgetriebe verblockt. Mit diesem Triebwerk konnte in zwei Gangstufen bis 18 bzw. bis 40 km/h stufenlos vor- und rückwärtsgefahren werden. Er verkörperte viel besser als das Modell 2002 die Idee des Intrac-Systems. Ähnlich erging es dem Nachfolgemodell Intrac 2006 mit 116 PS, von dem nur eine Nullserie von 20 Stück gebaut wurde.
1974 erhöhte Deutz die Motorleistung im Intrac 2003 endlich auf 60 PS. Bei dem ab 1978 angebotenen Intrac 2004 mit Sekura-Kabine wurde der Motor besser zugänglich. Das Intrac-System 2000 bot neben vielseitigen Verwendungsmöglichkeiten und durch das Kombinieren mehrerer Arbeitsgänge zusätzlich große Zeiteinsparungen. Es war für die zukünftige Schlepperentwicklung zwar wegweisend, führte aber letztendlich zu keinen befriedigenden Verkaufserfolgen. Hauptsächlich stellte sich der hohe Preis als ein wesentliches Verkaufshindernis heraus.

Technische Daten: Deutz Intrac 2003

Bauzeit:	1974 bis 1979
Motor:	4-Zyl./4-Takt-Dieselmotor
Hubraum:	3768 Kubikzentimeter
Leistung:	43,9 kW/60 PS bei 2300 U/min
Antrieb:	13/4-Gang-Getriebe, Allrad
Länge:	3575 Millimeter
Gewicht:	3200 Kilogramm (leer)

Technische Daten: Deutz Intrac 2004

Bauzeit:	1978 bis 1989
Motor:	4-Zyl./4-Takt-Dieselmotor
Hubraum:	3768 Kubikzentimeter
Leistung:	51,2 kW/70 PS bei 2300 U/min
Antrieb:	13/4-Gang-Getriebe, Allrad
Länge:	4400 Millimeter
Gewicht:	3630 Kilogramm (leer)

EINE IDEE MIT ZUKUNFT

Oben: Ein schön restaurierter Geräteträger Fendt F 225 GT als Vollrübenernter auf einer Traktorenausstellung zeigt die Vielfalt dieser Fahrzeuge.
Unten: Die Ruhrstahl-Landmaschine war der erste ausreichend motorisierte Geräteträger mit Einmannbedienung.

Ruhrstahl mit Lanova-Dieselmotor

Auf der 1951 in Hamburg stattfindenden DLG-Ausstellung erregten zwei ungewöhnlich anzuschauende Fahrzeuge die Gemüter. Zum einen der von dem legendären Bulldog-Hersteller Heinrich Lanz in Mannheim präsentierte Geräteträger Alldog, zum anderen die von der Ruhrstahl AG, Witten-Annen, vorgestellte Ruhrstahl-Landmaschine. Wich das ungewöhnliche Erscheinungsbild des Alldog bereits völlig von der gewohnten Form des Standardschleppers ab, so traf dies in einem noch viel stärkeren Maße auf den Ruhrstahl-Geräteträger zu. Auf dem Vorführgelände der Hamburger Ausstellung hatte der Ruhrstahl-Geräteträger Gelegenheit, seine außergewöhnliche Leistungsfähigkeit nachhaltig zu demonstrieren. Denn in dem durch Dauerregen völlig aufgeweichten, verschlammten Gelände konnte sich – wenn man dem damaligen Chronisten glauben schenken darf – nur noch der Ruhrstahl-Geräteträger behaupten. In jedem Fall aber trug diese Demonstration sicherlich ihren Teil dazu bei, dass auf der Ausstellung 350 Maschinen verkauft werden konnten. Das war ein unerwarteter Erfolg, zumal die aufwendig konstruierte Ruhrstahl-Maschine nicht gerade zu den billigsten Fahrzeugen zählte. Als Antrieb wurde ein nach dem Lanova-Luftspeicherverfahren arbeitender wassergekühlter Zweizylinder-Viertakt-Dieselmotor von Henschel gewählt, während mithilfe des in Lizenz gefertigten Viergang-Wende-(Reversier-)Getriebes B 11 von der Zahnradfabrik Augsburg (Renk) die Fahrgeschwindigkeiten 3,1; 5,2; 8,6 und 16,3 km/h nutzbar gemacht wurden. Das Zentralstück war der wie ein umgedrehtes U gehaltene zweiholmige Rahmen als Hauptarbeitsraum, in den sich viele Arbeitsgeräte wie Düngerstreuer, Sämaschine, Hacke und Egge einhängen ließen, während gleichzeitig für

Technische Daten: Ruhrstahl Landmaschine

Bauzeit:	1951 bis 1956
Motor:	2-Zyl./4-Takt-Lanova-Motor
Hubraum:	1590 Kubikzentimeter
Leistung:	14,6 kW/20 PS bei 1800 U/min
Antrieb:	4/4-Gang-Getriebe, hinten
Länge:	bis 4190 Millimeter
Gewicht:	1467 Kilogramm (leer)

Transporte die Vorderladebühne verfügbar war. Der Geräteträger bot insgesamt 28 verschiedene Einsatzmöglichkeiten – vom Pflügen bis zur Getreideernte. Nachteilig war, dass man den Motor unmittelbar im Rücken des Bedieners angeordnet hatte. Besonders in den Sommermonaten führte dies zu einer starken Belästigung des Fahrers. Mit einer aus Aluminium oder Asbest gefertigten Isoliervorrichtung sorgte man später für Abhilfe.

Auch Lanz zieht mit dem Alldog nach

Auf dem Ausstellungsstand der Mannheimer Lanz-Werke der im Jahr 1951 in Hamburg stattfindenden DLG-Wanderausstellung konnte das Fachpublikum ein völlig neuartiges Fahrzeug bewundern. Es handelte sich um einen Motorgeräteträger, kurz MGT genannt, der bei Kundschaft wie Fachwelt eine gleichermaßen starke Beachtung fand. Dieser Geräteträger war das Werk des seit 1948 dem Vorstand der Heinrich-Lanz-Werke angehörenden Professors Dr. Wilhelm Knolle. Damit reagierte erstmals ein Großserienhersteller im Traktorenbau auf die durch den Krieg gänzlich veränderten Marktbedingungen und setzte die bis dahin mehr oder weniger nur gedanklichen Vorläufer des Geräteträgers in die Tat um. Der Lanz-Geräteträger „Alldog“ war als landwirtschaftliche Arbeitsmaschine für universelle Verwendungszwecke eine echte Novität. Besonders für Kleinbetriebe war das praktizierte Einmann-Bedienungssystem sehr vorteilhaft. Mit diesem völlig neuartigen Trägersystem hätte Lanz sicherlich den dringend benötigten großen Markterfolg erringen und den Durchbruch des Geräteträgers für sich absichern können, wäre das Gerät angemessen motorisiert gewesen. Denn dieses völlig ungeeignete Vergaseraggregat war mit 12 PS viel zu schwach. Vor allem dann, wenn der Landwirt

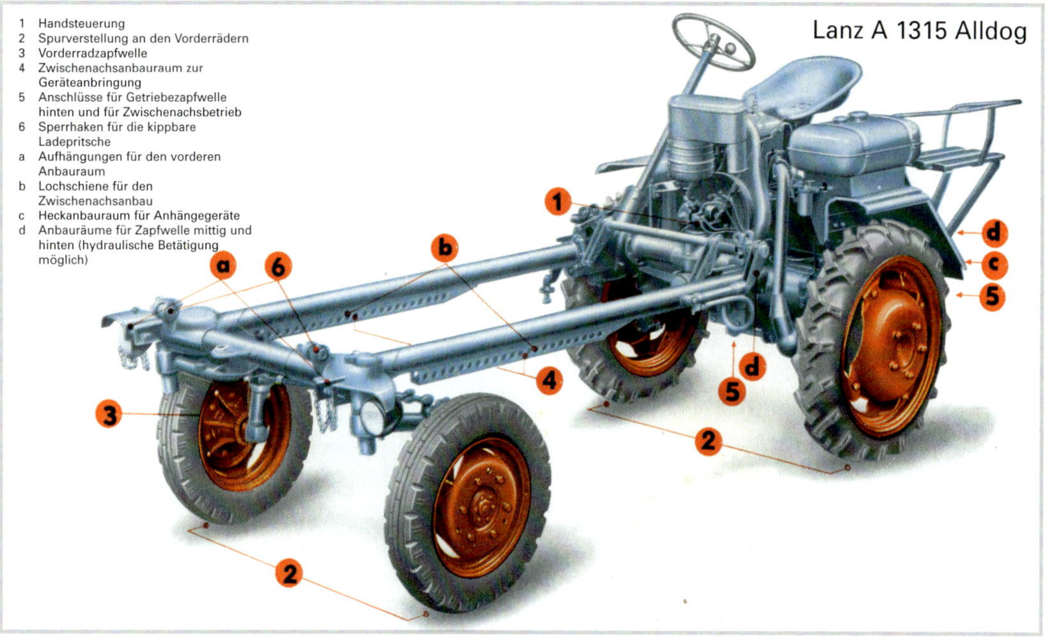

die besonderen Vorteile des Geräteträgers auszunutzen versuchte und mehrere Geräte zu einem Arbeitsgang kombinierte, war das kleine Motörchen hoffnungslos überfordert. Die Folgen waren katastrophal. Nicht allein die gewaltige Reklamationsmenge und der totale Einbruch der Verkaufszahlen des „Alldog" trafen das Unternehmen mehr als empfindlich. Fast noch folgenschwerer war der Vertrauensverlust der Kunden in die Produkte des Hauses Lanz. Zudem übertrug sich erfahrungsgemäß der schlechte Ruf eines Produktes indirekt auch auf die übrigen Erzeugnisse des Herstellers. So war der Misserfolg des „Alldog" zweifelsohne einer der Gründe, die diesen renommierten deutschen Schlepperproduzenten und einstigen Marktführer schließlich unrettbar ins Aus führen sollten. Die Stückzahlen der einzelnen Typen betrugen: A 1205 = 1789, A 1215 = 2115, A 1305 = 2885 und A 1315 = 400 Stück.
Erst nachdem sich die mit MWM-Dieselmotoren bestückten Konfektionsschlepper D 1266 und D 1666 erfolgreich bewährt hatten, entschloss man sich endlich, nun auch den Alldog mit einem solchen Aggregat – es handelte sich um den Zweizylinder-Diesel KD 211 Z – auszurüsten. Endlich – immerhin mussten mehr als fünf Jahre seit seiner Erstvorstellung vergehen – verfügte der nun als Typ A 1806 angebotene Lanz-Geräteträger über ein zuverlässiges und für diese Aufgabenstellung auch ausreichend starkes Antriebsaggregat. Leider kam der neue Alldog viel zu spät, um eine Wende zum Besseren zu erwirken. Auch er konnte das ihm durch seine glücklosen Vorgänger anhaftende schlechte Image nicht mehr aufpolieren. Anfangs wurde der A 1806 in blauer Bulldog-Lackierung mit roter Beschriftung und roten Felgen ausgeliefert. Ab 1. September 1958 war auch er von der Farbumstellung auf die John-

Technische Daten: Lanz A 1806 Alldog

Bauzeit:	1956 bis 1960
Motor:	2-Zyl./4-Takt-Diesel-Motor
Hubraum:	1250 Kubikzentimeter
Leistung:	13,2 kW/18 PS bei 2000 U/min
Antrieb:	6/2-Gang-Getriebe, hinten
Länge:	3830 Millimeter
Gewicht:	1420 Kilogramm (leer)

Die erste Ausführung der Ackerbaumaschine Maulwurf, Baujahr 1949.

Deere-Farbgebung betroffen. Nachweislich wurden zwischen Juli 1956 und Februar 1959 gerade mal 777 Geräteträger verkauft. Irgendwann im Laufe des Jahres 1960 lief auch seine Produktion aus.

Ein Maulwurf für die DDR

Als im Herbst 1949 auf der Leistungsschau des Landes Brandenburg in Cottbus der erste IFA-Geräteträger Maulwurf dem Publikum vorgestellt wurde, war dies gleichzeitig die erste motorisierte Allzweckmaschine in Deutschland. In der Februar-Ausgabe 1950 betitelte das Neue Kraftfahrzeug-Fachblatt dieses Fahrzeug noch als ein „schlepperartiges Hilfsgerät für Bauern". Die Vorhersage der großen Zukunftsaussichten vor allem für den Kleinbauern erfüllte sich in der DDR nur zum Teil, denn damals konnte niemand die Entwicklungsrichtung der DDR-Landwirtschaft voraussehen. Allerdings sollte diese Schlepperbauart während ihrer rund 20-jährigen Bauzeit auch in der DDR zu einem dauerhaften Erfolg führen. Nachdem dem Traktorenwerk Schönebeck 1951 alle zukünftigen Traktorenentwicklungen in der DDR übertragen wurden, ging es auch um Weiterentwicklung und Serienbau des „Maulwurf" genannten Fahrzeugs. Als großer Schwachpunkt blieb die motorische Ausrüstung des RS 08/15 bestehen. Der Geräteträger Maulwurf war eine ausgesprochene Einmannmaschine, an der nach dem Stand von 1955 insgesamt 41 unterschiedliche Anbaugeräte wie Grubber, Hackrahmen, Drillschare, Kartoffelroder und andere vorne, hinten und zwischen den Achsen angebracht und vom Fahrersitz aus betätigt werden konnten.
Der Nachfolger des vor allem motorisch unbefriedigenden Geräteträgers RS 08/15 „Maulwurf" war das verbesserte Modell RS 09/15. Sein landläufiger Beiname „Maulwurf" blieb ihm als Synonym für Geräteträger erhalten. Mit dem RS 09/15 entstand ein völlig neues Fahrzeug. Die bewährte Grundkonzeption in Einholmbauweise wurde beibehalten. Die Triebachse wurde als selbstständiges Bauteil ausgebildet, sodass es möglich war, verschiedene Einsatzvarianten wie zum Beispiel einen Maisschlepper, Gabelstapler, Hopfentraktor oder auch einen

Technische Daten: IFA RS 09/15

Bauzeit:	1961 bis 1962
Motor:	2-Zyl./4-Takt-Diesel-Motor
Hubraum:	1145 Kubikzentimeter
Leistung:	13,2 kW/18 PS bei 3000 U/min
Antrieb:	8/8-Gang-Getriebe, hinten
Länge:	3560 Millimeter
Gewicht:	1105 Kilogramm (leer)

Technische Daten: Ritscher 517 G

Bauzeit:	1955 bis 1959
Motor:	2-Zyl./4-Takt-Diesel-Motor
Hubraum:	1305 Kubikzentimeter
Leistung:	12,4 kW/17 PS bei 2000 U/min
Antrieb:	10/2-Gang-Getriebe, hinten
Länge:	bis 3580 Millimeter
Gewicht:	1230 Kilogramm (leer)

hydraulischen Schwenkkran abzuleiten. Durch Umdrehen des Fahrersitzes um 180° vor die Lenksäule und Umstecken einiger Bedienhebel war es sogar möglich, den Geräteträger auch entgegen der normalen Fahrtrichtung zu betreiben. Als der RS 09 im Jahre 1964 durch den GT 124 abgelöst wurde, bekam er das neue und stärkere Vierzylinder-Antriebsaggregat eingebaut. Von diesem ausgereiften, auch im Export bedeutsamen Fahrzeug entstanden einschließlich des RS 09/122 insgesamt 90.506 Einheiten.

Ritscher und Güldner arbeiten zusammen

1954 konnte Ritscher mit dem ersten Geräteträger, dem man den Namen „Multitrak" gab, an die Öffentlichkeit gehen. Der Multitrak besaß zunächst einen luftgekühlten Einzylinder-Dieselmotor des Typs AKD 12 E der Motoren-Werke Mannheim (MWM). Das Fünfganggetriebe A 5 wurde von der Zahnradfabrik Friedrichshafen geliefert. Bereits 1955 wurde dem Multitrak die erste Verbesserung in Form eines stärkeren 17-PS-Güldner-Motors zuteil, da sich das kleine 12-PS-Aggregat – im Übrigen wie bei den meisten anderen Herstellern auch, die anfänglich auf diese geringe Leistung setzten – für viele Kombinationsarbeiten als zu schwach erwiesen hatte. Die Entscheidung für den Güldner-Motor kam deshalb zustande, weil MWM zu diesem Zeitpunkt noch kein luftgekühltes Aggregat in dieser Leistungsklasse liefern konnte. Andererseits beabsichtigten die Güldner-Werke, den Geräteträger Multitrac zur Abrundung des Angebots mit ins eigene Schlepperprogramm aufzunehmen. Ab 1958 kam die Variante D 20 mit Deutz-Motor hinzu, die auch als Deutz-Multitrac von den Kölnern vertrieben wurde. Im Laufe des folgenden Jahres fiel die Ausführung 517 G aus dem Programm und der Güldner-Motor wurde auf 20 PS gesteigert, was dann den Typ 520 GH ergab. Im April wurde die mit einem auf 25 PS leistungsgesteigerten Deutz-Motor ausgerüstete Version D25M auf den Markt gebracht. Zugleich gelangte das moderne, stiftgeschaltete ZF-Gruppentriebwerk A 205 zum Einbau, sodass der D 25 M auch in dieser Hinsicht die Konkurrenz nicht zu scheuen brauchte.

Auch Eicher nur mit mäßigem Erfolg

Im Jahr 1955 konnte der Fachwelt mit dem Modell G 19 Kombi der erste Eicher-Geräteträger vorgestellt werden. Dabei wurden wesentliche, abgewandelte Baugruppen vom Standardschlepper EKL 15/II übernommen. Im darauffol-

Der Eicher-Geräteträger G 19 Kombi war ein zur damaligen Zeit ausreichend motorisiertes Fahrzeug, das sich verhältnismäßig gut verkaufte.

Technische Daten: Eicher G 280 Kombi

Bauzeit:	1960 bis 1964
Motor:	2-Zyl./4-Takt-Diesel-Motor
Hubraum:	1963 Kubikzentimeter
Leistung:	22 kW/30 PS bei 2000 U/min
Antrieb:	8/4-Gang-Getriebe, hinten
Länge:	3880 Millimeter
Gewicht:	1760 Kilogramm (leer)

genden Jahr bot Eicher für 7000 DM den wesentlich billigeren Geräteträge G 13 Muli an. Bei diesem Fahrzeug entsprachen die wichtigsten Baugruppen dem Standardtraktor LH 12 mit 13-PS-Hatz-Motor und ZF-A-4-Getriebe. Beim G 13 befand sich der Motor links neben dem Fahrer, was eine gewisse Ähnlichkeit mit dem Alldog ergab. Während der G 19 bis 1959 in immerhin 920 Einheiten verkauft werden konnte, überlebte der mit nur 228 gefertigten Maschinen gering nachgefragte Muli nur bis 1958 in den Verkaufslisten. Mit dem G 160 begann die zweite Geräteträgergeneration bei Eicher. Er ersetzte den 13 PS starken G 13 Muli, der sich infolge seiner zu geringen Leistung am Markt nicht behauptet hatte. Der von den meisten Kunden doch als etwas zu schwach erachtete G 160 verkaufte sich bis 1960 lediglich 215-mal. Daher wurde ihm bereits im September 1959 das mit dem 20 PS starken Zweizylindermotor EDK 2a motorisierte Modell G 200 zur Seite gestellt. Er war nichts anderes als ein G 160 mit stärkerem Motor und unterschied sich von jenem in keiner Weise. Da die Leistungsanforderungen bei den Geräteträgern beharrlich stiegen, brachte Eicher bereits im Januar 1960 den seinerzeit mit 28 PS stärksten Geräteträger G 280 heraus. Bereits wenige Wochen später wurde die Leistung auf 30 PS angehoben. Auch hier sorgte ein Zweizylinderaggregat der EDK-Motorbaureihe für den nötigen Vortrieb. Mit dem 1959 auf 30 PS angehobenen Kombi-Modell G 280 hatte sich Eicher sowohl leistungsmäßig als auch durch Verwendung einer Motorzapfwelle gegenüber der zahlreichen Konkurrenz technisch an die Spitze gesetzt.

1964 wurde die Fertigung der Modelle G 220 und G 280 eingestellt. Anstelle des G 220 gab es nun den weiterentwickelten Typ G 25 Kombi, der sich von seinem Vorgänger vor allem durch den großvolumigeren EDK-2-Motor mit 25 PS unterschied.

Das in der Typenfolge nächststärkere Modell war der G 30, der sich vom G 280 fast ausschließlich durch die erhältliche Regelhydraulik unterschied. Ähnlich gestaltet war das Spitzenmodell G 40 Kombi, zugleich der erste Eicher-Geräteträger mit Dreizylindermotor, mit dem das Unternehmen leistungsmäßig weiterhin seine Nase vorn halten konnte. 1966 erschienen die Unisuper-Geräteträger, die endlich die Abkehr vom veralteten Kombisystem brachten. Die Unisuper-Modelle G 300 und G 400 konnten wie bisher auf Wunsch mit einer Regelhydraulik bestückt werden. Letzteres Fahrzeug, für dessen Erwerb der Kunde stolze 19.980 DM (inklusive Regelkraftheber) – nur geringfügig weniger als für den 50-PS-Standardschlepper Mammut EM 500 – auf den Tisch blättern musste, war gleichzeitig der größte und stärkste Geräteträger seiner Zeit. Die Verkaufszahlen waren leider mehr als enttäuschend: Vom G 250 Unisuper waren es 60, vom G 300 52 und vom G 400 209 Maschinen, die bis 1968 das Werk verließen. Ab 1968 wurden die Eicher-Geräteträger nur noch auf Bestellung gebaut und so wurde der sang- und klanglose Niedergang der damals wahrscheinlich besten Geräteträgerreihe eingeleitet. 1970 wurde diese Sparte ganz gestrichen.

Oben: G 30 Kombi mit Anbau-Drillmaschine, Baujahr 1964.
Unten: G 250 Unisuper mit Kartoffel-Legeautomat.

Technische Daten: Fendt F 225 GT

Bauzeit:	1961 bis 1965
Motor:	2-Zyl./4-Takt-Diesel-Motor
Hubraum:	1810 Kubikzentimeter
Leistung:	18,3 kW/25 PS bei 2000 U/min
Antrieb:	8/4-Gang-Getriebe, hinten
Länge:	3528 Millimeter
Gewicht:	1430 Kilogramm (leer)

Fendt schnell in Führung

Bei Fendt reagierte man Anfang der 50er-Jahre zurückhaltend, war man sich doch nicht sicher, ob der Geräteträger neben dem Standardschlepper und dem ebenfalls neu entwickelten Tragschlepper eine Zukunft haben würde. Trotzdem beziehungsweise sicherheitshalber begannen sich die Fendt-Techniker mit der Konstruktion eines Geräteträgers zu beschäftigen. 1953 war der erste Prototyp fertig. Die DLG-Ausstellung in Köln des Jahres 1953 bot eine gute Gelegenheit, den unter der Typenbezeichnung F 12 GT angebotenen neuen Geräteträger vorzustellen. Trotz durchwegs zustimmender Kundenurteile wagte es die Geschäftsleitung noch nicht, das Fahrzeug ohne weitere Tests und Verbesserungen in die Serienherstellung zu geben. Auch zwei Jahre später war man noch nicht so weit. Endlich, im Mai 1957, wurde der Serienbau aufgenommen. Bis Jahresende konnten immerhin 698 Einheiten an den Mann gebracht werden. In der Zwischenzeit hatte die Konstruktionsabteilung fieberhaft an einer grundlegenden Verbesserung des Geräteträgers gearbeitet, sodass noch im gleichen Jahr mit der Produktion des neuen Modells F 220 GT begonnen werden konnte. Bereits 1961 erschien mit dem Typ F 225 GT ein weiterentwickelter Geräteträger mit 25 PS Motorleistung. So konnte der Geräteträger auch innerhalb der Fendt-Produktion stark aufrücken. Anfang der 60er-Jahre war jedes fünfte in Marktoberdorf gefertigte Fahrzeug ein Geräteträger.

Mit der Vorstellung des Fendt-Geräteträgers F 230 GT im Jahr 1964 machte Fendt auf diesem Sektor einen weiteren wichtigen Schritt nach vorn. 14.495 DM betrug der 1964er-Listenpreis gegenüber 10.490 DM im Jahr 1961 bei seinem Vorgänger. Mit dem weiter verbesserten Geräteträger F 231 GT erschien 1967 ein Fahrzeug, das der mit Abstand meistverkaufte Systemschlepper werden sollte. Dieses Fahrzeug erhielt jetzt wieder einen Direkteinspritz-MWM-Diesel mit 32 PS. 1978 wurden diesem Geräteträger drei zusätzliche Pferdestärken spendiert, sodass die Leistung nun auf 35 PS angewachsen war. Mit dem leistungsstarken Modell F 250 GT verwirklichte Fendt erstmals eine neue Motoranordnung bei einem Geräteträger. Das bisher vor dem Fahrer angeordnete Antriebsaggregat wanderte nun in der Unterflurbauweise unter den Fahrerstand.

Ein Unisuper von Deutz

Mitte der 60er-Jahre hatte sich Deutz als Hersteller von Schlepper aller Leistungsklassen einen Namen gemacht. Nur eine Fahrzeugart hatte man im Programm bislang kaum berücksichtigt: den Geräteträger. Dass die Eicher-Landmaschinenwerke in Forstern bei München seit 1966 ihre wenig erfolgreiche Kombi-Geräteträgerreihe durch drei neue Unisuper-Modelle ersetzt hatte, war den Verantwortlichen in Köln nicht verborgen geblieben. Da man einen eigenen Geräteträger nicht entwickeln wollte, andererseits aber eine Lücke im Verkaufsprogramm zu schließen gedachte, trat man mit Eicher in Verhandlungen. Man kam bald überein, das Unisuper-Modell G400 mit Deutz-Motor und ZF-A-208-Triebwerk in Forstern bauen zu lassen. Das grünlackierte Fahrzeug wurde unter der Typenbezeichnung G4001 als Deutz Unisuper, System Eicher angeboten. Aus verschiedenen Gründen fand auch dieser ausgezeichnete Geräteträger kaum Abnehmer, sodass sein Vertrieb schon bald wieder eingestellt werden musste.

Technische Daten: Deutz Unisuper

Bauzeit:	1967 bis 1968
Motor:	3-Zyl./4-Takt-Diesel-Motor
Hubraum:	2550 Kubikzentimeter
Leistung:	29,3 kW/40 PS bei 2150 U/min
Antrieb:	8/4-Gang-Getriebe, hinten
Länge:	4100 Millimeter
Gewicht:	2020 Kilogramm (leer)

GRÖSSER, SCHNELLER, STÄRKER

Ob in den klassischen landwirtschaftlichen Einsätzen oder Sondereinsätzen im Lohn-, Kommunal- und Forstbereich, der Fendt 900 Vario ist für alle Einsätze hochqualifiziert.

Case IH

Die Firma Case IH entstand, nachdem die Case Corporation 1984 die Landmaschinensparte von International Harvester (I.H.C.) übernommen hatte. Seitdem wurden die Landmaschinen der Case Corporation unter dem Markennamen Case IH vermarktet, während Case bzw. Case CE (Construction Equipment) für Baumaschinen steht. 1995 wurde mit der Concord Inc. ein Hersteller von Direktsaat-Maschinen übernommen und 1996 mit Austoft Holdings Limited ein Hersteller von Maschinen zur Ernte von Zuckerrohr. Im selben Jahr übernahm Steyr Daimler Puch die Traktorenproduktion.
1997 übernahm Case die Fortschritt Landmaschinen GmbH (den ehemaligen VEB Kombinat Fortschritt Landmaschinen). 1999 wurde die Case Corporation mit New Holland verschmolzen, um daraus CNH Global zu formen. Für den europäischen Markt werden Case IH Traktoren in Belleville (Frankreich), Paris sowie St. Valentin (Österreich) gefertigt, frühere Produktionsstandorte bestanden in Neuss (bis 1997) und in Doncaster, Großbritannien (bis 2000).
Durch die Fusion mit dem Traktorenhersteller New Holland im Jahre 1999 entstand CNH, Case IH blieb als eigenständige Marke bestehen. Entsprechend den Forderungen der Kartellbehörde musste Case mehrere Markennamen abgeben, darunter auch McCormick.

Technische Daten: Case-IH Quadtrac 535

Motor:	6-Zyl./4-Takt-Diesel-Motor
Hubraum:	12.900 Kubikzentimeter
Leistung:	443 kW/602 PS bei 2100 U/min
Antrieb:	12/2-Gang-Getriebe, Raupe
Länge:	7490 Millimeter
Gewicht:	8949 Kilogramm (leer)

Technische Daten: Claas Xerion 3300 Saddle Trac

Motor:	6-Zyl./4-Takt-Diesel-Motor
Hubraum:	8800 Kubikzentimeter
Leistung:	224 kW/305 PS bei 2100 U/min
Antrieb:	stufenlos, Allrad
Länge:	6630 Millimeter
Gewicht:	10.200 Kilogramm (leer)

Claas

Der 1913 gegründete Traditionsbetrieb ist Markt- und Technologieführer in der Erntetechnik und hatte 2008 einen Exportanteil von 77,6 Prozent. Claas ist vorwiegend am Markt für Erntemaschinen tätig, neben Feldhäckslern (Weltmarktführer) vor allem mit Mähdreschern (Marktführer in Europa), Mähwerken, (Groß-)Schwadern, Zettern (Wender) und Ballenpressen und investiert in jüngerer Zeit auch vermehrt in andere Bereiche, seit der Übernahme von Renault Agriculture im Jahr 2003 etwa auch Traktoren. Laut Konzerngeschäftsbericht setzte das Unternehmen im Geschäftsjahr 2009 2.900,8 Mio. Euro (-10,7 Prozent) um. Rund 78 Prozent des Umsatzes werden außerhalb von Deutschland generiert. Der Gewinn vor Steuern lag bei 230,1 Mio. Euro (+41,1 Prozent). Im gleichen Jahr beschäftigte das Unternehmen 9.467 Mitarbeiter, davon rund 500 in Bad Saulgau.

John Deere

1956 übernahm Deere & Company die deutsche Heinrich Lanz AG, deren Stammwerk in Mannheim den legendären Lanz Bulldog fertigte. 1958 wurde mit Einführung der Industrietraktoren 440 (Raupen-/Radantrieb) und 435 als Weiterentwicklung des Traktors 420 offiziell 33 Jahre nach Präsentation des ersten industriellen Traktors DI (1935–1941, Variation des D-Modells) die Bausparte begründet. In den 1980er-Jahren geriet John Deere in den Sog der schweren Rezession in der Landwirtschaft, blieb aber als einziger großer Hersteller im Bereich der Landtechnik unabhängig. Bei einem Umsatz von 13,8 Milliarden US-$ erwirtschaftete John Deere 1998 einen Rekordgewinn von 1,021 Milliarden US-$. Im Jahr 1999 übernahm John Deere mit Timberjack den weltweit größten Anbieter von Forstmaschinen. 2005 beschäftigte John Deere weltweit etwa 47.400 Mitarbeiter in 70 Fabriken und 35 Verkaufshäusern auf fünf Kontinenten, davon alleine 5.310 Mitarbeiter in Deutschland (Stand 2004, in Mannheim 2.520). Der Reingewinn belief sich für das Geschäftsjahr 2006 auf 1,69 Milliarden US-$ Umsatz. Neben Traktoren werden insbesondere Erntemaschinen wie Mähdrescher, Feldhäcksler und Ballenpressen, aber auch Baumwollernter und Zuckerrohrernter sowie Maschinen und Geräte zum Pflanzenschutz, zur Aussaat und zur Bodenbearbeitung gefertigt. Die Produktpalette von John Deere umfasst jedoch nicht nur landtechnische Produkte, sondern auch Baumaschinen (Radlader, Planierraupen, Erdhobel usw.), Forstmaschinen, kommunaltechnische Maschinen sowie Rasen-, Grundstücks- und Golfplatzpflegegeräte.

Technische Daten: John Deere 9630

Motor:	6-Zyl./4-Takt-Diesel-Motor
Hubraum:	13.500 Kubikzentimeter
Leistung:	399 kW/543 PS bei 2100 U/min
Antrieb:	18/6-Gang-Getriebe, Allrad
Länge:	7600 Millimeter
Gewicht:	19.500 Kilogramm (leer)

Deutz-Fahr

1975 übernahm KHD den Traktorenhersteller Fahr in Gottmadingen komplett, nachdem man schon 1962 begann, Aktienanteile des Unternehmens zu erwerben. Von da ab wurden die Traktoren als Deutz-Fahr verkauft. Aufgrund wirtschaftlicher Schwierigkeiten verkaufte KHD 1995 seine Landmaschinensparte an die italienische Firma Same. Mittlerweile ist Same auch der mit Abstand größte Aktionär bei der Deutz AG, die demzufolge Dieselmotoren für die Fahrzeuge der Same-Gruppe liefert.

Technische Daten: Deutz-Fahr AGROTRON K 430

Motor:	4-Zyl./4-Takt-Diesel-Motor
Hubraum:	4038 Kubikzentimeter
Leistung:	82 kW/112 PS bei 2300 U/min
Antrieb:	36/12-Gang-Getriebe, Allrad
Länge:	4139 Millimeter
Gewicht:	4440 Kilogramm (leer)

Technische Daten: Fendt 936 Vario

Motor:	6-Zyl./4-Takt-Diesel-Motor
Hubraum:	7142 Kubikzentimeter
Leistung:	261 kW/355 PS bei 2200 U/min
Antrieb:	stufenlos, Allrad
Länge:	5655 Millimeter
Gewicht:	10.360 Kilogramm (leer)

1992 lief der millionste Deutz-Fahr-Traktor vom Band. Bis heute sind weltweit weit über 500.000 im Einsatz, davon allein fast 320.000 in Deutschland.

Fendt

Die 1977 entwickelte Baureihe Favorit mit bis zu 150 PS (später durch Turbolader und Ladeluftkühlung bis 185 PS) stieß in neue Leistungsdimensionen vor. Die Top-Modelle der Baureihe Favorit 600, der Favorit 622 LS und 626 LSA mit 200 und 252 PS, wurden nur selten gebaut, und gingen schwerpunktmäßig in den Export nach Saudi-Arabien, Frankreich, Benelux und Australien. 1980 wurde die Bestseller-Baureihe 300 vorgestellt, dem 1984 der GTA 300 folgte. Dieser wurde nach dem Motto „Wer besser sieht, kann besser arbeiten" konstruiert. 1985 stieg Fendt zum zwischenzeitlichen Marktführer in Deutschland auf. 1994 kamen mit den Baureihen Favorit 800 (bis 230 PS) und Favorit 500 (bis 150 PS) völlig überarbeitete Baureihen auf den Markt. Im Jahr 1995 stellte Fendt den Xylon als Systemfahrzeug für Landwirtschaft, Landschaftspflege und Kommunen vor. Weitere Markteinführungen bis 1999 waren der Vario 926 mit 260 PS (Vorstellung auf der Agritechnica 1995), der erste Großtraktor mit hydrostatisch leistungsverzweigtem stufenlosen Getriebe mit hohem Wirkungsgrad sowie die Baureihen 400, 700 und 800 Vario. Seit der Agritechnica 2005 ist Fendt mit der 900er Baureihe und dessen neuem Flaggschiff Fendt 936 in der Klasse von über 300 PS bei Standardtraktoren dabei. 1997 wurde Fendt von AGCO übernommen; Fendt wird vom Konzern als Premium-Marke fortgeführt. 1999 erweiterte Fendt das Produktangebot durch eine komplette Modellreihe von Mähdreschern. Dies ergab sich durch die Zugehörigkeit zum AGCO-Konzern. Im weiteren Zuge der Entwicklung zum „Fullliner" kam 2002 ein Programm von Rund- und Quaderballenpressen hinzu. Mit Einführung der neuen 300er-Reihe wurde das Vario-Konzept

Technische Daten: Massey-Ferguson MF 8690

Motor:	6-Zyl./4-Takt-Diesel-Motor
Hubraum:	8400 Kubikzentimeter
Leistung:	250 kW/340 PS bei 2200 U/min
Antrieb:	stufenlos, Allrad
Länge:	5670 Millimeter
Gewicht:	10.300 Kilogramm (leer)

erstmalig auch bei Kleintraktoren eingeführt – 2007 wurde der 50.000 Vario-Schlepper – ein 312er – ausgeliefert. Neueste Entwicklung (2006) ist ein Nachfolger der seit 1996 auf dem Markt befindlichen 900-Baureihe. Beim neuen Flaggschiff Fendt 936 Vario wurde die Maximalleistung auf 360 PS (ECE R-24) gesteigert. Es ist der zurzeit schnellste Standardtraktor (60 km/h) der Welt. Seit Februar 2009 ist auch die kleinste Baureihe von Fendt – die 200er – mit Variogetriebe erhältlich.

New Holland zählt weltweit zu den führenden Herstellern von Traktoren.

Massey-Ferguson

1994 übernimmt ARGO S.p.A. das Mehrheitspaket der Landini und von Massey-Ferguson. ARGO und AGCO teilen sich nach wie vor verschiedene Modelle. Landini baute ab den frühen 70er-Jahren Traktoren für Massey-Ferguson, welche sich äußerlich lediglich hinsichtlich der Lackierung von den Landini-Traktoren unterschieden. Die aktuellen Modelle von Massey-Ferguson haben unter anderem ein stufenloses Getriebe. Solche Technik kommt auch in anderen modernen Schleppern zum Einsatz. Sie ermöglicht dem Schlepper, bei jeder Motordrehzahl jede Geschwindigkeit erreichen zu können. Damit kann man für jede Arbeit die passende Geschwindigkeit bei niedriger Drehzahl erreichen. Das bedeutet, dass der Schlepper höhere Leistung erbringt und weniger Kraftstoff verbraucht.

New Holland

New Holland wurde 1895 von Abe Zimmerman in New Holland im US-Bundesstaat Pennsylvania gegründet. Der Ort gab der Firma seinen Namen. 1947 fusionierte New Holland mit der Sperry Corporation. 1964 wurde der belgische Landmaschinenhersteller Claeys aufgekauft.

1975 brachte das Unternehmen den weltweit ersten Axialmähdrescher auf den Markt. 1986 wurde New Holland von der Ford Motor Company übernommen, ein Jahr später wurde der kanadische Landmaschinenhersteller Versatile aufgekauft und in das Unternehmen Ford-New Holland eingegliedert. Ford verkaufte New Holland 1991, zusammen mit der eigenen Traktorenproduktion, an Fiat. Fiat wurde bis zum Jahr 2000 erlaubt, Traktoren unter dem Markennamen Ford zu vertreiben, bereits ab 1993 begann man jedoch, Traktoren unter verschiedenen Markennamen herzustellen. Die unter der Bezeichnung Fiatagri verkauften Traktoren waren terrakottafarben lackiert, unter dem Markennamen Ford wurden blaue Traktoren angeboten. Seit 2000 tragen die Traktoren nur noch den Markennamen New Holland und sind blau lackiert. Die Mähdrescher dieser Marke sind gelb.

Im Jahr 1999 übernahm Fiat die Case Corporation. Aus beiden Unternehmen entstand der Land- und Baumaschinenkonzern Case New Holland, der zu rund 90 Prozent Fiat gehört.Seit Sommer 2007 ist New Holland Hauptsponsor von Juventus Turin. Am 26. September 2008 wurde ein neuer Weltrekord mit einem New-Holland-Mähdrescher aufgestellt. Dabei wurden in acht Stunden 551,6 t Winterweizen geerntet auf einer Fläche von 53,5 ha. In der Spitze erntete der 591 PS starke CR9090 bis zu 77,3 t pro Stunde.

Valtra

Ende der 40er-Jahre des letzten Jahrhunderts begann die staatliche Kanonenfabrik in Finnland, Valion Tykkitehtaat, mit der Entwicklung eines Traktors. Im Jahr 1951 wurde der Name VALtion METallitehtaat in Valmet Corporation umbenannt. 1994 wurde die Valmet-Traktorenfabrik in den Sisu-Konzern eingegliedert. 1997 wurde Sisu wiederum mit der Partek-Gruppe verschmolzen und Sisu-Tractors wurde umbenannt in Valtra Oy. Heute ist Valtra Marktführer in den skandinavischen Ländern. Seit Herbst 2003 gehört Valtra zur AGCO-Cooperation. 2004 erzielte Valtra mit knapp 2.000 Mitarbeitern einen Umsatz von 870 Millionen Euro. Die Gesamtfertigung in Finnland und Brasilien belief sich auf 19.500 Schlepper. Fertigungsstätten sind in Suolahti, Finnland und Mogi das Cruzes, Brasilien (östlich von São Paulo). Valtra ist eine weltweit vertriebene Marke der AGCO-Corporation, des weltweit drittgrößten Landmaschinenherstellers.

Technische Daten: Valtra T 202

Motor:	6-Zyl./4-Takt-Diesel-Motor
Hubraum:	7400 Kubikzentimeter
Leistung:	139 kW/189 PS bei 2000 U/min
Antrieb:	36/36-Gang-Getriebe, Allrad
Länge:	5148 Millimeter
Gewicht:	4950 Kilogramm (leer)

Landmaschinen

Personen

Bildnachweis:

AGCO GmbH, Agriculture, Case IH, Claas, Deutz Fahr, Herta Jarczok, John Deere Deutschland, Udo Paulitz, TIM-Archiv, Valtra. Da einige Vorlagen nicht eindeutig zugeordnet werden konnten, werden berechtigte Honoraransprüche selbstverständlich abgegolten.

www.facebook.com/otusverlag

Herstellung und Organisation: Gerhard Siem, Udo Paulitz
Lektorat: Margit Bachfischer M.A., Bobingen
Umschlagsgestaltung: Daniel Jarczok
Layout: TIM-Verlag

Lieferbare Titel aus dem Otus Verlag: **www.otus.ch**

ISBN 978-3-03793-573-6